彩色图版 Ⅰ

1. 双斑圆臀大蜓 *Anotogaster kuchenbeiseri* Foerster ♂

注：图版序号与正文中种的序号一致。

彩色图版 Ⅱ

1. 双斑圆臀大蜓 *Anotogaster kuchenbeiseri* Foerster ♀

2. 晋大蜓 *Cordulegaster jinensis* Zhu et Han

3. 侗乡华裂唇蜓 *Sinorogomphus tunti* (Needham)

彩色图版 Ⅳ

♂

♂

4. 黑纹伟蜓 *Anax nigrafasciatus* Oguma

5. 马大头 *Anax parthenope julius* (Brauer)

6. 淡绿头蜓 *Cephalaeschna patrorum* Needham

7. 工纹长尾蜓 *Gynacantha bayadera* Selys

9. 黑多棘蜓 *Polycanthagyna melanictera* (Selys)

10. 和平亚春蜓 *Asiagomphus pacificus* (Chao)

12. 奇特扩腹春蜓 *Stylurus occultus* (Selys)

13. 长腹春蜓 *Gastrogomphus abdominalis* (McLachlan)

15. 索氏缅春蜓 *Burmogomphus sowerbyi* (Needham)

16. 马奇异春蜓 *Anisogomphus maacki* Selys

彩色图版　X

18. 野居棘尾春蜓　*Trigomphus agricola* (Ris)

20. 小尖尾春蜓　*Stylogomphus tantulus* Chao

彩色图版 XI

21. 双角戴春蜓 *Davidius bicornutus* Selys

22. 平截戴春蜓 *Davidius truncus* Chao

23. 弗氏戴春蜓 *Davidius fruhstorferi* Martin

24. 环纹环尾春蜓 *Lamelligomphus ringens* (Needham)

25. 刀日春蜓 *Nihonogomphus cultratus* Chao et Wang

26. 联纹小叶春蜓 *Gomphidia confluens* Selys

27. 小团扇春蜓 *Ictinogomphus rapax* (Rambur)

29. 缘斑毛伪蜻 *Epitheca marginata* Selys

30. 绿金光伪蜻 *Somatochlora dido* Needham

31. 摩氏弓蜻　*Macromia moorei* Selys

32. 闪蓝丽大蜻 *Epophtalmia elegans* (Brauer)

33. 蓝额疏脉蜻 *Brachydiplax chalybea* Brauer
（腹端残）

34. 基斑蜻 *Libellula depressa* Linnaeus

35. 闪绿宽腹蜻 *Lyriothemis pachgastra* Selys

36. 白尾灰蜻 *Orthetrum albistylum speciosum* Uhler

37. 齿背灰蜻 *Orthetrum devium* Needham

38. 褐肩灰蜻 *Orthetrum japonicum interim* Mclachlan

39. 线痣灰蜻 *Orthetrum lineostigma* Selys

40. 狭腹灰蜻 *Orthetrum sabina* Drury

41. 异色灰蜻 *Orthetrum triangulare melania* Selys

42. 青灰蜻 *Orthetrum triangulare triangulare* (Selys)

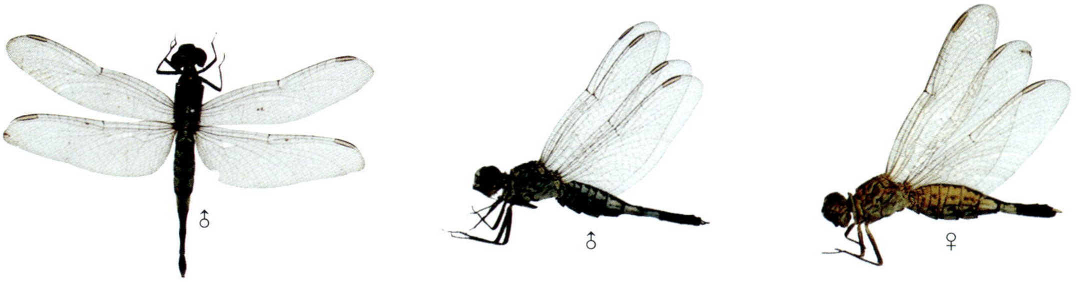

44. 锥腹蜻 *Acisoma panorpoides* Rambur

45. 黄翅蜻 *Brachythemis contaminata* Fabricius

46. 红蜻 *Crocothemis servilia* Drury

彩 色 图 版 XXIII

47. 异色多纹蜻 *Deielia phaon* Selys

48. 大赤蜻 *Sympetrum baccha baccha* (Selys)

彩 色 图 版 XXIV

49. 半黄赤蜻 *Sympetrum croceolum* (Selys)

50. 大黄赤蜻 *Sympetrum uniforme* (Selys)

51. 夏赤蜻 *Sympetrum darwinianum* (Selys)

52. 眉斑赤蜻 *Sympetrum eroticum eroticum* (Selys)

53. 秋赤蜻 *Sympetrum frequens* (Selys)

54. 旭光赤蜻 *Sympetrum hypomelas* (Selys)

55. 黄腿赤蜻 *Sympetrum imitens* (Selys)

56. 褐顶赤蜻 *Sympetrum infuscatum* (Selys)

彩色图版 XXVIII

57. 小黄赤蜻 *Sympetrum kunckeli* (Selys)

58. 小赤蜻 *Sympetrum parvulum* Bartenef

59. 晓褐蜻 *Trithemis aurora* Burmeister

60. 玉带蜻 *Pseudothemis zonata* Burmeister

彩色图版 XXX

61. 六斑曲缘蜻 *Palpopleura sexmaculata* Fabricius

62. 黑丽翅蜻 *Rhyothemis fuliginosa* Selys

63. 黄蜻 *Pantala flavesens flavesens* Fabricius

彩色图版 XXXI

64. 粗壮大丽蟌 *Philoganga robusta robusta* Navas

彩 色 图 版 XXXⅡ

65. 黑色蟌 *Calopteryx atratum* Selys

66. 晕翅眉色蟌 *Matrona basilaris basilaris* Selys

67. 褐翅眉色蟌 *Matrona basilaris nigipectus* Selys

彩色图版 XXXIV

68. 绿色蟌 *Mnais andersoni tenuis* (Oguma)

69. 紫闪色蟌 *Caliphaea consimilis* McLachlan

70. 巨齿尾溪蟌 *Bayadera medanopteryx* Ris

彩色图版 XXXVI

71. 杯斑小蟌 *Agriocnemis femina* (Brauer)

72. 白腹小蟌 *Agriocnemis lacteola* Selys

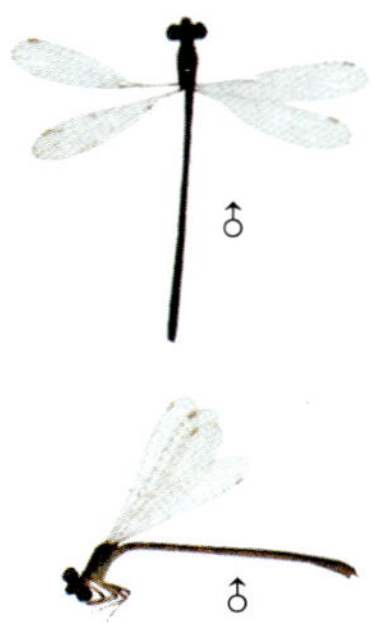

73. 黄尾小蟌 *Agriocnemis pygmaea* Rambur

74. 长尾黄蟌 *Ceriagrion fallax* Ris

75. 短尾黄蟌 *Ceriagrion melanurum* Selys

76. 褐尾黄蟌 *Ceriagrion rubiae* Laidlaw

彩色图版 XXXⅧ

77. 显突尾蟌 *Cercion barbatum* Needham

80. 六纹尾蟌 *Cercion sexlineatum* Selys

78. 黑脊尾蟌 *Cercion calamorum calamorum* Ris

81. 青纹瘦蟌 *Ischnura senegalensis* Rambur

83. 二色瘦蟌 *Ischnura lobata* Needham

84. 四斑长腹扇蟌 *Coeliccia didyma* (Selys)

85. 六斑长腹扇蟌 *Coeliccia sexmaculatus* Wang

86. 河南华扇蟌 *Sinocnemis henanese* Wang

87. 白狭扇蟌 *Copera annulata* (Selys)

88. 白扇蟌 *Platycnemis foliacea foliacea* Selys

89. 粉扇蟌 *Platycnemis phyllopoda* Djakonov

90. 藏山蟌 *Mesopodagrion tibetanum* McLachlan

91. 二星齿山蟌 *Rhipidolestes nectans* (Needham)

彩色图版 XXXXII

94. 蕾尾丝蟌 *Lestes nodalis* Selys

95. 褐腹绿综蟌 *Megalestes chengi* Chao

96. 褐尾绿综蟌 *Megalestes distans* Needham

河南蜻蜓志
蜻蜓目

THE FAUNA DRAGONFLIES OF HENAN
Odonata

王治国　编著

河南科学技术出版社
·郑州·

内容提要

蜻蜓是一类重要的天敌昆虫，在农业和环境生态系统中也有着重要作用。本书是第一部系统介绍河南省蜻蜓目昆虫的志书，也是我国大陆省、区第一本有原大彩色照片的地方蜻蜓志。全书共记述了河南 6 总科 15 科 61 属 96 种蜻蜓。科、属下编列成虫分属、分种检索表。每个属附有本属 1 个种的翅脉图，每个种着重介绍形态特征和分布。书中附有形态特征图 463 幅，43 个彩色图版、294 幅彩图，供读者直观地进行识别和分类鉴定。

本书可供大专院校师生以及生命科学、农林、植保、环境生态等有关科技工作者和昆虫爱好者参考。

图书在版编目（CIP）数据

河南蜻蜓志·蜻蜓目/王治国编著. —郑州：河南科学技术出版社，2007. 12
ISBN 978-7-5349-3782-8

Ⅰ. 河…　Ⅱ. 王…　Ⅲ. 蜻蜓目-昆虫志-河南省　Ⅳ. Q969. 22

中国版本图书馆 CIP 数据核字（2007）第 140504 号

出版发行：河南科学技术出版社
地址：郑州市经五路 66 号　　邮编：450002
电话：（0371）65737028　65788631
网址：www. hnstp. cn
责任编辑：杨秀芳
责任校对：徐小刚
封面设计：张　伟
版式设计：采　风
印　　刷：河南第二新华印刷厂
经　　销：全国新华书店
幅面尺寸：185mm×260mm　　印张：12. 5　　字数：290 千字　43 版彩图
版　　次：2007 年 12 月第 1 版　　2007 年 12 月第 1 次印刷
印　　数：1— 2000
定　　价：150. 00 元

本书蒙河南省科学院
学术著作出版费资助出版
谨此志谢

前言

河南蜻蜓原无系统研究。赵修复（1983）在《中国箭蜓地理分布的研究》一文中，曾列122种箭蜓在全国27个省区的分布情况，河南省是少数几个空白省区之一。隋敬之等（1986）在《中国习见蜻蜓》一书中记述我国蜻蜓208种，分布区计25个省区，亦无河南之记载。杨秀元（1981）在《中国森林昆虫名录》一书中，虽有河南蜻蜓的记载，仅蜓科2种。河南省林业厅（1988）主编的《河南森林昆虫志》列蜻蜓4科7种，为河南蜻蜓种类之最多记录。为了摸清河南蜻蜓资源情况，填补河南蜻蜓研究的空白，我们自1984年以来，对全省蜻蜓目昆虫进行调查。王治国等于1990年在《河南蜻蜓目昆虫调查》中报告河南蜻蜓目94种，隶属13科58属，增加河南新记录9科87种，从而首次明确了河南蜻蜓目种类与分布的基本状况。但是，由于受采集和研究工作深入程度等影响，估计还有一些种类尚未被发现。有的种因标本损毁无法鉴定，如分布在鲁山石人山、罗山董寨的蜓科种类等，河南蜻蜓目昆虫的种类应在100种以上。

本志改正了此前工作中的误订，更正了异名，增加了1990～2003年作者发表的3个新种和新记录种，共记载河南蜻蜓目昆虫15科61属96种。收载范围仅包括我们有标本的已知种类。文献记载河南有分布，我们没有采到标本的种未予收载。如赵修复（1990）在《中国春蜓分类》专著中的中国春蜓地理分布表，河南省栏下的国姓异春蜓 *Anisogomphus koxingai* Chao 等。汉名使用以通俗、明确、科学为原则，特别是已被昆虫工作者广泛接受而沿用较久的习名等。书中附有原大彩图294幅，每种有合胸色彩、交合器、肛附器等分类特征图，以及每属有示本属翅脉特征的前后翅图等，以方便图文对照和比较、鉴别。

河南蜻蜓研究是河南省自然科学基金资助项目《河南昆虫区系研究》的一个子项。这个项目始终得到河南省科技厅和河南省科学院的重视与大力支持。1990年还将其作为河南省科技厅与河南省人民政府鉴定年度责任目标的十五项重点任务之一。在工作中，我们得到了福建农业大学赵修复教授的热诚支持，帮助鉴定了部分春蜓科标本，寄赠多种急需文献。此外，中国科学院动物研究所黄复生、孙洪国、樊春生先生，西北农林科技大学昆虫博物馆袁向群先生，原中国科学院上海昆虫研究所刘祖尧先生，华南农业大学王敏先生，山西大学朱慧倩先生，陕西理工学院杨祖德先生，江苏省连云港市云台乡江尧桦先生，福建漳州教育学院徐奇涵先生，云南大理学院杨国辉先生，河南农业大学远文遂先生，中国农业出版社陈锡逵先生，《昆虫分类学报》、《武夷科学》、《昆虫学报》编辑部和英国博物馆 S. Brooks 先生等赠送文献，《河南科学》编辑部帮助打印文稿；李东升、张秀江等同志参加了不同年份的采集工作；河南省林业厅及各地自然保护区、林场为我们野外工作提供诸多方便，在此一并致以衷心的感谢！

最后要特别提到是本书原是应河南省昆虫学会之邀编写的《河南昆虫志·蜻蜓目》。书稿搁置近 20 年未能付梓。在此山重水复之际，作者得到了河南省科学院赵亚平院长的大力支持，最终得以面世，迎来了柳暗花明的科学春天，在此致以特别的谢意。

由于我们水平有限，书中缺点与错漏之处，恳请读者批评指正。

王治国

2007 年 3 月

目 录

均翅亚目 Zygoptera

一、概　述

“穿花蛱蝶深深见，点水蜻蜓款款飞”，“小荷才露尖尖角，早有蜻蜓立上头”等脍炙人口的诗句，流露了诗人对大自然的热爱，也说明蜻蜓古来就是人们喜爱的昆虫之一。

蜻蜓目 Odonata 昆虫通称蜻蜓、豆娘，体大、中、小型，细长（图 1）。五颜六色的外衣，伶仃轻盈的体态，使其以“美丽公主”的雅号被称作观赏昆虫。鲜为人知的是，除个别种有植食习性（如苹果丝蟌 *Lestes temperdlis* Selys 为害樱桃 *Prunus psoudocerasus* Lindl.）外，蜻蜓都是肉食性的。成虫捕食苍蝇、蚊子、蚜虫、叶蝉、虻蠓类和小型蛾蝶类等许多种农林牧业害虫和卫生害虫。张继祖（1986）报道狭腹灰蜻 *Orthetrum sabinum* Drury 在水稻田里可捕食直纹稻弄蝶 *Parnara guttata*（Bremer et Grey）和中华稻蝗 *Oxya ohinensis*（Thunberg）。此外，马大头 *Anax parthenope julius*（Brauer）捕食透翅天蛾 *Cephonodes hylas* Linnaeus 的幼虫，黑纹伟蜓 *Anax nigrofasciatus* Oguma 捕食黄斑蝽 *Erthesina fullo*（Thunberg）的成虫，圆臀大蜓 *Anotogaster* sp. 捕食槐尺蛾 *Semiothisa cinerearin* Bremer et Grey 和丝带凤蝶 *Sericenus telamon* Daneran 的成虫。另有一只蜻蜓一小时可捕食 40 多只苍蝇或 100 多只蚊子，玉带蜻 *Pseudothemis zonata* Burmeister 的 6 龄稚虫平均每天捕食 10 个库蚊 *Culex* 的幼虫等记载。偶有种间、种内相互残食现象，如黑纹绿蜓 *Aeschnophlebia anisoptera* Selys 捕食白尾灰蜻 *Orthetrum albistylum* Selys，多纹蜻 *Deielia phaon* Selys 捕食蟌科 Coenagrionidae 和扇蟌科 Platycnemididae 的种类，而黄蜻 *Pantala flavescens* Fabricius 有种内相互残食的现象。可见，蜻蜓是有益于人类的一类重要的天敌昆虫和水质环境的指示昆虫。

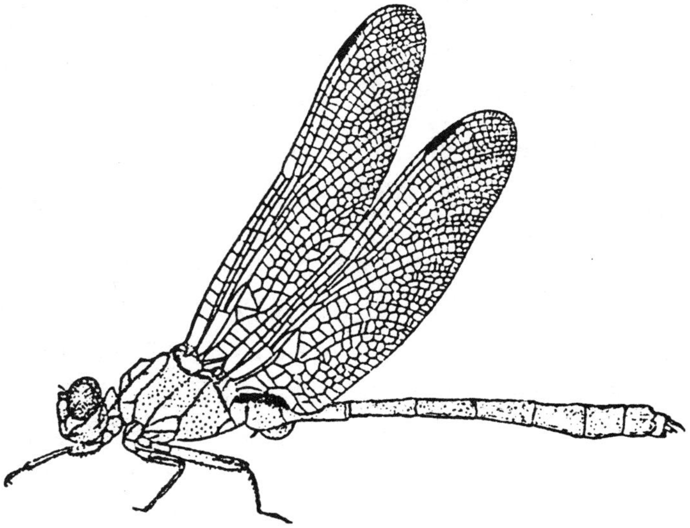

图 1　蜻蜓的体形（仿周尧）

蜻蜓还是一类古老而特化的昆虫。它出现在距今大约

3.5亿年前的古生代石炭纪。古生物学家发现的这个时期古蜻蜓类化石中的一种 *Meganeurapsis* 巨蜻蜓，翅展可达75cm。而现代最大的蜻蜓（中美洲中部的一种蜻蜓），其翅展也只有19.1cm，体长为12cm。这是在漫长的生物进化历程中自然选择的结果。在生存竞争中大多数昆虫不得不通过某种程度的特化来避免其他种类的竞争。蜻蜓也不例外。它的体型变小，但仍保持着原始形态，特别是蜻蜓的翅膀构造和运动方式与古代蜻蜓几乎没有什么不同。而头、胸、腹和生殖器官的构造和功能的特化，或为昆虫中之最或是绝无仅有。这一切使蜻蜓更能适应生活环境和生活方式，保证种群的延续和发展。

（一）外部形态

1. 头部　蜻蜓有一双大而圆鼓的复眼（compound eye），着生于头部的侧上方，占去头部的大部分。头的形状因复眼的大小、形状及着生部位不同而异。从头的前面或上方看，蜓和蜻呈半球形，箭蜓呈椭圆形，蟌呈横阔形。集合成复眼的小眼（ommatidia）数量达1万~2.8万个。在昆虫中是最多的。如一种蚂蚁 *Ponera punctatissma* 的工蚁仅有1个小眼，家蝇有4 000个，凤蝶虽多，也只有1.7万个。蜻蜓的每个小眼的视野角度为2°~3°，而蜻蜓的头转动非常灵活，角度的改变使复眼的视场可覆盖360°的范围，蜻蜓没有视野死角。一般昆虫的复眼只能分辨出近距离的物体，特别是运动中的物体，都是近视眼。蜻蜓的复眼却有超高分辨率，它可以发现半径40m以外的物体的活动。更奇妙的是，在生物界中，唯有蜻蜓与人类一样是生活在视觉世界中的。蜻蜓能看见可见光，还能看清红外光和紫外光，甚至还能分辨偏振光。这远远超出了我们的想象，也令人感到吃惊。但是，对只有在空中飞行中捕食的蜻蜓来说，没有这套昆虫中独一无二、堪称完美的感光系统“装备”，是无法生活和存在的。

蜻蜓的复眼又是明显、易辨的分类特征。根据两复眼之间的距离，可一目了然地区分出蜻蜓目昆虫中的两大类：均翅亚目 Zygoptera（两眼间的距离大于眼的宽度）与差翅亚目 Anisoptera（两眼间的距离小于眼的宽度），以及蜓总科 Aeschnoidae 中全部3个科：蜓科 Aeschnidae（两眼有很长的一段接触）、春（箭）蜓科 Gomphidae（两眼不接近）、大蜓科 Cordulegasteridae（两眼甚接近，或有一点接触）。

蜻蜓的3个单眼（ocellus）着生在头顶中央，排列成三角形。单眼不能造像，似仅能辨别光线的强度和方向。

蜻蜓头式为下口式，具有原始的咀嚼式口器。口器由上唇（labrum）、上颚（mandible）、下颚（maxilla）、舌（hypopharynx）和下唇（labium）5个部分构成。上唇片状，其上方依次为前唇基（anteclypeus）、后唇基（postclypeus）、额（frons）、头顶（vertex）和后头（occiput）等部分。上颚在上唇后方，有齿状突起。下颚在上颚后方，下唇的前方。下颚包括基部的基节、茎节和茎节前的下颚片、下颚须几部分。下唇由1个中叶和2个侧叶构成。中叶的基方为颏及亚颏。侧叶的基方为侧叶基片，上端具动钩和末钩。额较突出，具横隆起，将额分为前额和上额两部分，但蟌的额部一般较低平。蜻蜓的触角短小，刚毛状，着生于头顶两侧，4~7节，基部1~3节较粗大，第4节以后很细。蜻蜓头部色泽变化很大，常形成不同的斑点和条纹，而蟌类中一些种类的后头两侧各有1个单眼后色斑。头部常具疏密、色泽不同的长、短毛。头部和口器的形态构造见图2、图3。

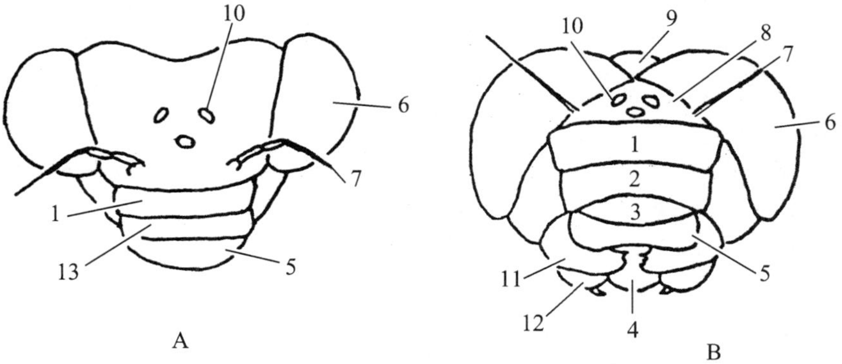

图2 A. 豆娘头部前面观 B. 蜻蜓头部前面观

1. 额 2. 后唇基 3. 前唇基 4. 下唇 5. 上唇 6. 复眼 7. 触角
8. 头顶 9. 后头 10. 单眼 11. 上颚 12. 下颚 13. 唇基（仿赵修复）

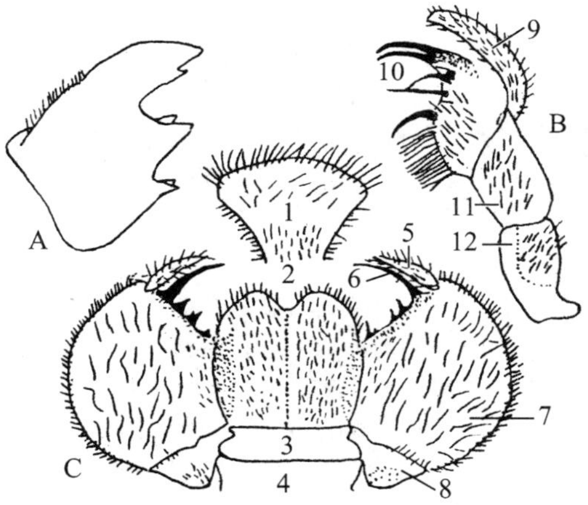

图3 *Cordulegaster annulatus* Latreille 的口器构造（大蜓的一种）

A. 左上颚 B. 左下颚（腹面） C. 下唇

1. 舌 2. 中叶 3. 颏 4. 亚颏 5. 动钩（下唇须第2节） 6. 末钩 7. 侧叶（下唇须第1节）
8. 负须叶（侧叶基片） 9. 下颚须 10. 下颚片的针 11. 茎节 12. 基节（仿 Imms）

2. 胸部 蜻蜓胸部由两个区分明显的部分组成。前胸（prothorax）小，独立，能转动。前胸背板（tergum）由两条横沟将其分成前叶（或前胸背前片）、中叶和后叶（或前胸背片）三部分。这三部分的色泽、斑纹和形状在不同种类常有很多变化。蜻类中有的后叶大且中间分裂；蟌类中有的后叶又分为左、中、右3叶，而中叶的形状变化很大。中胸（mesothorax）和后胸（metathorax）愈合成一个具有翅的胸段，称合胸（synthorax）或具翅胸（pterothorax）。合胸坚实且构造特殊：背板和腹板退化都较小，但侧板发达，特别是中胸上前侧片（mesepisternum）甚为扩大，左右两侧的中胸上前侧片在合胸的背前方相遇于背中线，形成一条纵向龙骨脊，称合胸脊（dorsal carina），亦称“背堤”或第1缝。其下端还有一横脊，称合胸领（collar）。合胸的侧面具中胸侧板缝（humeral suture，即肩缝）、后胸侧板缝（metathoracic episternum，亦称第 3 缝）和中胸与后胸间的间缝（mesometapleural sulura，亦称第 2 缝）。有的学者称中胸与后胸间的间缝和后胸侧板缝为第 1 侧缝，第 2 侧缝。在后胸上前侧片下方近间缝处有 1 气孔。间缝通常在气孔以上不明显或无，仅显气门以下的一段。合胸背面和侧面多数种类具有条纹和斑点。合胸领上的条纹称领条纹（collar stripe）。位于合胸脊两侧的条纹，称背条纹（dorsal stripe），有些种类的背条纹下端与领条纹相连形成倒“7”字形纹。在中胸侧板缝前方的条纹称肩前条纹（antehumeral stripe），此条纹常在近上端处狭细或间断，形成肩前上点（superior spot）和肩前下条纹（lower stripe）。在合胸侧面，沿中胸侧板缝、中胸与后胸之间的间缝及后胸侧板缝的条纹，分别称为第 1 条纹（first lateral stripe）、第 2 条纹（second lateral stripe）和第 3 条纹（third lateral stripe）。这些条纹或斑点的有无、形状（宽窄、长短，有无分叉和中断）和色泽等在分类上都是常用的特征。胸部构造和条纹见图 4、图 5。

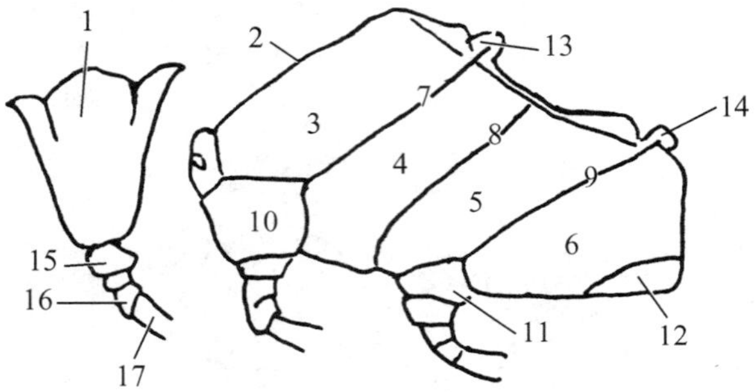

图 4　蜻蜓胸部构造模式

1. 前胸背板　2. 合胸脊　3. 中胸上前侧片　4. 中胸后侧片　5. 后胸上前侧片　6. 后胸后侧片　7. 第 1 缝（中胸侧板缝）　8. 第 2 缝（气门下缝）　9. 第 3 缝（后胸侧板缝）　10. 中胸下前侧片　11. 后胸下前侧片　12. 后胸后侧片后片　13. 中胸翅基突　14. 后胸翅基突　15. 基节　16. 转节　17. 腿节（仿赵修复）

图 5　蜻蜓胸部条纹模式

1. 肩前上点　2. 肩前下条纹　3. 肩前条纹　4. 背条纹　5. 合胸脊　6. 领条纹　7. 合胸领　8. 中胸侧板缝　9. 气门下缝　10. 第 2 条纹　11. 第 3 条纹　12. 后胸侧板缝（仿赵修复）

蜻蜓的两对翅窄而长，膜质，翅脉（veins）密布，交织如网。从翅基通向翅边缘的脉称纵脉（longitudinal vein），在纵脉间横置的短脉称横脉（cross vein）。纵脉与横脉围绕成数量甚多的小室叫翅室（cellule）。Tillyard 曾统计脉蜻属 *Neurothemis* 的一翅，翅室数多达 3 000 个。坚硬的翅脉起着供体液循环和保持翅的张力的作用，也使蜻蜓不能像其他有翅昆虫那样在静止时将翅平叠或折成屋脊状。人们依据成虫和稚虫的形态特征和生活习性，把蜻蜓目昆虫分为三大类。均翅亚目 Zygoptera 统称豆娘或螅，前后翅形状相似，基部明显成柄状，脉序几乎完全相同，停息时，除少数种类如大丽螅属 *Philoganga* 和河南华扇螅 *Sinocnemis henansis* 四翅平置，丝螅属 *Lestes* 翅半张开外，都是竖立背上的，故又称束翅亚目。差翅亚目 Anisoptera 是因前后翅形状及脉序不同，后翅基部宽阔，臀区发达。停息时四翅平铺于身体两侧。这一类统称蜻蜓。第三类被称为间翅亚目 Anisozygoptera。

蜻蜓翅脉名称和分布，因学者们根据不同的依据而有不同解释。Needham 根据对蜻蜓稚虫翅芽的气管的研究和 Tillyard 根据对化石蜻蜓的研究形成的两个系统，被许多昆虫学家所接受而广泛应用。赵修复（1990）以 Tillyard（1926）系统为基础，参考后人修订的意见，对主要纵脉命名（表 1）。本志采用他的这个名称。

表 1　蜻蜓翅主要纵脉命名系统比较

本书使用的名称		Selys 命名系统	Needham 1903	Tillyard		Tillyard and Fraser 1938	Forbes 1943
名称	代号			1917	1926		
前缘脉 + 亚缘脉	C + Sc	Costa	CC	C	C	C	C
亚缘脉	Sc	Subcosta	Sc	Sc	Sc	Sc	Sc
径脉 + 中脉	R + M	Median	R + M	R + M	R + M	R + M	R_1
（由翅基至弓脉）							Rs + M + Cu
第 1 径脉	R_1		R_1	R_1	R_1	R_1	R_1
径分脉	Rs	Upper sector of arculus	M_{1+3}	M_{1+3}		Rs	
第 2 径脉	R_2	Principal sector	M_1	M_1	R_2	R_2	R_2
第 2 径插脉	IR_2	Postnodal sector	M_1a		IR_2	IR_2	
第 3 径脉	R_3	Nodal sector	M_2	M_2	R_3	R_3	R_3
第 3 径插脉	IR_3	Subnodal sector	Rs	Rs	IR_3	IR_3	R_4
第 4、5 径脉	R_{4+5}	Median sector	M_3	M_3	R_{4+5}	R_{4+5}	M
前中脉	MA	Lower sector of arculus	M_4	M_4	MA	MA	Cu_1
后肘脉	CuP	Superior sector of triangle	Cu_1	Cu_1	Cu_2	Cu_2	P_1
臀脉	A	Postcosta	A	A_1		A_1	
第 1 臀脉	A_1	Inferior sector of triangle	Cu_2	Cu_2		1A	1Ax
第 2 臀脉	A_2	Proximal sub - basal sector	A_2	A_2			3Ax

昆虫是唯一能够飞行的无脊椎动物，也是动物界中翅出现最早的类群。这使昆虫在觅食、寻偶、扩大分布和避敌等许多方面获得了优越的生存竞争能力，也是昆虫能成动物界中种类最多——占已知动物种类的 3/4 ~ 4/5，同种个体数量极大的生物优势类群的重要因素之一。蜻蜓可称是昆虫中出色的飞行家。首先表现在它们在滞停状态下有很强的立即疾飞，急转弯，然后再骤然悬停的能力；其次是飞行速度。虽然豆娘类飞行能力

很弱，但现有资料告诉我们，蜻蜓类的飞行速度在昆虫中是名列前茅的。飞行速度以每秒米计算，草蛉是0.6m/s，菜粉蝶1.8～2.5m/s，蜜蜂2.5～3.7m/s，熊蜂3.3～5m/s，而蜻蜓中的伟（银）蜓 *Anax* 是8m/s，蜻属 *Libellula* 的种类是4～10m/s。即蜻蜓飞行时速可达14～36km。

有的学者认为，蜻蜓之所以有高超的飞行本领，关键是不同于其他昆虫飞行时翅被驱动的方式。多数昆虫是通过收缩和扩张胸肌——被称为间接飞行肌，带动一对或两对翅左右对称的运动进行飞行的。而蜻蜓则是用支撑四翅基部的肌肉——被称作直接飞行肌，直接牵动翅膀运动进行飞行的。这种驱动方式可以随意使四翅中任何一个翅片进行交替运动。赵修复认为蜻蜓翅飞翔的原理与其他高等有翅昆虫不同的地方是：翅前骨与肩片连接，背板以薄膜与侧板相连。这样，蜻蜓在飞翔时，背板上下运动却不会改变形状。

蜻蜓目昆虫还有一个显著的特征，就是四翅前缘近翅顶处的翅膜加厚，呈一不透明的斑纹，称为翅痣（pterostigma 或 stigma，亦称缘纹）。翅痣的形状因种类不同而有长形、方形等很多变化，并有真翅痣和假翅痣之分。翅痣中没有翅脉的称真翅痣，有翅脉的称假翅痣。大多蜻蜓的翅痣属真翅痣，少数种类如 *Calopterg*x 类的雄性没有翅痣，雌性有翅痣是假翅痣。翅痣是蜻蜓飞行的必不可少的装备，因为它可以消除在高速飞行时翅膀可能会出现的一种有害现象——颤震。这就是为什么当今飞机机翼前缘端处要增加一个加重装置的原因。有趣的是，人类为实现空中飞行，需要解决的这个空气动力学上的问题，蜻蜓早在几万年前就不存在了。

翅脉和翅室在分类上都是重要的特征。但翅脉命名所用符号在各系统间有的符号不同，所指同一条脉，有的符号相同却指的是不同翅脉。在分类系统的汉名使用，也有同一个科（或属、种）有着不同的汉名。从方便使用、有利普及和提高考虑，现依据赵修复给出的命名，参考其他专家的意见，对主要翅脉和翅室的术语与简要解释，现列于后。

（1）主要纵脉：

前缘脉(Costa，C)。位于翅基至翅结之间，仅1条，甚粗。

亚缘脉(Subcosta，Sc)。在前缘脉之后，由翅基伸至翅结，折向前缘伸达翅端。

径脉(Radius，R)。位于亚前缘脉之后，较粗，是第3条纵脉。

中脉(Media，MA)。亦称前中脉（Anterior median，MA)。位于弓脉至翅后缘端方1/3～1/4处。它的基方的一段成为上三角室（Supertriangle，spt）的前边。

径脉+中脉（Radial + Media，R + M)。两脉共同起源于翅基部，成为翅基部基室（Basal space，bs）的前缘。自基室前外角开始，R + M 分为两支，即第1径脉 R_1 和弓脉（Arculus，arc）前方的一段。

第1径脉（1st radius，R_1)。又称径主脉。为径脉在中部分为两支的前支。R_1 不再分支，一直伸达翅端，与亚前缘脉 Sc 平行，一部分成为翅痣的后缘。

径分脉（Radial sector，Rs)。为径脉两分支的后支。位于第1径脉 R_1 后方，叉脉基方。有3个分支：R_1、R_3 和 R_{4+5}。

第2径脉（2nd radial，R_2)。径分脉的分支。IR_1 后方。

第3径脉（3rd radial，R_3)。径分脉的分支。IR_2 后方。

第4、5径脉（4th + 5th radial，R_{4+5})。径分脉的分支。位于 IR_3 后方，MA 前方。

叉脉（Fork vein，f），又称中叉脉（Middle fork，mf）。为第4、5径脉 R_{4+5} 自径分脉Rs分歧点。

中补脉（Midian supplement，Mspl）。在中脉MA后方的补脉。部分种类存在。

径支补脉（Radial supplement，Rspl）。位于 IR_3 脉后方。部分种类存在。

第2径插脉（Intercalary R_2，IR_2）。位于 R_2 与 R_3 之间的纵脉。

第3径插脉（Intercalary R_3，IR_3）。位于 R_3 与 R_{4+5} 之间的纵脉。

后肘脉（Posterior cubitus，CuP）。肘脉（Cubitus，Cu）仅此1支。位于R+M脉的后方，是1条曲折的翅脉。自翅基开始伸展，超过弓脉后突然向后方几成直角曲折，成为三角室（Triangle，t）和下三角室（Subtriangle，s）的共同边，再由三角室尖端伸向翅的后缘。

臀脉（Anal vein，A）。等于Tillyard的由三角室后角至肘臀横脉cu－a臀桥脉（Anal bridge，Ab）和由肘臀横脉至翅的基部的第2臀横脉（Recurrent anal，A'）。位于肘脉之后，在翅的臀区（Anal area）内。其基部稍弯曲，在三角室的尖端与CuP相遇。由三角室后端至翅后缘的一段，称第1臀脉 A_1，在后翅与CuP平行，但在前翅到翅缘附近互相分歧。在后翅，因臀区扩大，臀脉明显的有3条。称 A_1a、A_2 和 A_3。在一些种类中，A_1a 与 A_2 由翅基部发生后不远互相合并，形成一个臀圈（Anal loop），又称臀套。把臀套分为2行室的翅脉称中肋（Midrid，mr）。

桥脉（Bridge，br）。自第3径插脉 IR_3 至斜脉（Oblique vein，O）之间的一段纵脉。

（2）主要横脉：

翅结（Nodus，N）。位于翅前缘中央或稍基方，前缘脉与 R_1 脉之间的结状横脉。

亚翅结（Subnodus，Sn）。位于 R_1 与 R_2 之间和翅结相连的一条斜向厚起的横脉。

结前横脉（Antenodal cross vein，An）。由翅基部至翅结之间的前缘脉与 R_1 脉之间的两列横脉。亚前缘脉（Sc）前方的结前横脉称前缘结前后横脉，后方的称亚前缘结前横脉。

结后横脉（Postnodal cross vein，Pn）。由翅结至翅痣基端之间的横脉。

第1原始结前横脉（Primary antenodal，Ax_1 或Anp）。加粗的第1条结前横脉。

第2原始结前横脉（Secondary antenodal，Ax_2 或Ans）。加粗的第5条或第6条结前横脉。

肘臀横脉（Cubito－annl，cu－a或Anal crossing，Ac）位于后肘脉（CuP）和臀脉之间的1条横脉。

弓脉（Arculus，arc）。位于径脉＋中脉（R＋M）与后肘脉（CuP）之间的一条斜脉，是基室的外边。它由两段组成：上段由径分脉（Rs）与中脉（M）合并而成，以Rs＋M表示；径分脉与中脉在弓脉中央分开，分出的M脉成为弓脉下段，属真正的横脉。

斜脉（Oblique vein，O）。位于第3径脉（R_3）与第3径插脉（IR_3）之间，在结脉的外端，R_3 脉近基部的斜行横脉。为 IR_3 的起点分歧处。

支持脉（Brace vein，brv或Stigmal brace vein，stb）。亦称翅痣补脉。翅痣基端的翅脉向后方伸展并加强称支持脉。有些种类存在。

（3）主要翅室：

三角室（Triangle，t）。位于近翅基部。由后肘脉CuP和中脉MA形成的几呈等边三角形翅室。基方以后肘脉 CuP 为界，前方和外方由两条横脉围成。

上三角室（Hypertriangle，h 或 Supertriangle，spt）。位于三角室上方，由弓脉至三角室外端的一个窄横形三角室。占据与束翅亚目中四方室几乎相同的位置。基方以弓脉下段为界，前边是 MA 基方的一段，后方这条翅脉的基部，是 CuP 的一部分，端部是 CuP 与 MA 之间的 1 条横脉，亦即上角室与三角室之间的分界线。

下三角室（Subtriangle，s 或 st）。亦称亚三角室或内三角室。位于三角室的基方，CuP 竖的一段是三角室与下三角室的共同边。基方是 1 条斜横脉，在 CuP 与 A 之间，后方是 A 的一部分。

方室（Quadrangle，q）。亦称四边室，束翅亚目中翅的中室（discoidal cell）。位置与差翅亚目的三角室相似。上边为 MA，下边为 CuP，基方为弓脉的下段，外边为 MA 与 CuP 之间的变厚的横脉。

基室（Basal space，bs）。位于翅的基部，几近长方形，长为宽的 3.5 ~ 4 倍。其前方、后方和外侧方分别以 R + M、CuP 和弓脉为界，亦称中室、基中室和亚基室等。

臀三角室（Anal triangle，at）。差翅亚目中部分种类的雄性后翅基部，含 2 ~ 6 个翅室长三角形翅室。其前方、外方和基方分别由 A、A_2 和翅的基缘围成，亦称肛角。

臀膜（Membranule，mb）。雄性后翅基缘镶的白边，亦称小膜瓣、小膜部。

蜻蜓脉相见图 6、图 7。

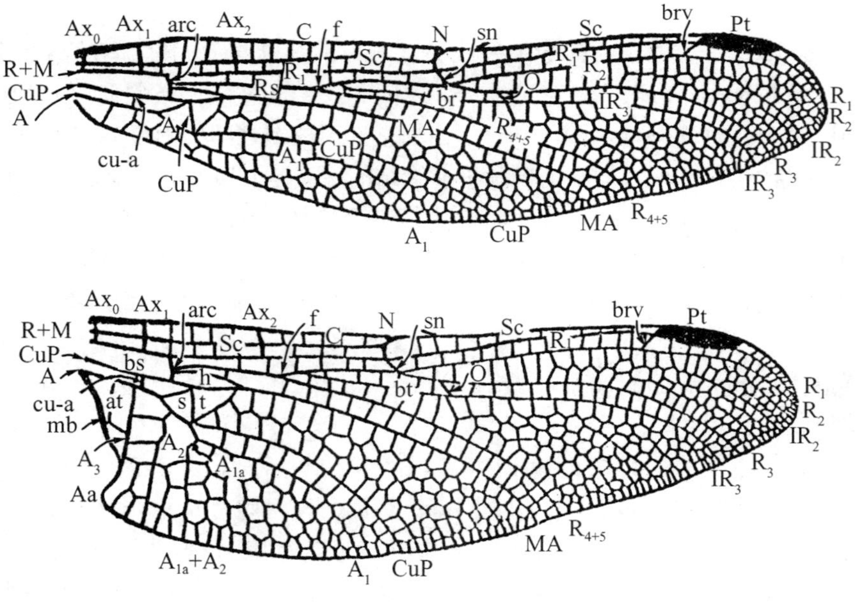

图 6　春蜓的一种 *Asiagomphus cuneatus*（Needham）的前、后翅

Aa. 臀角　Ax_0，Ax_1，Ax_2. 翅基、第 1 及第 2 原始结前横脉　arc. 弓脉　at. 臀三角室　br. 桥脉　brv. 支持脉　bs. 基室　cu－a. 肘臀横脉　f. 叉脉　h. 上三角室　mb. 小膜瓣　N. 翅结　O. 斜脉　Pt. 翅痣　s. 下三角室　sn. 亚翅结　t. 三角室（仿赵修复）

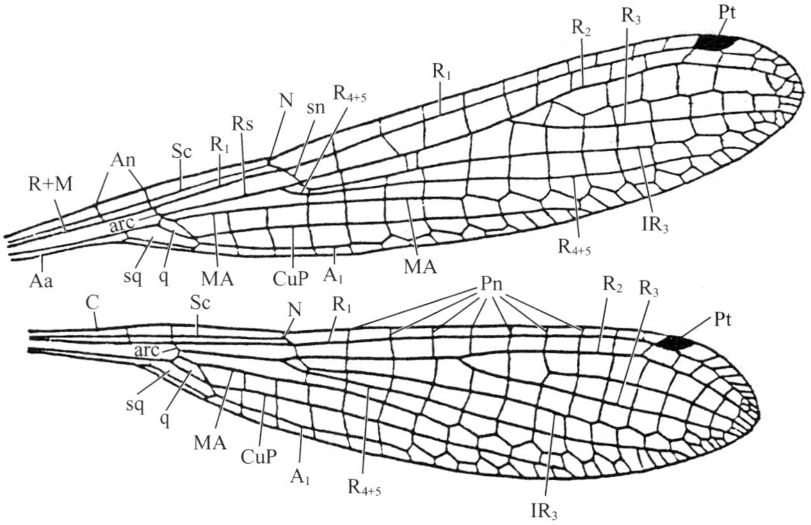

图 7　蟌类前、后翅模式

An. 结前横脉　arc. 弓脉　N. 翅结　Pn. 结后横脉　q. 方室
sq. 亚方室　Pt. 翅痣（各主要纵脉不另说明）（仿隋敬之）

蜻蜓在前胸、中胸和后胸各着足 1 对。3 对足大小不同，前足小于中、后足，后足最大。足由基节（coxa）、转节（trochanter）、腿节（femur，又称股节）、胫节（tibia）和附节（tarsus）5 个部分构成。腿节最长，胫节较短且细。腿节和胫节具刺，不同种类刺的长短、疏密各异。扇蟌科一些种类的胫节膨大，最膨大的形如圆扇，如扇蟌属 *Platycnemis* 的种类。伪蜻科 Corduliidae 雄性胫节有 1 条长而薄的龙骨状脊，依此可容易与蜻科 Libellulidae 区别开来。足最末端是附节，有 3 节，末节即足的末端具爪，爪有或无分叉。

由于蜻蜓中胸上前侧片的扩大，使中、后胸侧缝的上端向后方倾斜，其上着生的四翅，也因之向身体后方移于身体的重心。侧缝下端基突上的中、后足，似因蜻蜓足独具 2 节转节而稍向前移，使中、后足腿节与胫节之间形成的膝状弯曲朝向后方，足自然地伸向头的前方，靠近口部。当捕食时，六足向前张开成了一个“笼子”，装进这个“笼子”的猎物很方便地被送入口中嚼食。因而原本是用作步行的足已丧失了步行功能，变成了捕食的工具。所以，停息的蜻蜓要改变自己的位置，就必须重新起飞才能实现。

3. 腹部　腹部细长，雌性较雄性稍粗短，可见 10 个完整的腹节和在腹端的 2 个痕迹状的环节（即原第 11 节和第 12 节）。这是蜻蜓作为古老昆虫的又一表现。各节由节间膜相连并套叠，后一节的前缘套入前一节的后缘内，便于腹部伸缩、弯曲和扩张。同其他昆虫一样，腹部是蜻蜓的生殖中心，有用于交尾或产卵活动的交合器、肛附器和产卵器。腹部常呈圆筒状或扁形。通常第 1、2 节粗短，其后各节细长，第 10 节最小。部分蜻蜓和豆娘的雄性第 2 腹节有 1 对侧突，称耳状突（auricle），斜生在该节背板前半部两侧，使雌虫交配时能更好地与雄虫的次生交配器接触。在第 2 节腹板和第 3 节腹板的前方生一凹窝，交合器（copulatory apparatus，亦称外生殖器 genitalia）位于窝中。交合器包括前片（anterior lamina）、后片（posterior lamina）、前钩片（anterior hamule，有些种类缺）、后钩片（posterior hamule）、阳茎（penis）和阴囊（vesicle）等部分（图 8）。粗大的阴囊位于窝的后方，其前为前钩片和后钩片，构造甚为复杂的阳茎位于阴囊与钩片之间。钩片在雌雄交合时有保持产卵管位置的作用，阳茎是交合器的主要部分，阴囊的真正作用尚不明确，可能是使阳茎昂举的一个重要器官。雄性的生殖孔（genital pore）开口于第 9 节腹板后方，雌性生殖孔开口于腹部腹面第 8 节与第 9 节之间。在第 10 腹节后方，位于肛门上方有 1 对上肛附器（superior anal appendage），可能为尾须的变异，雄性上肛附器发达，雌性上肛附器退化或仅痕迹状。在上肛附器的下方有下肛附器（inferior anal appendage）1 ~2 个，为第 11 节腹板特化而来。间翅亚目的下肛附器为 1 个，位于肛门上方；束翅亚目的下肛附器为 2 个，位于肛门下方（图 9）。雌性外生殖器典型的结构见于豆娘，着生在第 8、9 腹节上的 3 对生殖突（腹侧突起）构成产卵器（ovipositor）。一些种类产卵器发育不全或全无，产卵方式也不同。交合器和产卵器统称外生殖器（genitalia）。外生殖器特别是雄性交合器结构，不同类群在形态上变异很大，是分类上十分重要的依据。

图 8　蜻蜓雄性腹部基方 3 节和交合器

A. 交合器侧面观　B. 前钩片和后钩片　C. 阳茎侧面观

1. 腹部第 1 节腹板　2. 腹部第 2 节腹板　3，26. 腹部第 3 节腹板　4，14. 交合器前片　5，15. 前钩片　6，16. 后钩片　7，23. 鞭　8，22. 阳茎末节　9，24. 阳茎后叶　10，21. 阳茎中节　11，25. 阴囊　12. 端背片　13. 基脊沟　17. 支架　18. 后片　19. 基导管　20. 阳茎基节（仿赵修复）

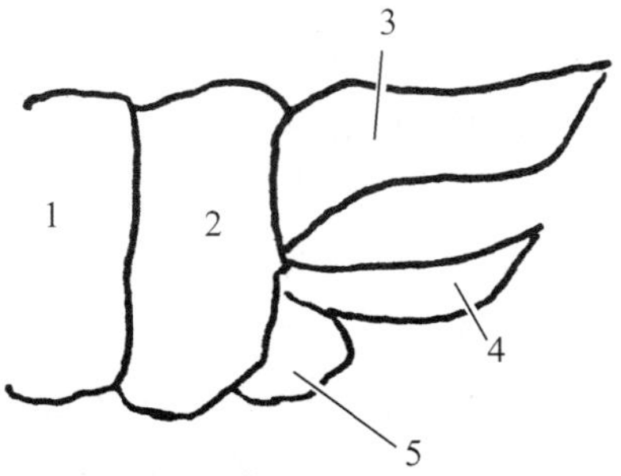

图9　雄性蜻蜓腹末侧面观

1. 腹部第9节　2. 腹部第10节　3. 上肛附器　4. 下肛附器　5. 肛侧片

（二）生活习性

1. 交尾与产卵

（1）交尾：在昆虫世界中，蜻蜓目昆虫的交尾方式可以说是绝无仅有的一种奇特方式。性成熟的雄虫在交尾前，先使腹部向前弯曲，将第9腹节生殖孔移到第2、3腹节下面与交合器的次生阳茎对接，把精包（由带状黏膜把精子包缠卷裹形成）通过阳茎贮存于阴囊内。在完成精子转移之后，雄虫即在空中追逐雌虫，并用腹部末端的肛附器握住雌虫的相关部位，雌虫用六足抱住雄虫的腹部，自动弯曲腹部，把腹端生殖孔伸达雄虫第2节与次生阳茎对接起来，形成一个环状串连，大都在飞行中完成交尾过程。但也有在水面上进行的，特别是那些飞翔力不强的蟌类。差翅亚目的许多小型种也有在陆地或攀附在枝丫上进行（图10）。刮风可使那些飞行交尾的种类改变习性而停歇在树枝上进行交尾的记载。

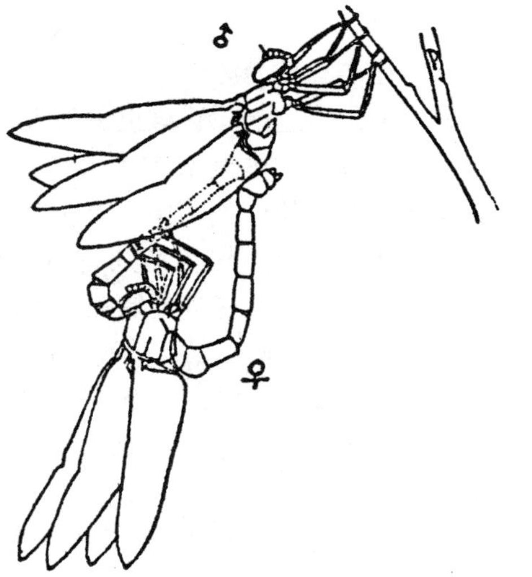

图10　蜻蜓交尾状态（据 Kennedy）

Corber收集了26种蜻蜓在未受到干扰状态下的交尾时间（指雌性生殖孔与阳茎从对接到解除），其中最短的是北美洲的一种蜻 *Libellula lydia* Drury 仅3s，而长叶异痣蟌 *Ischnura elegans* Vander Linden 却要180～340min。

雄虫与雌虫对接前，将精包运送于次生阳茎有三种情况。除上述在雄虫未抓获雌虫前，已将精包移送于阳茎贮存在阴囊中，如四点蜻 *Libellula quadrimaculata* Linnaeus；另两种情况是雄虫已用足抓获雌虫后进行的：一是雄虫抓住雌虫但还未用肛附器夹住雌虫之前，雄虫方弯曲腹部移送精包，如华丽色蟌 *Calopteryx splendena* Harris 等；二是雄虫已用肛附器夹住了雌虫，但雌虫还未弯曲腹部与次生阳茎对接之前，雄虫夹着雌虫一边飞一边弯曲身体把精包送于次生阳茎，如 *Aeshna cyanea* Mueller、长叶瘦蟌 *Ischnura elegans* Vander Linden 等多种。

形成环状串连是蜻蜓目昆虫交尾的共同规律。但雄虫是如何用肛附器夹住雌虫的，国外学者多有研究，国内仅见杨祖德（1996）对已经串连起来正在交尾的雌、雄虫研究报道，总结出4种串联类型。一是雄虫肛附器只与雌虫前胸相连接，如闪绿广腹蜻 *Lyriothemis pachygastra* Selys 和 *Coenagrion puella* Linnaeus；二是雄虫肛附器只与雌虫中胸前端相连接，如短尾黄蟌 *Ceriagrion melanurum* Selys；三是雄虫肛附器与雌虫前胸、中胸相连接，如白狭扇蟌 *Copera annulata* Selys，差翅类中属于这一串连类型的种也很多，代表种是一种戴春蜓 *Davidius* sp.；四是雄虫肛附器只与雌虫头部相连接，如北美洲的一种春蜓 *Epigomphus quadracies* Calvert 的雌雄连接方式。春蜓和伪蜻中许多种雌性头部的角都是雌雄串联时与雄性肛附器互相钩连的相关构造，都属于这种串连类型。

（2）产卵：交尾结束后，雌虫很快产卵。卵产在植物体内或水中及其附近物体上。不同种类的蜻蜓产卵方式各有不同。

一类是雌雄连接并不解除，仍保持串连的姿势，使雌虫能深入水中在植物茎叶上产卵。如马大头 *Anax parthenope julius*（Brauer）产卵时，雌雄串连停落在水面的植物上，雌虫腹部浸入水下。而一种白扇蟌 *Platycnemis foliacea sasarii* Asahina 产卵时也是串连姿势，雌虫停在水面附着物上将腹部伸入水中，雄虫却直立于雌虫上方，有时雄虫为了控制平衡还不断地摆动翅膀。

另一类是串连解除，雌虫单独进行产卵。如晕翅眉色蟌 *Matrona basilaris basilaris* Selys 雌虫沿着水草将身体全部潜入水中，产卵于植物组织中，或身体没入水中，翅膀露出水面，在水中潜停长达5～10s，有时甚至更长时间才冒出水面飞翔，间隔10～20s后再次潜入水中产卵。少数差翅类特别是蜻科种类及许多束翅类，交尾结束后雄虫不离开雌虫，仍在其周围飞翔，当有其他蜻蜓飞近雌虫时，雄虫即刻将其赶走，如大团扇春蜓 *Sinictinogomphus clavatus*（Fabricius）就具有这种习性。产卵的地方因种类不同而别。产卵管发达的束翅类豆娘和部分蜻蜓，如蜓科 Aeschnidae 的种类，卵产于水下或漂浮水面的植物组织中。大多数蜻蜓，如春（箭）蜓科 Gomphidae、伪蜻科 Corduliidae 和蜻科 Libellulidae，均无产卵管，飞行中产卵时，不断将腹部末端在水中“点”一下，卵粒自由滴落水中。这就是人们常说的“蜻蜓点水”。杨明旭（1989）报道玉带蜻 *Pseudothemis zonota* Burmeister 卵产在水面下约1.5cm的石块、瓦片、蚌壳、树枝、木块和植物茎叶等物体上。每“点”一下水，即产卵数粒。一只雌蜻在一个蚌壳上，连续点水数十下，产卵312粒，这些卵不重叠。也有几只甚至数十只雌蜻在同一物体上产卵。如漂浮在水面上的一根长约20cm、直径10cm的木棒，几只雌蜻在其浸入水下部分轮番产卵后，卵粒重叠6～7层，达万余粒。赤蜻属 *Sympetrum* 和四角伪蜻属 *Tetragoneuria* 的卵产于以胶条连合成的卵索中，再附着于水中物体上。大蜓科 Cordulegasteridae 虽有产卵管，但发育不完全，产卵时腹部插入浅水中，将卵产于水底。蜻蜓可多次交配。每次产卵数十至数百粒，一生可产卵数次。

2. 生活史　蜻蜓目昆虫属不完全变态。生活史只经卵、稚虫和成虫3个阶段。各阶段历期长短不同种类间差异很大。卵经过5～230d孵化出包被在薄几丁质膜鞘中的“预稚虫”，经几秒至数十分钟后，脱去膜鞘进入第二龄期，成为能自由活动于水中的稚虫，俗称水虿。稚虫因形态的差异被分为差翅亚目式和束翅亚目式。前者身体和足较粗短，腹部末端的3个突起小，合拢时构成锥体，陷入肛门内，利用直肠鳃呼吸；后者身体与足长形，腹部末端3个突起构成针状、浆状或片状的尾鳃，兼具呼吸与运动的功能。稚虫形态见图11。蜻蜓稚虫形态因种类不同有异。研究蜻蜓稚虫，可帮助解决单靠成虫进行分类的不足。许建飞（1987）通过对春蜓稚虫的采集与饲养，对猛春蜓属 *Labrogomphus*，邵春蜓属 *Shaogomphus*，扩腹春蜓属 *Stylurus* 和前人争论较多的 *Onychogomphus circularis* 种团分类位置问题，提出了较为合理的分类意见。把稚虫与成虫联系起来，解决了我国春蜓研究中多年悬而未决的3个种的种名或属的分类位置。证明大春蜓属 *Macrogomphus* 在我国尚未发现。

稚虫栖息在水中砂粒、泥水或水草间，少数稚虫生活在林地碎屑或积水的树洞中，或爬出水面附着在岩石的水膜内。食物主要是蜉蝣稚虫、蚊类幼虫或同类的其他个体，甚至蝌蚪及小鱼。稚虫期要经9~15龄才能发育成熟。所经历的时间，豆娘约1年或1~2个月，蜻蜓一般为2年，有的要3~5年或更长。西伯利亚的一些箭蜓的稚虫则要47个月。老熟稚虫爬出水面，结束了水中生活，附着在石头、植物或其他物体上，脱去外壳，进入成虫期。刚出来的成虫身体柔软，要经过数小时或几昼夜时间硬化体壳，随着体液循环，翅芽伸张挺直，体色与斑纹也逐渐鲜明，这时蜻蜓才有能力飞离蜕皮处，到广阔天空中翱翔。

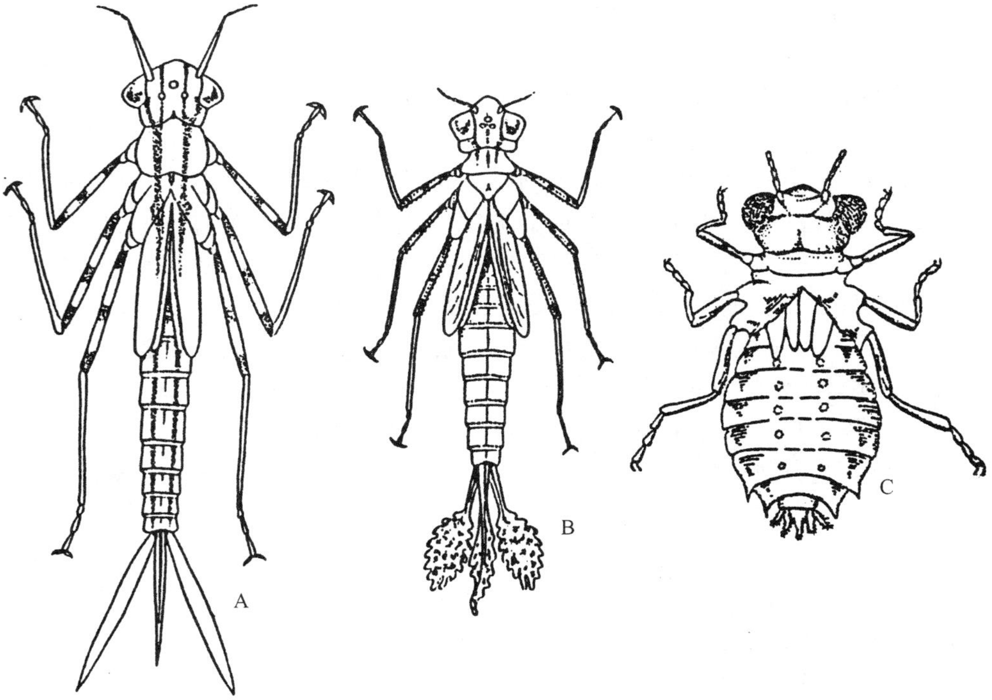

图11　稚虫形态

豆娘类　A. 华艳色蟌 *Neurobasis chinensis chinensis* Linnaeus　B. 黄狭扇蟌 *Copera marginipes* Rambur（据 Fraser）

蜻蜓类　C. 红蜻 *Crocothemis servilia* Drury（据 Needham）

蜻蜓中绝大多数种类在白昼活动于稚虫生活的环境附近。一般在河塘、溪流处飞翔。

长尾蜓 *Gynacantha* 却在白天隐匿，黄昏和拂晓出来活动，觅食。故又称晨暮蜓。它们多在离地面1m上下穿飞。马大头 *Anax parthenope julius*（Brauer）不仅白天飞翔、追逐于岸边水面，到晚上9时前后，在郑州近郊城区的花草灌丛处，仍可见它们在紧张忙碌地疾飞、捕食。豆娘类飞翔力弱，不远飞，也不长时间飞，群集数量或多，或少，眷恋于水草上、岸边树丛中，飞飞停停。蜻蜓溪流种类如大蜓常见单只活动，在溪流上方往返飞翔。有的种类在群集飞翔时数量甚众。黑丽翅蜻 *Rhyothemis fuliginosa* Selys 喜欢在高大乔木树冠上云飞、停落。我们曾见到多达成百上千只在独株树冠上方长时间盘旋。最常见的群集种类是黄蜻 *Pantala flavescens flavescens*（Fabricius）。它们在远离水面的空旷地上空悠悠飞翔。夏季雨后初晴，其数量急剧增加。红蜻 *Crocothemis serilia* Drury 在炎热的中午常停息在草丛枯枝上，可头尾相接、整齐有序地排列成长长一串。我们在内乡宝天曼国家级自然保护区发现，绿色蟌 *Mnais andersoni tenuis*（Oguma）的活动非常有趣：白天高温期间，它们躲到河边树丛中活动；到了凉风阵阵的傍晚，便汇集在河岸边，贴近水面飞翔，串连交尾。如果你这时在水中洗涤，它们会不请自来停落在你的头上，并且得意地轻轻颤动着轻盈的翅膀，自作多情，驱之复来。日落后，又悄然无踪，当我们"踏破铁鞋无觅处"时，发现河边被火烧的一枯树洞内，竟聚栖有数百只之多。

蜻蜓目昆虫一般以卵或稚虫在水中越冬，少数种类成虫也可冬眠。成虫寿命，豆娘平均1~2周，蜻蜓2~6周或8~10周。

3. 迁飞问题　蜻蜓的迁飞行为是一个非常有趣的问题。文献记载一种海蜻蜓每年8月从赤道附近飞向日本，飞越距离长达3 000km。我国对迁飞昆虫进行了大量研究，有些达到了很高的水平。但有关蜻蜓迁飞的研究报告笔者尚未看到。胡淼（1988）报告了1986年7月30日下午，发生在江苏省赣榆县全境的一次蜻蜓大迁飞。当日赣榆天气异常闷热，18时30分许，突然大群蜻蜓由北向南顺风急飞。途经的几个乡的直线距离约46.5km。飞经每一地点历时5~10min。飞行高度一般在5m以上，以20~30m密度最大。过境时，前、后、左、右可见的视野内看不到尽头，顿时遮天蔽日，天为之黑。当时捕获11头蜻蜓，白尾灰蜻 *Orthetrum albistylum*（Uhler）8头，黄蜻 *Pantala flavescens*（Fabricius）3头。在蜻蜓过境约40min即19时24分，北风呼啸，风速达9.4m/s，飞沙走石，雷声大作，特大雨点打下。次日7~8时，暴雨如注，不足1h降雨31.1mm。

近年来，河南省曾有多次蜻蜓迁飞见诸报端。由于这样的自然奇观见诸文字的不多，为便于今后查考研究，现摘记如后。

1984年8月12日下午6时20分，确山县石滚河乡石滚河村南，一个庞大的蜻蜓群自北向西南飞过，覆盖面东西宽约1km，持续约8min之久。高飞者离地约15m，低者约2m。飞到处光线为之骤暗（载1984年9月6日《河南日报》）。

1989年7月28日，天气阴霾，晚6时50分左右，满天蜻蜓从潢川县城关东部由南向北飞去，绵延数千米，一眼望不到尽头，宽约200m，厚达4~5m。最低的离地面仅2~3m。它们有红有绿，有橙有黄，五彩缤纷，直到7时20多分钟才算过完（载1989年8月5日《河南日报》）。

1989年8月2日下午7时，不计其数的蜻蜓由东北向西南从宜阳县石陵乡南洼村的上空翩翩飞过，时间长达3min。这天下午半阴半晴。这条蜻蜓带约40m宽，高约在10m

以上。飞过时伴有丝丝微风，地面呈昏暗状态，飞过后成了阴天。南洼村地处丘陵，水源奇缺，平时很少见到蜻蜓的踪迹（载 1989 年 9 月 1 日《科技经济报》）。

1995 年 7 月 12 日下午 5 时，天气闷热。项城市丁集镇陈庄村上空突然出现密集的蜻蜓群。群体呈东北—西南走向，漫天飞舞，遮住了阳光。蜻蜓群体宽约 60m，飞得最低的离地面约 5m，高的直冲云霄。蜻蜓群持续了 13min，随后狂风大作，乌云翻滚，电闪雷鸣，大雨倾盆（载 1995 年 8 月 4 日《河南日报》）。

1995 年 7 月 18 日下午，豫东郸城县城上空，阴云密布，天气闷热。下午 4 时许，成群结队的蜻蜓云集县城上空，密密麻麻，飞来舞去，盘旋一阵之后，自西向东飞去，非常壮观。约 2min 后，又见云集天空的蜻蜓飞掠而至，瞬间又向东盘旋而去。接着，上述景象又两次出现在郸城县城上空，仍是自西向东匆匆离去，当第四队蜻蜓飞至县城上空时，天上下起雨来，很快结束了这一难得一见的自然景观。下午 4 时半左右，暴雨如注，地上一片汪洋，雨一直下了约 1h（载 1995 年 8 月 5 日《郑州晚报》）。

从以上报道看，蜻蜓迁飞发生的年份、地点、规模和来去方向各有不同，但有两点是一致的。一是发生季节都在 7 月中旬至 8 月中旬，即中伏时节；二是在当天的时间上，都发生在下午近傍晚时，即 18 时前后的时段。此外，蜻蜓过境后多有雷雨天气。由于没有看到几次迁飞发生过程中的蜻蜓标本，难以确切知道组成迁飞群阵的种类。从对河南蜻蜓种类多年调查和发生迁飞的季节看，河南迁飞蜻蜓的主要种类可能是蜻科中的优势属种，如灰蜻 *Orthetrum*、黄蜻 *Pantala* 和红蜻 *Crocothemis* 等。有学者认为昆虫的迁飞行为是由基因决定的，是在环境改变下进行的有适应意义的活动。也有人提出，蜻蜓的迁飞是对某种恶劣天气变化所产生的被动反应，不是“本能地迁飞”。看来对蜻蜓迁飞问题应当重视蜻蜓迁飞行为的遗传学基础和在什么环境条件下引发蜻蜓迁飞等问题。目前，似应着重弄清楚迁飞蜻蜓的种类，在捕获迁飞蜻蜓标本的同时，利用声像器材，如照相机、摄像机等，积累蜻蜓迁飞过程的声像资料，无疑将为研究蜻蜓迁飞问题提供宝贵的资料。

二、分 类

蜻蜓目分为3个亚目：均翅亚目 Zygoptera、差翅亚目 Anisoptera 和间翅亚目 Anisozygoptera。间翅亚目仅含蟌蜓科 Epiophlebiidae 1 个科，全世界发现有2种，一种产于日本，一种产于印度北部，我国尚未发现。各分类学家对科的分类各不相同，常分为14～25科。Davies 和 Tobin（1984～1985）整理为7总科30科。

本志记述6总科14科96种。

蜻蜓目分亚目检索表

1a. 体形粗壮；从背面观，两眼间的距离小于眼的宽度；前后翅的形状、大小和脉序不同；停息时，四翅向左右水平伸展 ………………………………………………… 差翅亚目 Anisoptera

1b. 体形纤细；从背面观，两眼间的距离大于眼的宽度；前后翅的形状、大小和脉序相似；停息时，四翅多束置身体上方 ………………………………………………… 均翅亚目 Zygoptera

差翅亚目 Anisoptera

体形多粗壮、大型。两眼在上方接触或分离，由背面观察，两眼的距离小于眼的宽度。前、后翅的形状、大小和脉序不同，通常后翅基部远较前翅为宽；翅基部不成柄状；前后翅中室均被1条斜脉分为1个三角室和1个上三角室两部分；结脉位于翅中点或近于翅端，至少前翅如此。停息时，翅向两侧平伸。

河南差翅亚目分科检索表

1a. 除两条粗的结前横脉外，前缘室与亚前缘室内的横脉上下不相连成直线；前后翅三角室形状相似，距弓脉的距离约相等（蜓总科 Aeschnoidea） ………………………………… 2

1b. 无两条粗的结前横脉，前缘室与亚前缘室内的横脉上下相连成直线；前后翅三角室形状和位置显然不同，前翅三角室距弓脉远，尖端指向翅的后缘，后翅三角室距弓脉近，尖端朝向翅的末端（蜻总科 Libelluloidea） ………………………………………………… 5

2a. 两复眼在上方有很长的一段接触 ……………………………… 蜓科 Aeschnidae

2b. 两复眼在上方分离或仅有一点接触 ………………………………………… 3

3a. 两复眼在上方相距很远；下唇中叶末端不分裂 ………………… 春蜓科 Gomphidae

3b. 两复眼在上方甚接近或仅以一点接触；下唇中叶末端纵裂（大蜓总科 Cordulegasteroidea） ……… 4

4a. 翅基室无横脉，臀套中等大，雄性胫节无隆线；雌性产卵器极度伸长 … **大蜓科 Cordulegasteridae**
4b. 翅基室具横脉，臀套宽大；雄性胫节有 1 条膜质隆线；雌性产卵器非常退化…………………………………………………………………………………………………… **裂唇蜓科 Chlorogomphidae**
5a. 雄性胫节有 1 条很长的薄龙骨状脊；雄性后翅基部臀角通常呈明显角度；腹部第 2 节两侧各有 1 个耳状突；身体常具金属光泽 …………………………………………………………… 6
5b. 雄性胫节无龙骨状脊；雌雄两性前后翅臀角均为圆形；腹部第 2 节无耳状突；身体很少具金属光泽 ……………………………………………………………………………………… **蜻科 Libellulidae**
6a. 后翅三角室与弓脉之间有一段距离 ……………………………………… **大蜻科 Macromiidae**
6b. 后翅三角室与弓脉甚为接近，或三角室的后边与弓脉连成直线 ………………… **伪蜻科 Corduliidae**

（一）大蜓科 Cordulegasteridae

体大型、粗壮、黑色，条纹宽大。两复眼在头顶甚相接近或有一点接触。有 2 条粗的结前横脉，无支持脉。翅基室无横脉。副脉不发达。臀套中等大，界限清楚。雄性胫节无隆线；雌性产卵器极度伸长。生活在山谷溪流间。

本志记述 2 属 2 种。

河南大蜓科分属检索表

1a. Rsa 脉在斜脉前隆起，雄翅臀角圆，缺臀三角，无耳突……… **圆臀大蜓属 *Anotogaster* Selys，1854**
1b. Rsa 脉超出斜脉，雄翅臀角直角状，具臀三角和耳突 ………… **大蜓属 *Cordulegaster* Leach，1815**

圆臀大蜓属 *Anotogaster* Selys，1854

Anotogaster Selys，1854，Bull. Acad. Belg.，21(2)：101.
Anotogaster Selys，Needham 1930，Zool. Sin.，11(1)：100 – 101.
Anotogaster Selys，Davies and Tobin 1985，Dragon. World，2：59.
Type – species：*Anotogaster nipalensis* Selys，1854.

亚洲特有属。已记载 9 种（1 亚种），分布在日本、缅甸、尼泊尔、锡金、中国。我国有 5 种，分布在北京、陕西、江苏、浙江、福建、四川、云南、河南。本志记述 1 种。

1. 双斑圆臀大蜓 *Anotogaster kuchenbeiseri* Foerster，1899（图 12）（彩色图版Ⅰ、Ⅱ）

Cordulegaster kuchenbeiseri Foerster，1899. Ann. Soc. Ent. Belg.，43：63 – 72.
Anotogaster kuchenbeiseri Needham，1930. Zool. Sin.，11(1)：103 – 104.

【形态特征】

雄性腹长 62 ~ 67mm，后翅 53 ~ 55mm。
雌性腹长 66 ~ 76mm，后翅 51 ~ 59mm。

雄性 下唇黄色。上唇黄色，前缘黑色宽阔，中线黑色细窄。前唇基黑色；后唇基黄色，中央具 2 个黑色小点，常与窄的黑色前缘相连。头顶、触角、后头黑色。后头后缘着黑色长毛。额黑色，前缘具1个黄色横线。单眼3个。两复眼在头顶以一点相接触。前胸黑色，具黄色斑纹。合胸黑色，合胸背前方具1对黄色条纹，合胸侧有2条黄色条纹。足黑色，基节外侧具黄斑。翅透明，翅痣、翅脉黑色。腹部黑色。第2~8节前半部各有1个黄色环状斑纹，但在背脊被黑色细线隔断。第9节基端背侧有1个小黄斑，第10节和肛附器黑色。上肛附器端尖锐，基部腹面具2个向下尖齿，外侧的那个较长。

雌性 体大于雄性。色泽、斑纹与雄性近同。产卵器发达，伸出体末端甚长。

本种是河南蜻蜓目昆虫体型最大的种类。Davies 等（1985）将此种列为 *A. sieboldii* Selys 的亚种。

【生活习性】 成虫于6~8月出现。

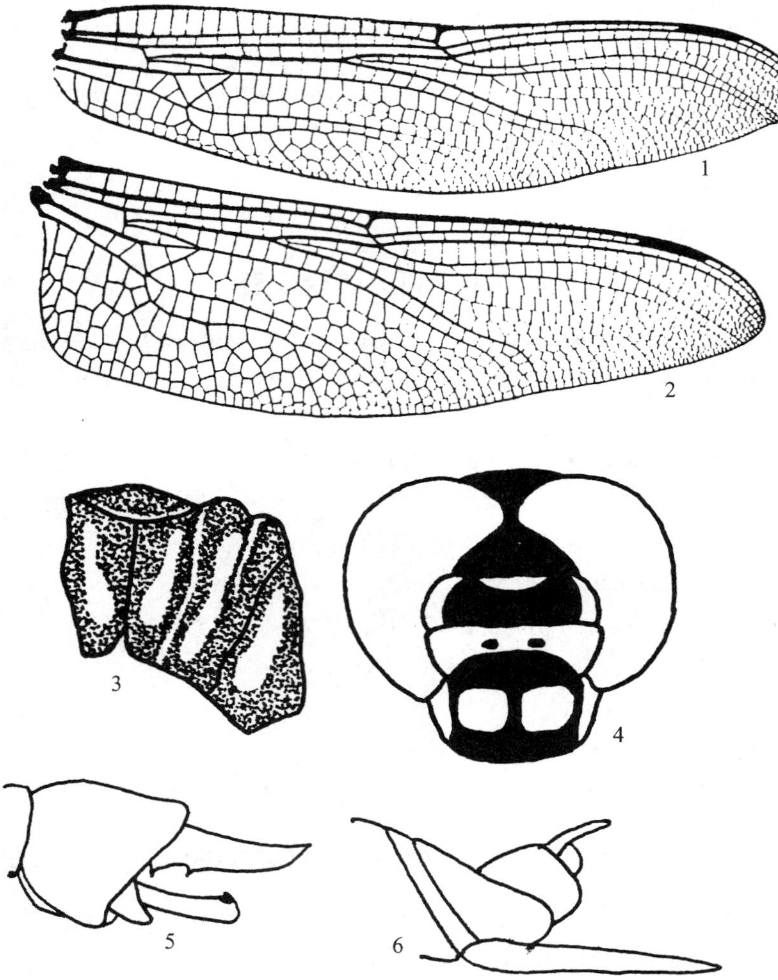

图12 双斑圆臀大蜓 *Anotogaster kuchenbeiseri* Foerster

1，2. 雄前后翅 3. 合胸色彩 4. 头部正面观 5. 雄肛附器侧面观
6. 雌腹端侧面观（3，6. 仿隋敬之；4，5. 仿朱慧倩）

【分布】 辉县、济源、栾川、内乡、信阳、罗山、新县、商城；北京、河北、山西、陕西、山东、四川、浙江、福建。

大蜓属 *Cordulegaster* Leach, 1815

Cordulegaster Leach, 1815, Edinb. Encycl., 9: 136.

Cordulegaster Leach, Needham 1930, Zool. Sin., 11(1): 105 – 106.

Cordulegaster Leach, Yang 1996, Ento. Kno., 33(4): 231 – 232.

Type – species: *Cordulegaster boltonii* Donovan, 1807.

除澳大利亚、南美洲外，全球广布。本属全世界已知 23 种（亚种）。我国已记载 5 种。分布在北京、西藏、山西、陕西、河南、山东、四川。本志记述 1 种。

2. 晋大蜓 *Cordulegaster jinensis* Zhu et Han，1992（图 13）（彩色图版Ⅲ）

Cordulegaster jinensis Zhu et Han, 1992, Entomotaxonomia, 14(1): 18 – 20.

【形态特征】

雄性腹长 55 ~ 57mm，后翅长 40 ~ 43mm。

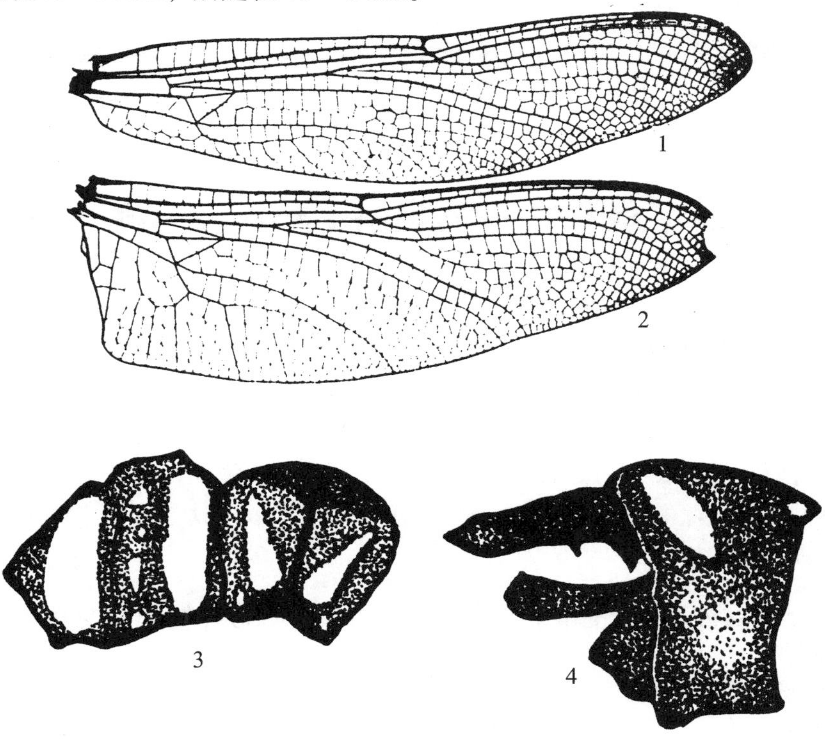

图 13 晋大蜓 *Cordulegaster jinesis* Zhu et Han

1，2. 雄前后翅 3. 合胸色彩 4. 雄肛附器侧面观（3，4. 仿朱慧倩）

雄性 下唇、上颚黄色。上唇黄绿色，前缘有黑褐色边。前唇基褐色。后唇基黄绿色，下缘有黑边。前额上缘有黑边，上额前部具黄色带，后部黑褐色。后头与后头背面黄色，后缘具黑色长毛。前胸黑色，后叶有斜向外侧的楔形斑，合胸背条纹1对，上端圆、粗大，至末端渐细狭且斜向外侧，侧面在2条宽黄色条纹中间有4个小黄斑，气孔上方3个，下方1个。足黑色。翅透明具烟色，前缘脉有黄边，翅脉黑色，翅痣黑色，跨4~5室。后翅基部中间后胸背板上有2个大的长圆形黄斑。结前结后横脉列式：$\frac{13-20 \mid 20-14}{15-16 \mid 14-14}$或$\frac{12-19 \mid 19-12}{14-12 \mid 11-14}$臀三角室3~4室。腹部黑色，具黄色斑。第1节侧斑1对；第2节基斑微小，背斑、端斑各1对，基侧斑大型，基端斑边缘模糊；第3~8节有背斑、基侧斑及端斑，但背斑基侧均无小点状斑；第7、8节背斑和基侧斑明显宽大，端斑细小；第9节基斑细小，横列，端斑小点状；第10节基斑微小，端斑长大，向基部分歧。肛附器黑色。上肛附器腹面基部和近中部各有1个指向后的粗刺；下肛附器短于上肛附器。

【生活习性】 6~8月可见成虫。

【分布】 灵宝、栾川、内乡；山西。

（二）裂唇蜓科 Chlorogomphidae

体大型，黑色，具黄色斑纹。成虫下唇中叶末端纵裂。翅基室具横脉，臀套宽大；雄胫节有1条膜质隆线；雌产卵器非常退化。

本志记述1属1种。

华裂唇蜓属 *Sinorogomphus* Carle,1995

Chlorogomphus Selys,1854,Acad. Belg.,21(2):99.

Sinorogomphus Carle,1995,Odonatologica,24(4):390.

Type - species:*Chlorogomphus magnificus* Selys,1854.

亚洲特有属。分布在中国、日本、泰国、马来西亚、锡金、印度、印度尼西亚、越南。我国已记载10种，分布在福建、台湾、四川、广西、云南、河南、陕西、湖南、江西、浙江。本志记述1种。

3. 侗乡华裂唇蜓 *Sinorogomphus tunti*(Needham,1930)(图14)(彩色图版Ⅲ)

Chlorogomphus tunti Needham,1930,Zool. Sin.,11(1):97-98.

Sinorogomphus tunti, Carle,1995,Odonatologica,24(4):390.

Sinorogomphus tunti,Chao,1999,Wuyi Sci. Jou.,15:3.

【形态特征】

雄性腹长66~70mm，后翅47~50mm。

雄性 下唇黄色，末端带橙色。上唇黑色。前唇基褐色，中央黄色微外凸，前缘具细黄线，两侧黑色，呈一黄色“工”字纹；后唇基黄色，中线黑色或断离，两侧各有1个小点状凹陷。额黑色，额顶有1个宽黄色条。头顶黑色，侧单眼后隆起。后头黑色，缘着黑色长毛。触角黑褐色。两复眼甚接近，但不接触。前胸黑色，前叶前缘黄色，后叶两侧各有1个圆形黄斑。合胸黑色，条纹黄色。背条纹狭，端宽，肩前条纹宽。侧面，在第2和第3缝之间，包括气门的大部，有1条更宽的黄色斜条纹，其下方有1个独立黄斑，后胸后侧片上方有1个小黄斑，在其下方的隆脊上有1条黄色条纹。前足基节、转节腹面黄色，前足腿节下方内侧着有黄色，其他部分均黑色。翅透明，前缘脉具黄边，翅痣黑色，覆盖3~4室。前翅结前横脉16~22条，结后横脉12~15条，后翅分别是15~23条和18~15条。臀三角3室。基室横脉2条，少数个体3条。

腹部黑色。1~2节和3节基端膨大。第1节末端有1个细黄条，两侧各有1个侧斑；第2节侧斑更大，包括耳突，末端细黄条在背中断离，下端与侧斑连接；第3节端斑宽大，两侧与第2节侧斑汇合；第3~6节细，端斑依次较小，第6节或端斑消失；第7节端部膨大，端部黄色环宽大；第8~10节黑色，第8节最粗，第10节腹面中央有1个黄斑。肛附器黑色，上肛附器稍短于第10节或等长，端部分叉，内支长于外支；下肛附器长于上肛附器，末端有2个基部相连的指向上方的小尖齿。

【分布】 济源、栾川、内乡、商城；陕西、四川、云南、湖南。

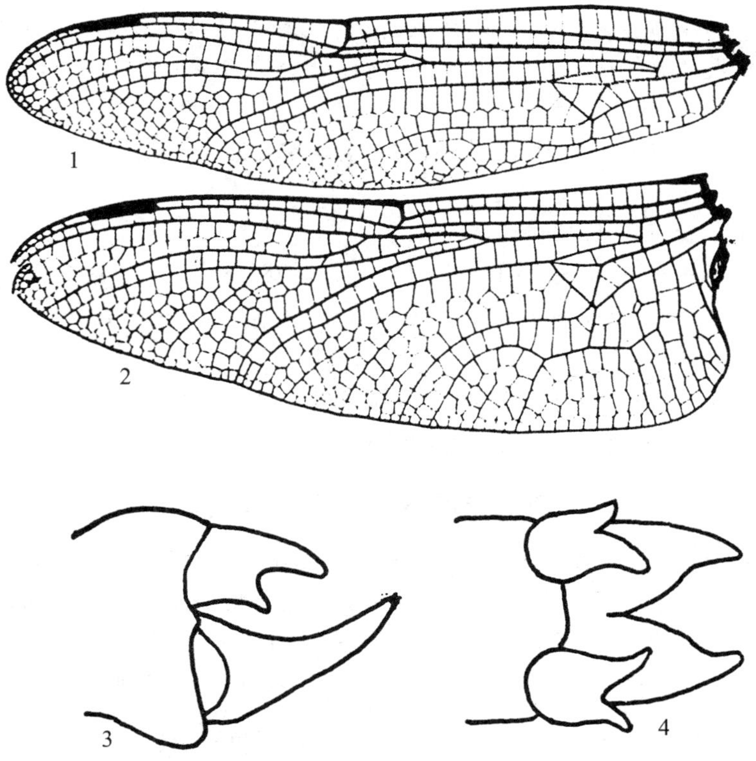

图14 侗乡华裂唇蜓 *Sinorogomphus tunti* (Needham)

1，2. 雄前后翅 3. 雄肛附器侧面观 4. 雄肛附器背面观

（三）蜓科 Aeschnidae

体大型，蓝、绿和褐色。两复眼在头的背面有很长一段接触。翅透明，有两条粗的结前横脉，常有1条支持脉，有1条径补脉和1个臀套。下唇中叶稍凹裂。雌性具发达的产卵器。

本志记述5属6种。

河南蜓科分属检索表

1a. 两条弓分脉发自弓脉的上部，R_2 和 R_3 脉在翅缘相互靠近；雌雄后翅臀角圆润，雄性缺臀三角；腹部中段两侧各有1条纵脊 ………… 伟蜓属 *Anax* Leach，1815

1b. 两条弓分脉发自弓脉的较下部或中央，R_2 和 R_3 脉在翅缘分歧；雄性后翅臀角呈角状，具臀三角；腹部侧面缺纵脊 ………… 2

2a. Rspl 脉直向后伸出，与 IR_3 几平行 ………… 3

2b. Rspl 脉中部向后弯曲，后部又弯向前 ………… 4

3a. 基室有横脉 ………… 头蜓属 *Cephalaeschna* Selys，1883

3b. 基室无横脉 ………… 普蜓属 *Planaeschna* McLachlan，1895

4a. 后翅三角室内边的长与弓脉至三角室后角距离的长约相等 … 长尾蜓属 *Gynacantha* Rambur，1842

4b. 后翅三角室内边的长远长于弓脉至三角室后角的距离，雌外生殖器的齿状板上有许多粗壮的刺 ………… 多棘蜓属 *Polycanthagyna* Fraser，1933

伟蜓属 *Anax* Leach，1815

Anax Leach，1815，Edinb. Encycl.，9：137.

Anax Leach，Needham 1930，Zool. Sin.，11（1）：72－78.

Type－species：*Anax imperator* Leach，1815.

世界性属，已记载40余种（亚种）。我国已知5种（亚种）。分布在山西、陕西、河南、江苏、福建、香港、台湾。本志记述2种。

河南伟蜓属分种、亚种检索表

1a. 面部绿色，额上具1个黑色“T”形斑纹，胸侧第1和第3条纹完全 ………… 黑纹伟蜓 *Anax nigrafasciatus* Oguma，1915

1b. 面部黄色，额上具1条宽黑色横带，胸侧第1和第3条纹上方1/3存在 ………… 马大头 *Anax parthenope julius*（Brauer，1865）

4. 黑纹伟蜓 *Anax nigrafasciatus* Oguma，1915（彩色图版Ⅳ）

Anax nigrafasciatus Oguma，1915，Ent. Mag.，1：5－14.

Anax nigrafasciatus Oguma，Needham 1930，Zool. Sin.，11（1）：74－75.

【形态特征】

雄性腹长 56~59mm，后翅 46~48mm。

雄性 上、下唇黄色，上唇前缘黑色。前、后唇基绿黄色。额绿色，具 1 个黑色"T"形斑纹。头顶、触角、后头黑色。合胸背前方绿色，无斑纹，合胸脊黄色；合胸侧面黄绿色，具黑色条纹，肩条纹完全。第 2 条纹完整，气孔前上方有 1 个小黑点；第 3 条纹完全。足黑色，具黄斑。翅透明，前缘脉黄色，翅脉黑色，翅痣黄褐色。腹部黑色，具蓝色斑点。第 1、2 腹节膨大，第 1 节和第 2 节基部绿色，第 3~7 节侧方各具 3 个蓝斑和 1 个同色纵斑，第 8~10 节各具 1 个蓝斑。上肛附器黑色，中间宽阔，外缘端部尖锐突起，基部上下方各具 1 个突起，唯下方那个较长。下肛附器褐黄色，末端中央凹入，长约为上肛附器的 1/3。

【生活习性】 5~9 月均可见成虫活动。但数量较少。

【分布】 辉县、济源、登封、内乡、信阳、商城；北京、河北、山西、陕西、西藏、四川、广西、湖北、江苏、浙江、福建、台湾。

5. 马大头（碧伟蜓）*Anax parthenope julius*(Brauer,1865)(图 15)(彩色图版Ⅴ)

Aeschna(*Anax*) *parthenope* Selys,1839,Bull. Acad. Belg., Ⅱ(4):389.

Anax parthenope Selys,1840,Mon. Lib. Eur.,119.

Anax julius Brauer,1865,Zool. Bot. 15:501 –512.

【形态特征】

雄性腹长 55~57mm，后翅 50~52mm。

雌性腹长 51~56mm，后翅 50~54mm。

雄性 上、下唇黄色，上唇基缘有 3 个小黑斑。前、后唇基黄色，前缘淡褐色。额黄色，前额上缘具 1 条宽黑色横纹，与另 1 条淡蓝色横纹平行。头顶具黑色条纹，中央为 1 个突起。后头黄色。合胸绿色，仅肩条纹和第 3 条纹上端褐色，第 2 条纹有 2 个小黑点。足基节黄色，腿节背面褐红色，腹面黑色，胫节、附节黑色。翅透明，略带黄色，前缘脉亮黄色，翅痣黄褐色，前翅三角室长于后翅三角室。腹部第 1、2 节膨大。第 1 节绿色，背面具褐色斑点和横纹，侧面具黑色斑点和纵纹；第 2 节基部绿色，端部褐色，具横隆脊；第 4~8 节背面黑色，侧面黑色并具纵隆脊；第 3 节和第 9、10 节背面褐色，侧面具淡色斑纹。上肛附器褐色，中间宽阔，端部外缘尖锐突起。下肛附器黄色，短宽，端部截形，上翘，上面具 1 列向上的黑尖齿。

雌性 双翅除翅基及端部外为大面积黄褐色，后翅色更重，第 9 腹节腹面末端中央，具 1 对细棒突，端部圆钝并着长的毛簇。

【生活习性】 成虫于 5~6 月、8~9 月出现，6 月、8 月数量多，活动于河流、池塘水草处。

【分布】 济源、浚县、灵宝、郑州、登封、西华、舞钢、内乡、信阳、商城；全国广布。

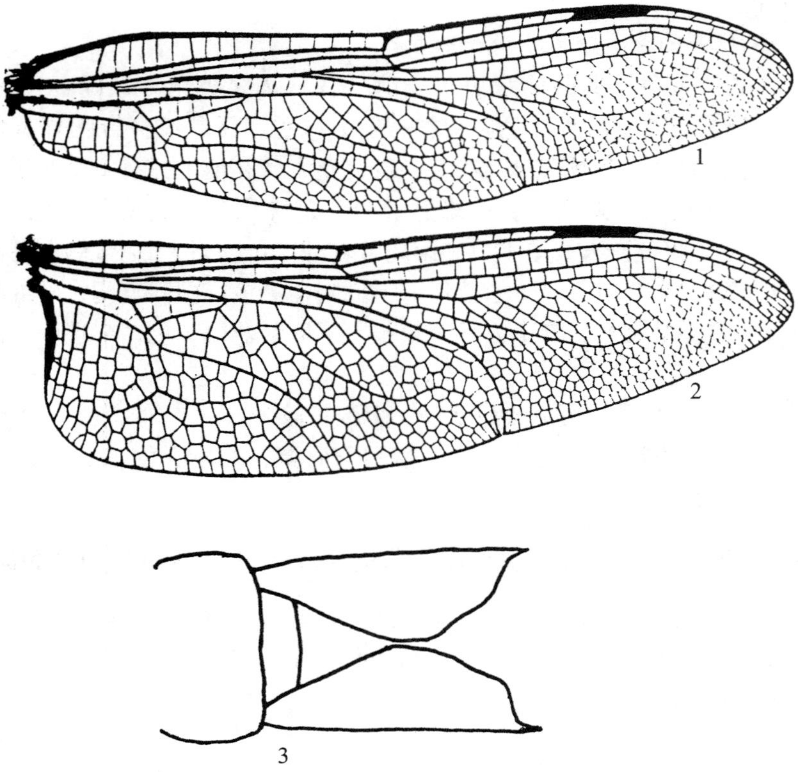

图 15 马大头 *Anax parthenope julius* (Brauer)

1，2. 雄前后翅 3. 雄肛附器背面观

头蜓属 *Cephalaeschna* Selys, 1883

Cephalaeschna Selys, 1883, Bull. Acad. Belg., 3(5): 739.

Cephalaeschna Selys, Needham 1930, Zool. Sin., 11(1): 79 – 84.

Type – species: *Cephalaeschna orbifrona* Selys, 1883.

这是一个亚洲属，全世界已记载 13 种，分布在中国、阿富汗、尼泊尔、不丹和印度。我国已记录 8 种，分布在山西、陕西、四川、福建和河南。本志记述 1 种。

6. 淡绿头蜓 *Cephalaeschna patrorum* Needham, 1930（图 16）（彩色图版Ⅵ）

Cephalaeschna patrorum Needham, 1930, Zool. Sin., 11(1): 83.

Cephalaeschna patrorum Needham, Zhu and Wu 1984, Jou. Shansi University 2: 77.

【形态特征】

雄性腹长 53mm，后翅 44 ~ 45mm。

雄性 颜面大部黄绿色。上唇基半部和前唇基黑色，后唇基黄绿色，具毛。上颚基部黄色。额黄褐色，额顶突出成隆脊，中央有小圆突，前缘中央黑褐色，上额具黑褐色新月形横条纹。头顶黑色。后头褐色，具黄边，后头后面黑色，有黄色边。前胸前叶黄色或黄褐色，后叶背面黑褐色。合胸背前方黑褐边，合胸脊黑色。1 对背条纹黄绿色，上端宽大、平齐，向下渐细狭并弯向两侧，末端尖。合胸侧面黑色，中胸后侧片具 1 条宽黄色条纹，后胸后侧片全部黄色，沿间缝有 3 个分离的小黄绿色斑，个别为 4 个。气孔周缘黑色。足黑褐色，基节、腿节内侧黄褐色。翅透明，光亮，白色，微着烟色，翅脉黑色，前缘脉有黄边，臀三角 3 ~5 室，基室横脉 4 ~6 条。翅痣黄褐色，覆盖 3 ~4 室。结脉列式：$\frac{17-26 \mid 23-17}{18-17 \mid 16-19}$。腹部黑色，斑纹黄色。基部两节膨大。第 1 节基端具细黄线，末端有侧斑；第 2 节具中斑、端斑，背中条纹中断，端斑向侧下方延伸扩大，与覆盖耳突的侧斑连接；第 2 ~7 节中部具斜隆线，且依次移近基端；第 3 ~8 节具中斑、端斑，向末端渐小，第 8、9 节端斑极小，第 3 ~7 节中斑末端与基侧斑相连：第 10 节和肛附器黑色。上肛附器约与第 9、10 节等长，自基部约 1/4 处向末端变宽；基端背面有 1 个齿突，末端钝；背面中隆脊内侧具黑褐色长毛。下肛附器短于上肛附器，约为上肛附器长的 3/4，向末端渐狭、微弯向上，末端上方具凹口。

雌性 色彩、斑纹与雄性近同。

【生活习性】 成虫 7 ~8 月可见。

【分布】 灵宝、栾川、鲁山、内乡；山西、陕西、青海、四川。

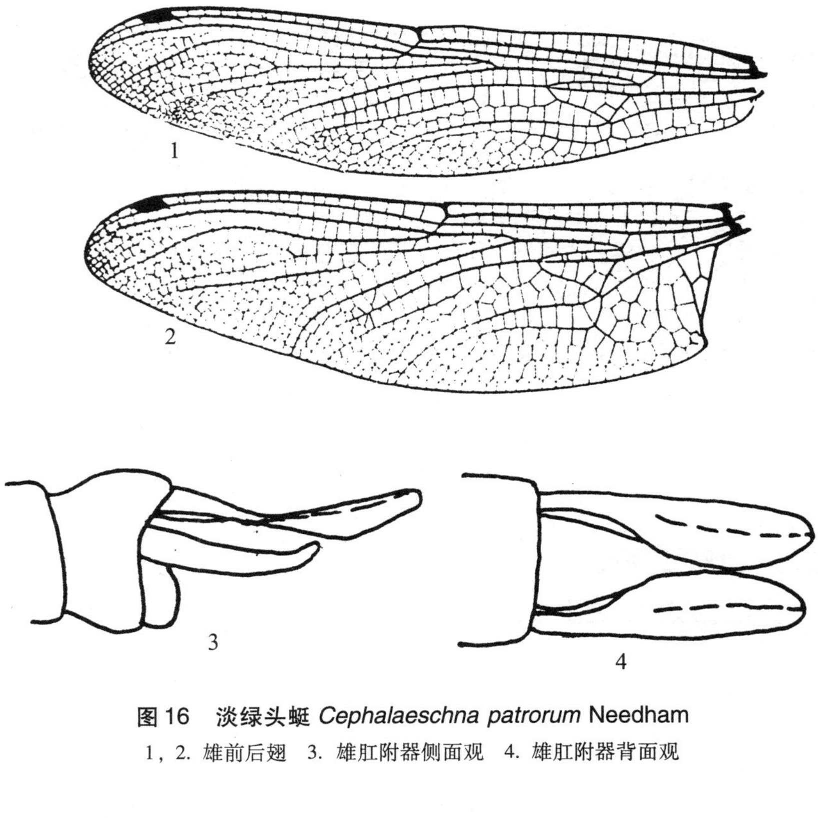

图 16 淡绿头蜓 *Cephalaeschna patrorum* Needham

1，2. 雄前后翅 3. 雄肛附器侧面观 4. 雄肛附器背面观

长尾蜓属 *Gynacantha* Rambur, 1842

Gynacantha Rambur, 1842, Ins. Nev., 29.

Gynacantha Rambur, Davies and Tobin 1985, Dragon. World, 2: 11 - 14.

Type - species: *Gynacantha nervosa* Rambur, 1842.

世界性属。已知90余种（亚种）。我国已知8种，分布在北京、陕西、河南、福建、台湾、四川、广西。本志记述1种。

7. 工纹长尾蜓 *Gynacantha bayadera* Selys，1892（图17）（彩色图版Ⅵ）

Gynacantha bayadera Selys, 1892, Ann. Mus., 30: 483.

Gynacantha bayadera Selys, Needham 1930, Zool. Sin., 11(1): 88 - 90.

Gynacantha lyttoni Fraser, 1926, Dar. Mus., 31 - 32.

【形态特征】

雄性腹长53～54mm，后翅43～44mm。

雌性腹长48～52mm，后翅41～42mm。

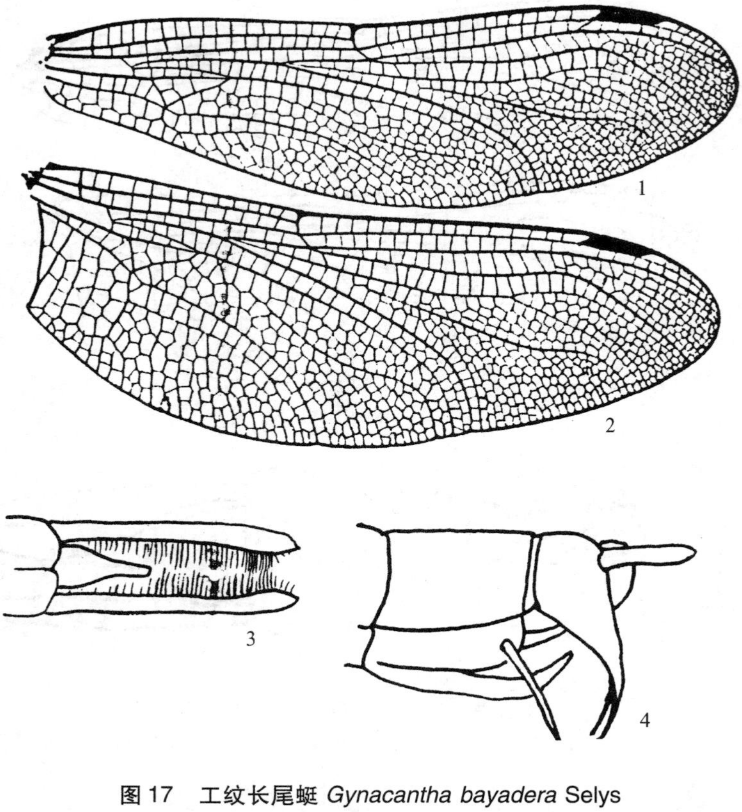

图17　工纹长尾蜓 *Gynacantha bayadera* Selys

1，2. 雄前后翅　3. 雄肛附器侧面观　4. 雌产卵器侧面观（4. 仿隋敬之）

雄性 头部除头顶黑色皆黄或淡黄色，上额具黑色“工”字形纹，为本种一大特征。胸部黄绿色，无条纹。足黄色，具黑褐色刺。翅透明，翅痣和翅脉褐色，具支持脉。腹部褐色，基部两节膨大。第2节具2个横隆脊和黄色纵条纹，第3节基部细缩，第3~8节两侧各有1个三角形黄色横斑，第8、9节背面黑色，第10节褐色。上肛附器褐色，细长，内缘具长毛。下肛附器长不足上肛附器的1/2。

雌性 色泽、斑纹与雄性近同。第9节腹板末端具1对棒状构造，端部具长毛，第10节腹板末端向下突出，末端有1对长刺状分叉。

【生活习性】 成虫于6~7月和9月出现，在黄昏活动。

【分布】 内乡、桐柏、信阳、罗山、商城；江苏、台湾。

普蜓属 *Planaeschna* McLachlan,1895

Planaeschna McLachlan,1895,Ann. Mag.,6(16):19-28.

Planaeschna McLachlan,Needham 1930,Zool. Sin.,11(1):84-85.

Planaeschna McLachlan,Davies and Tobin 1985,Dragon. World,2:20.

Type-species:*Aeschna milnei* Selys,1883.

东亚地区的特有属，已记载10种，分布在中国、日本、泰国。我国已记录6种，分布在北京、黑龙江、吉林、辽宁、山西、河南、浙江、贵州、台湾。本志记述1种。

8. 米普蜓 *Planaeschna milnei* (Selys,1883)(图18)

Planaeschna milnei Setys,1883,Ent. Belg.,27:82-143.

Planaeschna milnei Selys,Needham 1930,Zool. Sin.,11(1):84-85.

【形态特征】

雄性腹长56~57mm，后翅45~46mm。

雌性腹长53~56mm，后翅47~50mm。

雄性 下唇中叶黄色，侧叶黑褐色。上唇基半部黄绿色。前唇基褐色，后唇基绿色，端缘黑色。上额黄绿色，前额大部分黑色，与上额前缘连成1个铲形黑斑。触角、后头黑色。前胸黑色，合胸背黑色，条纹黄绿色，上端宽圆，下端尖削并斜向两侧。胸侧黄绿色，条纹黑色，完整。足黑色，前足具黄斑。翅透明，翅痣及翅脉黑色，翅基黄色。腹部黑色，斑纹黄或土黄色。第1、2节膨大，侧面黄色，背面各有4个黄绿色斑，皆两纵两横，第2节基端两侧具耳状突，第3节基侧斑向端侧斑延伸，第4~8节基侧斑明显，端斑短小，端侧斑小或消失，第9节端斑左右相连，第10节黑色。肛附器黑色，上肛附器端部扁阔，外缘端尖锐，下肛附器长约为上肛附器的1/2。

雌性 上唇基半部黄绿色，较狭小。腹部第9、10节各有1对大而鲜明的端斑。产卵器较长。

【分布】 卢氏、栾川、内乡；北京、山西、浙江、台湾。

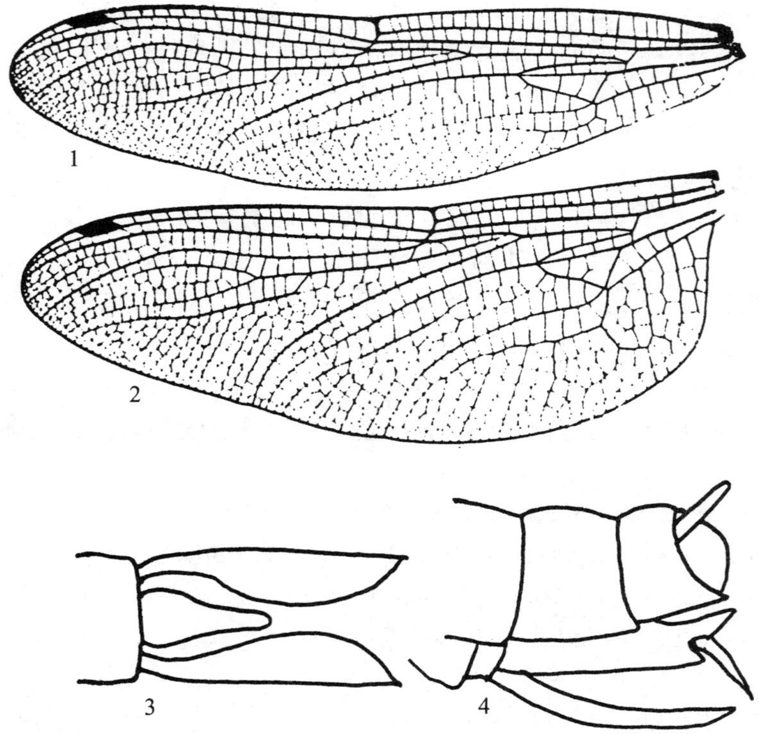

图 18 米普蜓 *Planaeschna milnei* Selys

1，2. 雌前后翅 3. 雄肛附器背面观 4. 雌肛附器及产卵器侧面观（3，4. 仿隋敬之）

多棘蜓属 *Polycanthagyna* Fraser，1933

Polycanthagyna Fraser，1933，Bombay Nat. Hist. Soc.，34：463.

Type－species：*Aeschna erythromelas* McLachlan，1896.

多棘蜓属 *Polycanthagyna* 由 Fraser 建立于 1933 年。主要属征有：第一，雌虫外生殖器的齿状板上有许多粗壮的刺；第二，后翅翅痣明显比前翅的短；第三，R_3 弯向翅痣，IR_3 脉末端两分支间主要为 2 列室；第四，弓脉末端到相邻原始结前横脉的距离等于两条原始结前横脉间长度的 1/3。本属已知种类 Davies 等（1985）列 2 种 1 亚种。分布在日本、印度、锡金、中国。其中 Asahina（1951）以台湾标本命名的亚种 *P. erthromelas paiwan* Asahina 能否成立尚有疑问。此外，Asahina（1978）依据翅脉、雄第 10 腹节背面具齿状突起和雌外生殖器齿状板着许多刺等特征，把 *Aeschna ornithocephala*（McLachlan，1896）移入本属，但未被认同。杨祖德等（1994）发表赵氏多棘蜓 *Polycanthagyna chaoi* Yang et Li。使我国本属种类达到 4 种（亚种），分布在四川、河南、浙江、香港、台湾。河南已知 1 种。本志记述 1 种。

9. 黑多棘蜓 *Polycanthagyna melanictera*(Selys,1883)(图 19)(彩色图版Ⅶ)

Aeschna melanictera Selys,1883,Ann. Soc. Ent. Belg.,27:119.

Aeschna melanictera Selys,Needham 1930,Zool. Sin.,11(1):92－93.

Polycanthagyna melanictera(Selys),Fraser 1936,Fauna Br. Ind. Odon.,3:119－120.

【形态特征】

雄性腹长 62mm，后翅 50mm。

雌性腹长 60mm，后翅 51～55mm。

雄性 下唇黄色。上唇蓝绿色，前缘黑色，中央和基部两侧具黄色斑。前唇基蓝绿色，具黄色和黑色斑点各 1 个，后唇基蓝绿色，前缘凹陷内具褐色小斑点。额黑色，前缘及两侧蓝绿色。头顶黑色，具褐色突起。后头黑色。前胸黑色，前叶边缘和后叶两侧缘黄色。合胸黑色，条纹黄色，背条纹上端宽圆，下端尖削并向外侧分歧；侧面中胸后侧片和后胸后侧片各具 1 条甚宽条纹。足黑色，具黄斑，翅具淡烟色，脉黑色，翅痣黑褐色。前翅结前横脉 20 条，结后横脉 13 条；后翅结前横脉 13 条，结后横脉 15 条。三角室 3～5 室，肛角 3 室。腹部黑色，第 1、2 节膨大，侧面具黄斑和毛簇，第 2 节具耳状突，第 3～7 节背脊两侧各具 2 个黄斑，第 8、9 节黑色，第 10 节后半部黄色，在背面中央具 1 个纵扁的三角形突起。肛附器黑色，上肛附器基部较狭，腹面有 1 个齿状突起，端部宽扁，末端外侧向下弯成 1 个小钩，下肛附器约为上肛附器长的 1/2。

雌性 上唇黄绿色，具宽黑褐色边，中央有 1 个小黑点。下唇褐黄色，端部带赤色。额顶黑色，具 1 条隆线，线前有 1 条弧形黑线，头顶、后头、后头后面黑色。头部其他部

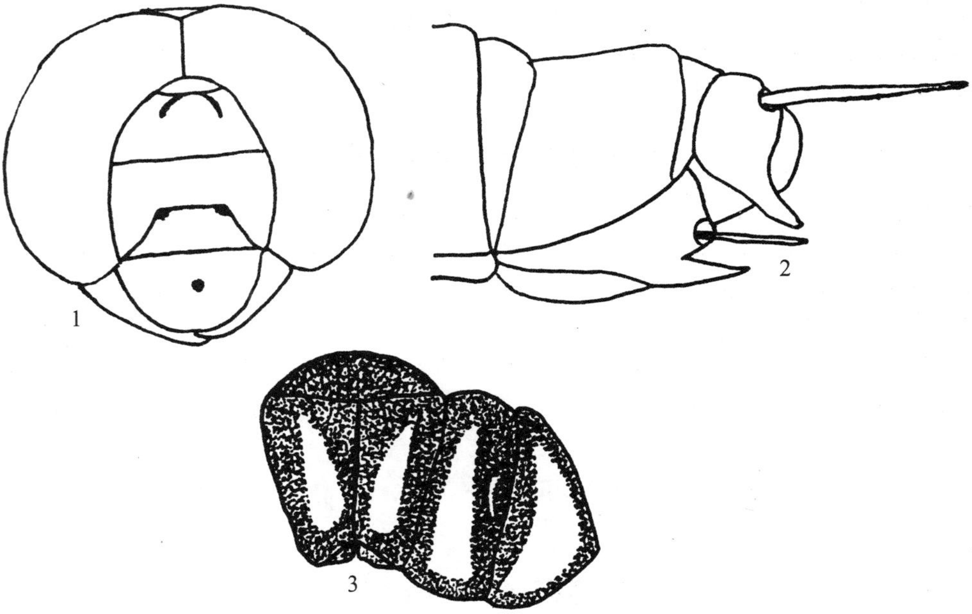

图 19 黑多棘蜓 *Polycanthagyna melanictera* (Selys)

1. 雌头部正面观 2. 雌肛附器及产卵器侧面观 3. 合胸色彩

分黄绿色。胸部黑色，具黄色斑纹。合胸脊两侧各有1条黄色背条纹，其上端宽圆，下端尖削并向外分歧，合胸侧面中胸后侧片和后胸后侧片各有1条宽大黄条纹，气孔上方有1条黄色细线纹，中胸后侧片下方有1个近圆形黄斑。足黑色，仅前足基节和转节与腿节腹面上半部为黄色。翅透明，前后翅基部着黄色，翅脉、翅痣黑色。前翅结前横脉20～21条，结后横脉10～12条，后翅结前横脉15～16条，结后横脉13条，三角室4～5室。腹部黑色，具黄色斑纹。第1节背面基端斑条状，末端有1个具长柄的近三角形背中斑，呈倒“T”形；第2节背面基端斑与末端斑相连成“工”字形，中斑小而模糊，侧面为宽大黄条，其基端向上下伸展；第3～7节背面基斑、端斑、中斑和侧面的斑纹在各节有变化，第3、4节基斑甚小，第5、6节基斑消失，第3～5节端斑断离，第6、7节端斑成细黄纹，但中斑宽大，与侧斑相接，第4节侧斑中后部断离，第5～7节侧斑自基端退缩；第8～10节黑色。肛附器黑色。

【生活习性】 6、7月可见成虫活动。

【分布】 内乡、罗山；四川、浙江、香港、台湾。

（四）春蜓科 Gomphidae

体型一般较大，黑色，具绿色或黄色斑纹。复眼在头顶分离很远。下唇中叶末端不分裂。翅透明，翅痣前端常具支持脉。交合器外露。雄性腹部第2节两侧各具1个耳状突，雌性无产卵器。飞翔能力强。

近代分类学家对春蜓科分类没有一致的意见。赵修复（1990）采用5亚科分类系统，将我国春蜓归分在4个亚科中：林春蜓亚科 Lindeniinae，哈春蜓亚科 Hageniinae，春蜓亚科 Gomphinae 和钩尾春蜓亚科 Onychogomphinae。拟春蜓亚科 Gomphoidinae 的种类在我国尚未发现。本志记述3亚科15属19种。

河南春蜓科分亚科检索表

1a. 前、后翅三角室、上三角室和下三角室中，仅后翅下三角室无横脉，其他各室均有横脉……………………………………………………………………………… 林春蜓亚科 Lindeniinae

1b. 前、后翅三角室、上三角室和下三角室均无横脉，或仅三角室有1条横脉 ……………………… 2

2a. 臀套缺如，A_2 由下三角室生出；雄性臀三角室3室，稀2室或4室 ………… 春蜓亚科 Gomphinae

2b. 臀套多2室或3室，A_2 由肘臀横脉与下三角室之间生出；雄性臀三角室4室，稀3室 ……………………………………………………………………… 钩尾春蜓亚科 Onychogomphinae

Ⅰ. 春蜓亚科 Gomphinae

河南春蜓亚科分属检索表

1a. 雄下肛附器短而阔，端缘圆弧形浅凹或深凹，两个分支向后方分歧，末端尖；阳茎末节呈匙状或杯状，具1个短鞭或无鞭 ……………………………………………………………… 2

1b. 不如上述综合特征，或下肛附器两支互相平行，或阳茎末节末端呈圆盘状，或具双鞭 ……… 5

2a. 臀三角室 5 室或 6 室，上肛附器内缘具棘状突 …………… 棘尾春蜓属 *Trigomphus* Bartenef，1912
2b. 臀三角室 3 室 …………………………………………………………………………………… 3
3a. 腹部很长，其长度约为后翅长的 1.3 倍 ……………… 长腹春蜓属 *Gastrogomphus* Needham，1930
3b. 腹部不特别长 …………………………………………………………………………………… 4
4a. 前钩片长度至少约为后钩片之半，基半部较宽，端半部较细；后钩片端半部比基半部稍宽，末端钩曲如鸟喙，它的前缘最宽处通常曲折呈一角度，在角度处通常有一丛小齿；背条纹与领条纹相连…………………………………………………………… 亚春蜓属 *Asiagomphus* Asahina，1985
4b. 前钩片指状，通常比后钩片小得多；后钩片细长，通常与身体长轴呈垂直方向，甚为突出，其长度为前钩片的 2～3 倍，末端尖，或钩曲，前缘不曲折呈一角度，亦无丛齿；背条纹不与领条纹相连 …………………………………………………………… 扩腹春蜓属 *Stylurus* Needham，1897
5a. 前钩片甚小，指状；后钩片甚大，愈向末端愈阔，呈叶片状，前缘末端钩曲呈鸟喙状；阳茎无后叶，末节末端平截，具 1 条长鞭 ………………………… 缅春蜓属 *Burmagomphus* Williamson，1907
5b. 不如上述 ………………………………………………………………………………………… 6
6a. 后足腿节伸抵腹部第 2 节中央，或超过之，腿节基半部密生短刺，端半部生有 2 列 4～6 个长刺，两刺之间的距离甚远 …………………………………………………………………………… 7
6b. 腿节不甚长，不如上述 ………………………………………………………………………… 8
7a. 上肛附器末端腹面有 1 个黑色突起或甚大的齿 ……………… 异春蜓属 *Anisogomphus* Selys，1854
7b. 无上述齿或突起 ……………………………………………… 长足春蜓属 *Merogomphus* Martin，1904
8a. 阳茎末节具鞭 1 对 ……………………………………………… 华春蜓属 *Sinogomphus* May，1935
8b. 阳茎末节末端多呈圆盘状，无鞭 …………………………………………………………………… 9
9a. 后翅三角室常有 1 条横脉，前钩片末端两分支长短相等或后支稍短…………………………………………………………………………………………… 戴春蜓属 *Davidius* Selys，1878
9b. 后翅三角室无横脉；前钩片的前支镰刀状，约与基部的柄等长，后支不及前支长度的一半，甚或消失 ……………………………………………………… 尖尾春蜓属 *Stylogomphus* Fraser，1922

亚春蜓属 *Asiagomphus* Asahina，1985

Asiagomphus Asahina，1985，Gekkan－Mushi，169：7.
Type－Species：*Gomphus melanops* Selys，1854.

本属自 *Gomphus* 属分出，包括亚洲的朝鲜、日本、缅甸、泰国和印度的 19 个种，其中有 10 个种产于中国。分布在北京、陕西、河南、浙江、江西、福建、台湾、广东、香港、海南 、西藏、四川、云南。本志记述 2 种。

河南亚春蜓属分种检索表

1a. 第 2、3 条纹粗大完整；肩前上点与肩前下条纹不相连 …………………………………………………………………………… 和平亚春蜓 *Asiagomphus pacificus*（Chao，1953）
1b. 第 2 条纹间断，第 3 条纹完整；肩前上点与肩前下条纹相连；雌性后头有 3 个角状突 …………………………………………………………………… 三角亚春蜓 *Asiagomphus perlaetus*（Chao，1953）

10. 和平亚春蜓 *Asiagomphus pacificus*（Chao，1953）（图 20）（彩色图版Ⅶ）

Gomphus pacificus Chao，1953，Acta Ento. Sin.，3（4）：410.

Asiagomphus pacificus Chao, Asahina 1985, Gekkan – Mushi, 169: 7.

【形态特征】

雄性及雌性腹长 46 ~ 47mm，后翅 41 ~ 42mm。

雄性 下唇黑褐色。上唇黑色。前唇基褐色，中央色淡，后唇基及颊黑色。额横纹甚阔。头顶黑色，侧单眼上方具 1 对大的椭圆形突起，侧方各具 1 个弧形隆脊。后头黑色，中央凹陷，后头缘着黑色长毛，后头后方黑色。前胸大部分黑色，斑纹黄色，前叶前缘、背板侧方具 1 个甚大斑点，中央具 1 对互相靠接的小斑点；后叶褐色。合胸背前方褐色，具黄色条纹，领条纹中断，背条纹下方与领条纹相连，形成 1 对倒"7"字形斑纹，位于合胸脊两侧，肩前条纹完全或不完全，端部大，下端细削。合胸侧面黄色，条

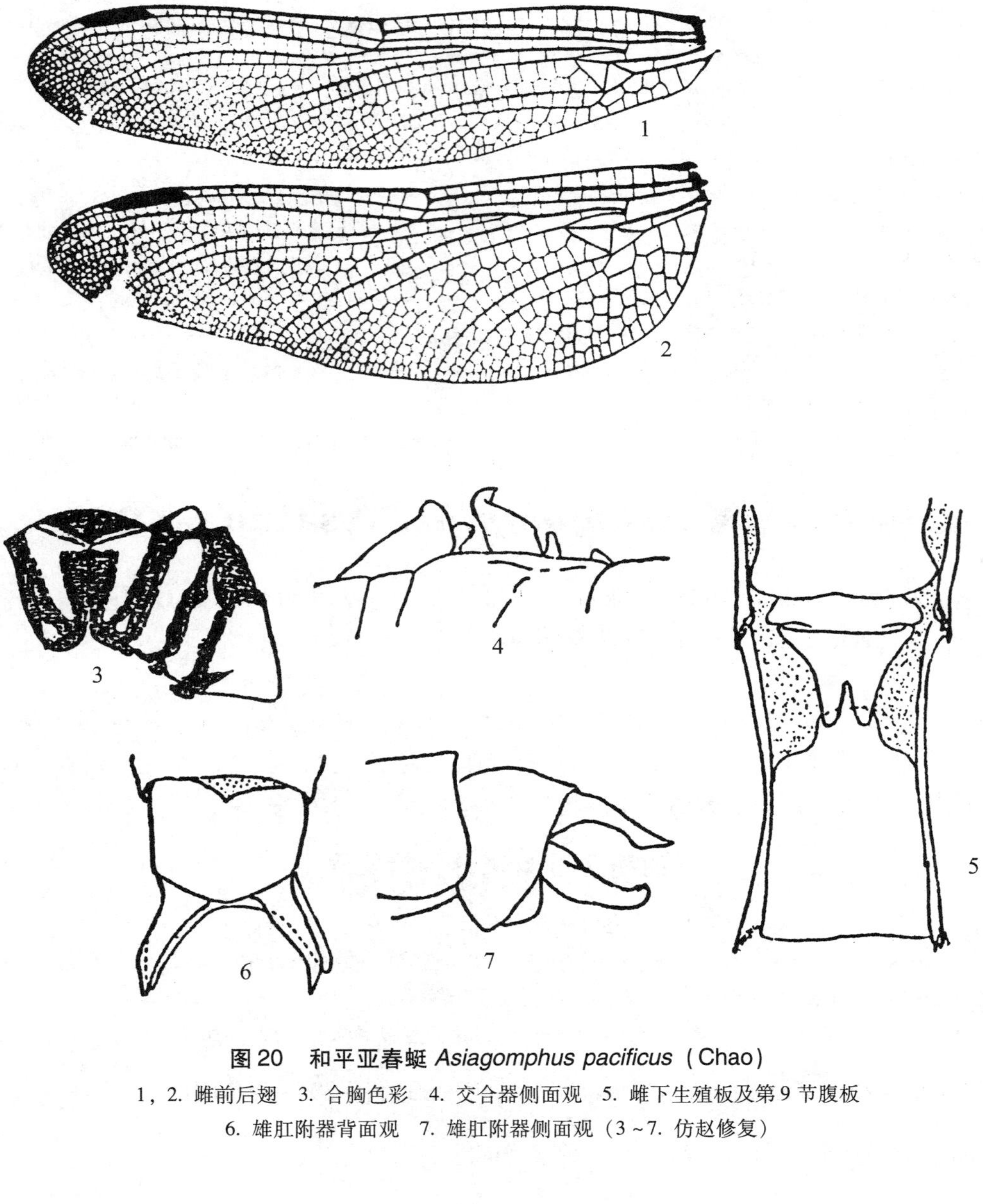

图 20 和平亚春蜓 *Asiagomphus pacificus* (Chao)

1，2. 雌前后翅 3. 合胸色彩 4. 交合器侧面观 5. 雌下生殖板及第 9 节腹板 6. 雄肛附器背面观 7. 雄肛附器侧面观（3 ~ 7. 仿赵修复）

纹褐色，第 2、3 条纹完全。足黑色，前足腿节腹方具 1 条黄色线纹。翅透明，微带褐色，翅痣黄色。腹部大部分黑色，具黄色斑纹。第 1、2 节背中条纹相连，在第 1 节后缘处稍扩大，该两节腹侧条纹甚阔；第 2 节两侧具黄色耳状突，其脊具小黑齿；第 3 节侧方基部具 1 个大三角形斑点；第 4 ~7 节侧方基部具 1 个甚小斑点，第 8 节基部背面有 1 个小点，侧面 1 个甚大斑点，另有 1 条细小腹侧条纹；第 9 节末端大部为黄色；第 10 节及肛附器黑色。前钩片小，基部粗，端部细；后钩片粗大，端尖，弯向前，阴囊发达。

雌性 色彩与雄性基本相同。各个侧单眼的外方有 1 个弧形脊，脊上有 1 个小齿突。后头缘甚低，密着黑色长毛，中央具 1 个短角状突起。腹部第 3、4 节腹侧条纹及腹缘条纹在基部相连等。

【生活习性】 7 ~8 月可见成虫。稀少。

【分布】 内乡、桐柏；浙江、福建、台湾。

11. 三角亚春蜓 *Asiagomphus perlaetus*（Chao，1953）（图 21）

Gomphus perlaetus Chao, 1953, Acta Ento. Sin. 3(4): 407.

Asiagomphus perlaetus Chao, Asahina 1985, Gekkan - Mushi, 169: 7.

【形态特征】

雌性腹长 43mm，后翅 38mm。

雄性 下唇大部分褐色。上唇黑色，前唇基褐色，后唇基及颊黑色。额横纹甚阔，

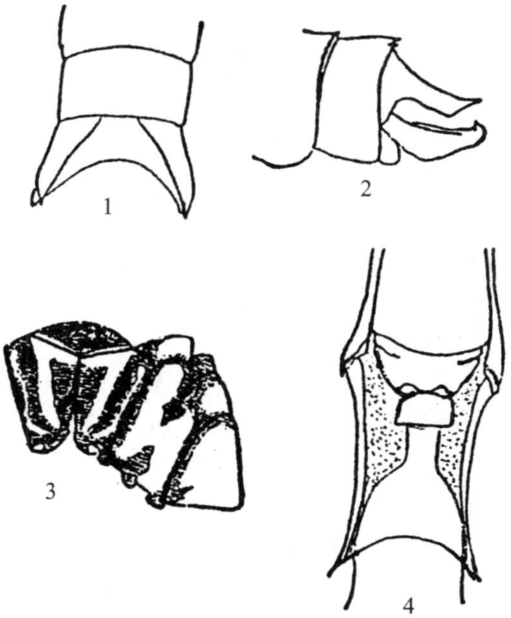

1 2 3 4

图 21 三角亚春蜓 *Asiagomphus perlaetus*（Chao）

1. 雄肛附器背面观 2. 雄肛附器侧面观 3. 合胸色彩
4. 雌下生殖板及第 9 节腹板（仿赵修复）

位上额前方的一半及前额的上方。头顶、后头及后头的后方黑色。侧单眼上方具1对突起。前胸黑色，前叶前缘黄色，背板侧方具1个甚大斑点，中央具1对靠接的小斑点，合胸背前方具1对“7”字形纹，肩前条纹完全。胸侧第2条纹中断，第3条纹完全。足大部分黑色，基部外方黄色。翅透明，微带浅褐色，翅基微带金黄色。腹部黑色，具黄斑纹。第1、2节背中条纹相连，腹侧条纹阔；第3节背条纹细短，腹侧基端具1个 较大三角形斑；第4~6节背条纹细短，侧斑小；第7节基端具半环状阔条纹；第8节侧斑不清晰；第9节末端具1条甚阔横条纹；第10节与肛附器黑色。下肛附器凹陷较浅。

雌性 腹部黄色较多。侧单眼外方有1个弧形脊，内上方有1个末端圆钝的角状突起。后头生有3个角状突起，2个在前，1个在后头缘上。

【生活习性】 6月可见成虫。极稀少。

【分布】 商城；福建、台湾。

扩腹春蜓属 *Stylurus* Needham, 1897

Gomphus (*Stylurus*), Needham, 1897, Can. Ent., 29: 164 - 168.

Stylurus Needham, 1948, Trnas, Amer. Ent. Soc., 73: 325.

Type - species: *Gomphus plagiatus* Selys, 1854.

本属自 *Gomphus* 属建立亚属提升为属。对两属中的部分种类的分类地位，学者多有歧见。Davies 和 Tobin（1985）列扩腹春蜓属世界已知种17种。主要分布在美国、墨西哥，仅包括中国1个种，日本2个种。赵修复（1990）将它们列为 *Gomphus* 属中，产于我国的8个种和中国及欧洲都有分布的1个种移入 *Stylurus* 属，刘祖尧（1991）记述贵州省1个新种，现在我国已知15种。本志记述1种。

12. 奇特扩腹春蜓 *Stylurus occultus* (Selys, 1878)(图22)(彩色图版Ⅷ)

Platygomphus occultus Selys, 1878, Bull. Acad. Belg., 46(2): 440 - 441.

Gomphus occultus Selys, Needham 1930, Zool. Sin., 11(1): 53 - 54.

Stylurus occultus Selys, Chao 1990, Gomphid Dragon. China: 137 - 139.

【形态特征】

雄性腹长36~38mm，后翅29~32mm。

雌性腹长37~39mm，后翅31mm。

雄性 下唇中叶、侧叶黄色。上唇黄色，前缘具细黑线。前唇基褐色，后唇基黄色。额大部分黄色，仅与后唇基之间及上额后方黑色。头顶黑色，侧单眼上方具弧形脊。后头黄色，后头缘着黑色长毛。前胸前叶黄色；背板黑色，中央具1个近圆形斑，两侧各具1个大黄斑；后叶黄色，周缘黑色。合胸黑色，条纹黄色。领条纹完全，背条纹上下方不与其他条纹相连，肩前条纹完全，甚阔，近上端处狭，下方与黄色的中胸下前侧片相连，第3条纹完全，细。腹部黑色，具黄色斑点。第1节背面有1个大的三角形纹；第2节背条纹阔；第3~7节背条纹细，渐远离端方；第8节背面基方为圆斑，第9节成细纹；第

10 节背面黑色。侧面基端具 1 个斑点，侧缘有纵条纹，第 7～9 节宽大黄色，第 10 节侧面黄色。肛附器褐色。

【生活习性】 成虫 8 月出现。

【分布】 灵宝；黑龙江、吉林、辽宁、天津、甘肃、江西。

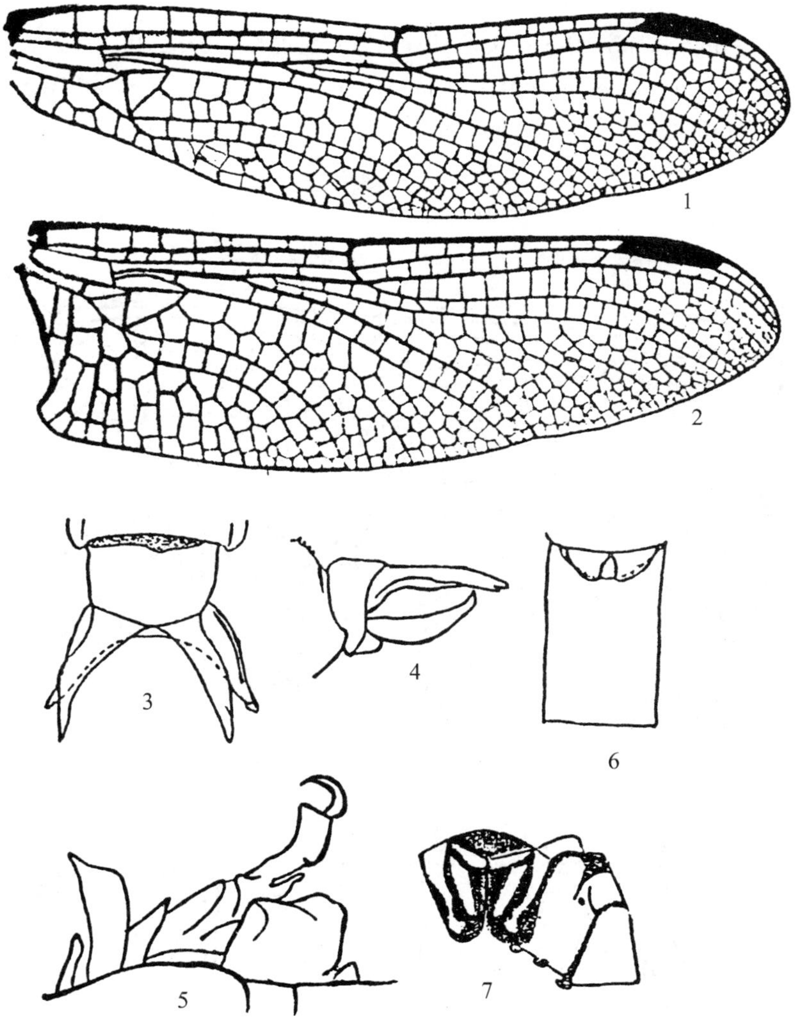

图 22 奇特扩腹春蜓 *Stylurus occultus* (Selys)

1，2. 雄前后翅 3. 雄肛附器背面观 4. 雄肛附器侧面观 5. 交合器侧面观 6. 雌第 9 腹节腹板及下生殖板 7. 合胸色彩（3～7. 仿赵修复）

长腹春蜓属 *Gastrogomphus* Needham，1941

Gomphus Needham，1930，Zool. Sin.，11(1)：46.

Gastrogomphus Needham，1941，Peking Nat. Hist. Bull.，16(2)：145－146.

Type－species：*Gomphus abdominalis* McLachlan，1884.

本属仅知 1 种，为中国特有。主要分布在河北、河南、江苏、浙江、福建、湖北、湖南。本志记述 1 种。

13. 长腹春蜓 *Gastrogomphus abdominalis*（McLachlan，1884）（图 23）（彩色图版Ⅷ）

Gomphus abdominalis McLachlan，1884，C. R. Soc. Ent. Belg.，28：8.

Gastrogomphus abdominalis McLachlan，Needham 1941，Peking Nat. Hist. Bull.，16（2）：145－146.

【形态特征】

雄性腹长 50mm，后翅 34～36mm。

雌性腹长 47mm，后翅 35mm。

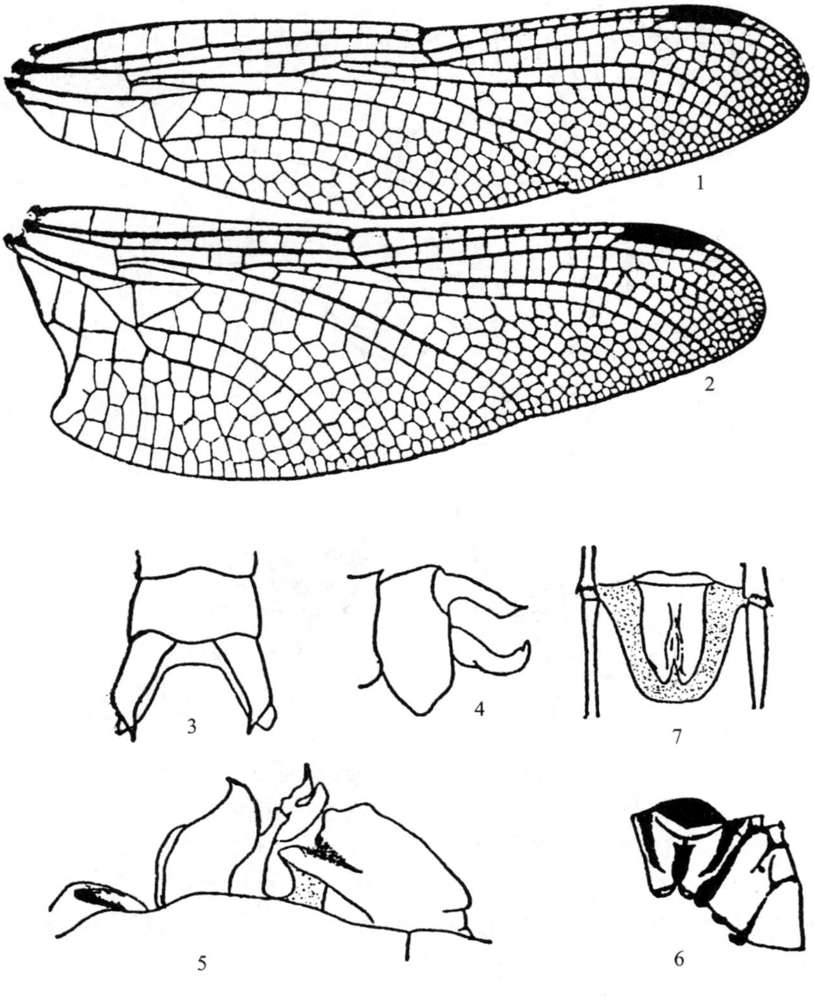

图 23 长腹春蜓 *Gastrogomphus abdominalis*（McLachlan）

1，2. 雄前后翅 3. 雄肛附器背面观 4. 雄肛附器侧面观 5. 交合器侧面观 6. 合胸色彩 7. 雌下生殖板（3～7. 仿赵修复）

本属为单种属，只含这1个种。本种雄性大部分绿色，具黑色斑纹。头部仅头顶和上额黑色。单眼上方具横隆脊，中央凹陷，侧单眼外方具弧形脊。前胸背板中央具黑色横条纹。合胸背条纹宽，黑褐色，肩前条纹不达上部。侧面第1条纹宽，第2条纹仅在气门以下呈1条细黑线，第3条纹完整，甚细。翅透明，白色，前缘脉和结前横脉黄色，翅痣黄绿色。翅结前结后横脉指数为$\frac{12-13}{7-8}\left|\frac{10-9}{10-9}\right.$。三角室、上三角室和下三角室皆无横脉，臀三角室3室。足黄绿色，背面黑褐色，具黑色短刺。腹部粗且长，约比后翅还再长1/3。第1节黄色，第2节耳突上方具纵条纹；第3~8节纵条纹末端变粗，向下扩展至侧缘，第9、10节侧条纹两端等宽，多数个体第9节近末端背中央有横纹相连。肛附器黑色，上肛附器腹面基部和下肛附器背面基半部黄色。上肛附器与下肛附器等长，向两侧分歧。

雌性 黑色斑纹较雄性发达。

【生活习性】 成虫5月出现。

【分布】 内乡、确山；吉林、河北、山东、江苏、湖北、湖南、浙江、福建。

缅春蜓属 *Burmagomphus* Williamson，1907

Burmagomphus Williamson. 1907，Proc. U. S. Nat. Mus.，33：275.

Gomphus Leach，Needham 1930，Zool. Sin.，11(1)：46.

Burmagomphus Williamson，Chao 1954，Acta Ento. Sin.，4(1)：66.

Type – species：*Burmagomphus arboreus* Lieftinck，1940.

全世界已记载27种（亚种），分布在亚洲的缅甸、印度、印度尼西亚、斯里兰卡、泰国、马来西亚。中国已记载9种，分布在河北、河南、江苏、湖南、浙江、福建、台湾、广西、四川、云南。本志记述2种。

缅春蜓属分种检索表

1a. 合胸脊下方黄色，与领条纹相连 ………… 领纹缅春蜓 *Burmagomphus collaris*（Needham，1929）

1b. 合胸脊不具黄色；领条纹完全，其后方中央沿合胸脊为黑色楔入………………………………………………………………………… 索氏缅春蜓 *Burmagomphus sowerbyi*（Needham，1930）

14. 领纹缅春蜓 *Burmogomphus collaris*（Needham，1929）（图24）

Gomphus collaris Needham，1929，Peking nat. Hist Bull.，2(4)：2.

Burmagomphus collaris Needham，Chao 1954，Acta Ento. Sin.，4(1)：70.

【形态特征】

雄性 上唇具1对黄斑，中央为1条宽黑纹分隔，端缘黑色。前唇基黑色。后唇基具1对绿色斑，中有1条细绿色横纹。前额黑色，上额除基方外，全为额横纹覆盖。头顶黑色。后头黄色。前胸前缘黄色，合胸背条纹及肩前条纹完整，领条纹中央不间断。腹部第1、2节侧方大部分黄色，第2~8节基端具环纹，第7~9节具侧斑，第9节背面具三角形大斑，第 10 节及肛附器黑色。

【生活习性】 7 月可见成虫。极稀少。

【分布】 商城；河北、山东、湖北、江苏、浙江。

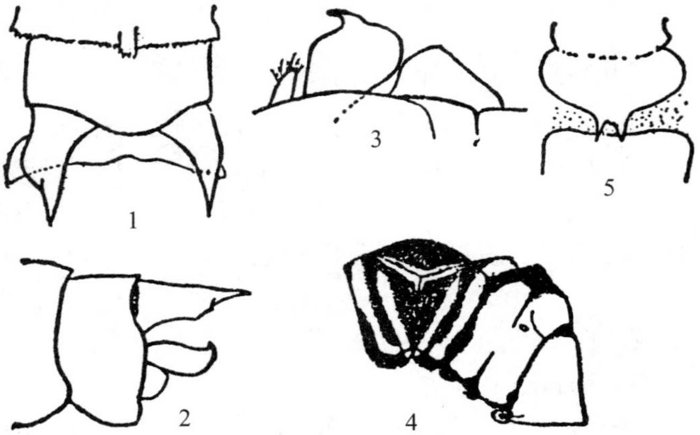

图 24 领纹缅春蜓 *Burmogomphus collaris* (Needham)

1. 雄肛附器背面观 2. 雄肛附器侧面观 3. 前后钩片侧面观
4. 合胸色彩 5. 雌下生殖板（仿赵修复）

15. 索氏缅春蜓 *Burmogomphus sowerbyi*(Needham,1930)(图 25)(彩色图版Ⅸ)

Gomphus sowerbyi Needham,1930,Zool. Sin.,11(1):59.

Burmogomphus sowerbyi Needham,Chao 1954,Acta Ento. Sin.,4(1):70.

【形态特征】

雌性及雄性腹长 35 ~ 37mm，后翅 28 ~ 29mm。

雌性 下唇中叶基半部黄色，端半部黑色。上唇黄色，中央有 1 条黑色纵线。前唇基黑褐色，中央色淡。后唇基黑色，前缘黄色，两侧各有 1 个大黄斑。额横纹宽，着黑色长毛。头顶黑色，在侧单眼内缘之间有 1 个低横脊，侧单眼背外侧具 1 对瘤状隆起。后头及后头后方黄色，侧缘黑色，两端各具 1 个短的角状突起。前胸大部分黑色，前叶主要为黄色，背板两侧各具 1 个大黄斑。合胸背前方黑色，具黄色条纹，领条纹完全，背条纹两端圆钝，不与领条纹相连，肩前条纹完全。合胸侧面黄色，具黑色条纹，第 2 条纹中间间断甚远，第 3 条纹完全。足黑色，基节、转节及前足腿节腹面黄色。翅透明，脉黑色，翅痣黄色。腹部黑色，具黄斑。第 1 节背面黄色横纹不清晰，侧面黄色；第 2 节几乎全部黄色；第 3 ~ 8 节基端具黄色横纹；第 9 节具大三角形斑；第 10 节两侧各具 1 个斑点。肛附器黑色。

本种的合胸色彩及雄性的肛附器及交合器与 *B. collaris* 很近似，但雌性下生殖板的形状差别很大，可以区别。

【生活习性】 8 月见成虫。极稀少。

【分布】 西华；江苏、广西、贵州、湖南、福建。

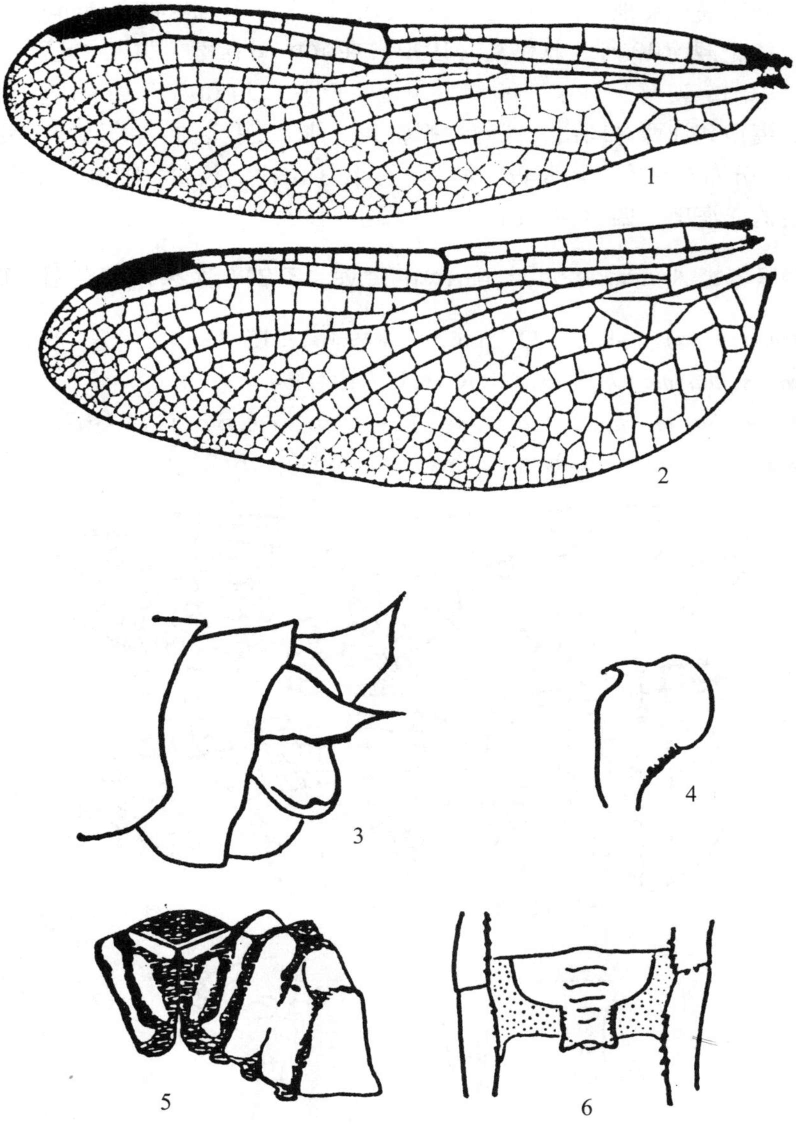

图 25　索氏缅春蜓 *Burmogomphus sowerbyi*（Needham）

1，2. 雌前后翅　3. 雄肛附器斜侧面观　4. 后钩片侧面观

5. 合胸色彩　6. 雌下生殖板（3～6. 仿赵修复）

异春蜓属 *Anisogomphus* Selys，1854

Anisogomphus Selys，1854，Bull. Acad. Sci. Belg.，21(2)：45.

Anisogomphus Selys，Zhao 1990，Gomphid Dragon. China：185－199.

Type－species：*Gomphus occipitalis* Selys，1854.

本属主要分布在东亚地区。但对少数种的认识不同。Davies 和 Tobin（1985）在《世界蜻蜓名录》中记载为 13 种。赵修复（1990）在《中国春蜓分类》中记载为 11 种，分布在俄罗斯、中国、朝鲜、日本、缅甸、印度、巴基斯坦和斯里兰卡。刘祖尧（1991）记述了福建武夷山和江西井冈山地区异春蜓属 2 新种，使我国本属的已知种类达到 8 种和 1 个未定名种。分布在辽宁、内蒙古、河北、宁夏、山西、陕西、河南、湖南、江苏、江西、福建、台湾、海南、四川和云南。本志记述 1 种。

16. 马奇异春蜓 *Anisogomphus maacki*（Selys，1872）（图 26）（彩色图版Ⅸ）

Gomphus maacki Selys，1872，Ann. Soc. Ent. Belg.，15：33.

Anisogomphus maacki Selys，Kirby 1890，Cat. Odon.，69.

Anisogomphus m－flavum Selys，Needham 1930，Zool. Sin.，11（1）：67.

Anisogomphus maacki Selys，Asahina 1942，Kontya，16（2）：69.

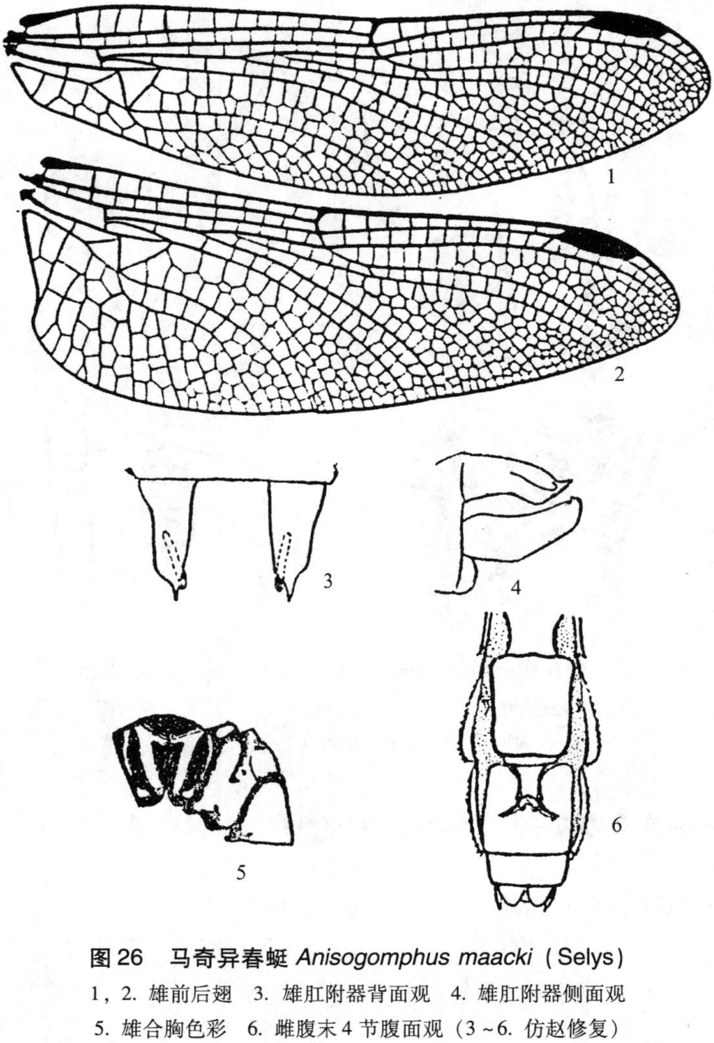

图 26　马奇异春蜓 *Anisogomphus maacki*（Selys）

1，2. 雄前后翅　3. 雄肛附器背面观　4. 雄肛附器侧面观

5. 雄合胸色彩　6. 雌腹末 4 节腹面观（3～6. 仿赵修复）

【形态特征】

雄性腹长 37~39mm，后翅 31~32mm。

雌性腹长 32~41mm，后翅 34~35mm。

雄性 下唇中叶褐色。上唇黄色，端部具宽的黑边。前唇基黑褐色，中央色淡，颊及后唇基黑色。额横纹阔，两端窄，生黑色长毛。头顶黑色，单眼上方具 1 个微弯的横脊，呈“W”形。后头后方有 1 个大黄斑。前胸前叶黄色，背板中央具 1 对圆形黄色小点，两侧各具 1 个近圆形斑，后叶黑色。合胸背前方黑色，具黄色条纹，领条纹中间间断，背条纹下方与领条纹相连，形成 1 对倒置的“7”字形纹，位于合胸脊两侧，肩前条纹完全或间断。合胸侧主要为黄色，第 2 条纹上方间断，个别个体完整，第 3 条纹完全。腹部主要为黑色，具黄色条纹。第 1 节背面中央具大三角形斑，第 1、2 节侧方大部分黄色，第 2~7 节具细背中条纹，第 3~6 节侧面基方具 1 个小斑点，第 7 节具 2 个斑点，第 8 节具 1 大斑，第 10 节与肛附器黑色。

雌性 特征与雄性基本近同。

【生活习性】 成虫于 6~8 月出现。采集记录最高海拔为 1 400m。数量较多。

【分布】 济源、卢氏、灵宝、栾川、登封、内乡；辽宁、内蒙古、河北、宁夏、陕西、湖北、四川、云南、贵州；朝鲜、日本。

长足春蜓属 *Merogomphus* Martin, 1904

Merogomphus Martin, 1904, Mission pavie Indo – China, 3: 214.

Merogomphus Martin, Needham, 1930, Zool. Sin., 11(1): 68.

Type – Species: *Merogomphus paviei* Martin, 1904.

本属全世界已记载 7 种。分布在中国和东南亚一些国家。我国已知 4 种，分布在河南、江苏、浙江、四川、云南和台湾。本志记述 1 种。

本属后足腿节特征与异春蜓属 *Anisogomphus* Selys 甚为相似。也有分类学家认为本属除雄性上肛附器腹方无黑色突起外，其他特征都与异春蜓属难以区别。赵修复（1990）依据两属中 *M. paviei* 和 *A. maacki* 两种雌下生殖板甚为相似，雄阳茎末端的构造也属同一种形式等特征，认为如果不可以把 *Merogomphus* 合并于 *Anisogomphus*，至少表示这两属的亲缘关系十分接近。

17. 范氏长足春蜓 *Merogomphus vandykei* Needham, 1930 (图 27)

Merogomphus vandykei Needham, 1930, Zool. Sin., 11(1): 68.

Anisogomphus pieli Navas, 1932, Nates d'Ent. China., 8(4): 39.

Anisogomphus pieli Navas, Chao, 1954, Acta Ent. Sin., 4(3): 218.

【形态特征】

雌性腹长 49mm，后翅 40mm。

雌性 头部大部黄色，仅头顶黑色。头顶在侧单眼上外侧有 1 对角状突。合胸领条纹与脊条纹相连，呈“Y”形纹。背条纹不与领条纹相连。肩前条纹的上端收缩。侧面第2条纹缺，第3条纹很细。足黑色，后足腿节很长，具6～7根长刺。腹部黑色具黄斑，第1节背面大部分黄色；第2节背条纹不抵末端，侧面具1条长条纹；第3～6节具甚阔基环纹，侧面斑纹第3、4节甚大，第5、6节较小；第7节自基方一半为黄色；第8、9节黑色，侧面是黄斑；第10节黄色。下生殖板端缘近圆弧形，中央具“U”形浅缺刻。

【生活习性】 成虫6月可见。稀少。

【分布】 商城；江苏、浙江。

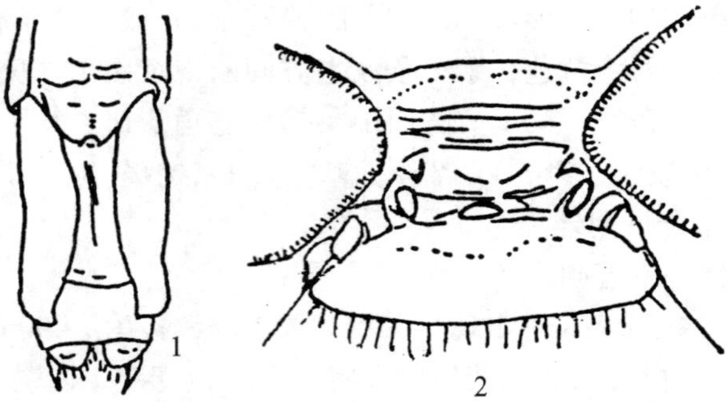

图27 范氏长足春蜓 *Merogomphus vandykei* Needham

1. 雌腹部末端及下生殖板腹面观 2. 雌头部背面观（仿赵修复）

棘尾春蜓属 *Trigomphus* Bartenef,1912

Trigomphus Bartenef,1912,Ann. Mus. Zool. Acad. Sci. ST.,16:432.

Gomphus Needham,1930,Zool. Sin.,11(1):46－48.

Gomphus(*Trigomphus*),Asahina 1949,Ins. Mats.,17(1):28－30.

Trigomphus Bartenef,Chao 1954,Acta Ento. Sin.,4(1):23.

Type－species:*Trigomphus anormolobatus* Bartenef,1912.

本属全世界已记载13种，分布在中国、日本、朝鲜和西伯利亚东部。我国已知8种，分布在吉林、辽宁、湖北、湖南、江苏、浙江、福建、广西、四川和河南。本志记述1种。

18. 野居棘尾春蜓 *Trigomphus agricola*(Ris,1916)(图28)(彩色图版X)

Gomphus agricola Ris,1916,Suppl. Eut.,5:53－55.

Gomphus agricola Ris,Needham 1930,Zool. Sin.,11(1):52－53.

Trigomphusu agricola Ris,Chao 1954,Acta. Ent. Sin.,4(1):29.

【形态特征】

雄性腹长31～33mm，后翅24～25mm。

雌性腹长27～30mm，后翅25～27mm。

雄性 下唇黄色。上唇黄褐色。前唇基色稍暗，后唇基黄褐色。额横纹甚阔，黄绿色，上额的后方及头顶黑色，后头黄色。单眼上方具2个互相连接的长突起。合胸领条纹间断，背条纹上方细，下方阔，与领条纹相连，形成1对甚阔的倒“7”字形纹。肩前条纹完整。合胸侧方中、后胸后侧片黄绿色，后胸前侧片褐色，第3条纹完整，第2条纹仅在气门下黑色。腹部第1节背面与侧面黄色，第2～8节具阔背中条纹，第4节后渐短，第3～9节侧面基部有圆形黄斑，第10节黑色。上肛附器背面基部黄色，其余部分和下肛附器黑色。

【生活习性】 成虫于4～5月出现。

【分布】 确山、信阳；山东、江苏、上海、浙江、福建。

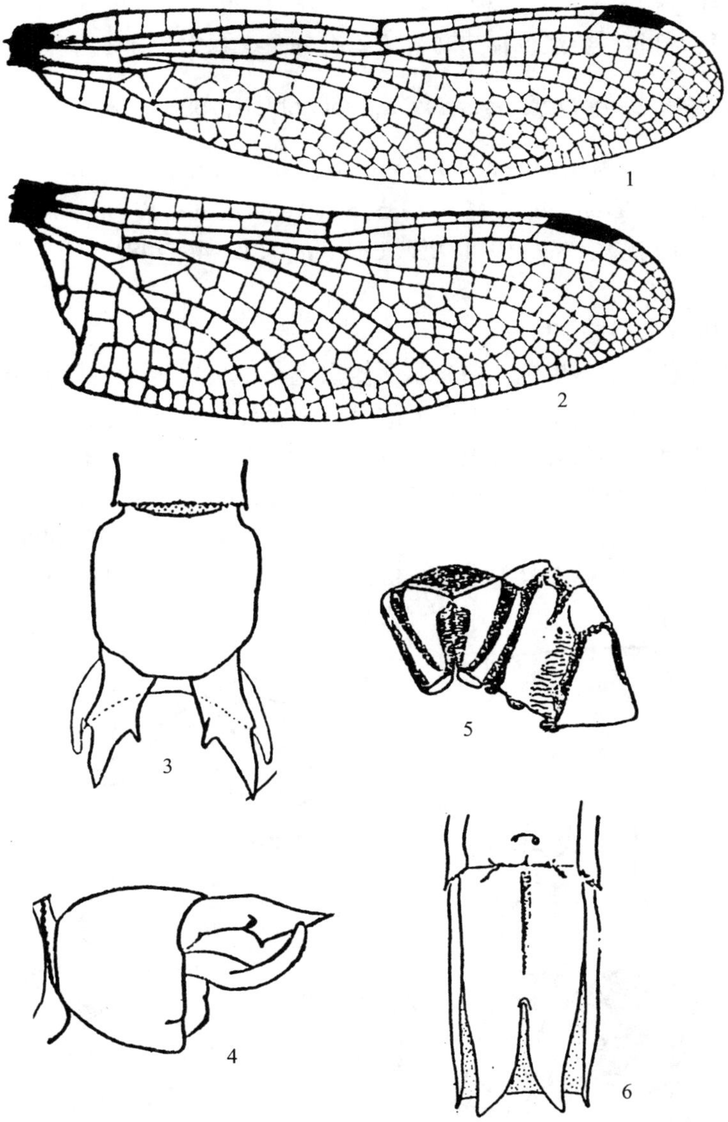

图28 野居棘尾春蜓 *Trigomphus agricola*（Ris）

1，2. 雄前后翅 3. 雄第10腹节及肛附器背面观

4. 雄第10腹节及肛附器侧面观 5. 合胸色彩 6. 雌下生殖板（3～6. 仿赵修复）

华春蜓属 *Sinogomphus* May, 1935

Sinogomphus May, 1935, Senckenbergiana, 17:90.

Sinogomphus May, Chao 1954, Acta Ent. Sin., 4(1):44 – 45.

Type – species: *Gomphus scissus* McLachlan, 1896

本属全世界已知 11 种，除 1 种分布在日本外，其他 10 种皆分布在我国。陕西、河南、四川、西藏、湖北、浙江、福建和台湾均有分布。本志记述 1 种。

19. 长角华春蜓 *Sinogomphus scissus*(McLachlan, 1896)(图 29)

Gomphus scissus McLachlan, 1896, Ann. Mag. nat. Hist., 17(6):367.

Sinogomphus nigrofasciatus May, 1935, Senckenbergiana, 17:90 – 94.

Sinogomphus May, Chao, 1954, Acta Ent. Sin., 4(1):46 – 48.

【形态特征】

雄性腹长 39mm，后翅 30mm。

雄性　下唇黑色。上唇黑色。前唇基两侧黑色，中央褐色。头部上额具甚宽额横纹，其他部分黑色。后头黑色，中央具 1 个大的突起，后头缘着长黑毛，后头后方具 1 个大黄斑。前胸前叶中央具 1 个黄斑，背板中央有 1 对黄色斑点，两侧各有 1 个甚大黄斑，后叶黑色。合胸背前方大部分黑色，具黄色条纹，领条纹中间不间断，合胸脊上具 1 个黄色斑点，背条纹上下不与其他条纹相连，具肩前上点。合胸第 2 条纹中间间断甚远，第 3 条纹完全。足黑色，前足基节外方具 1 个黄色斑点。翅透明，翅基略着黄色，翅脉褐色，臀三

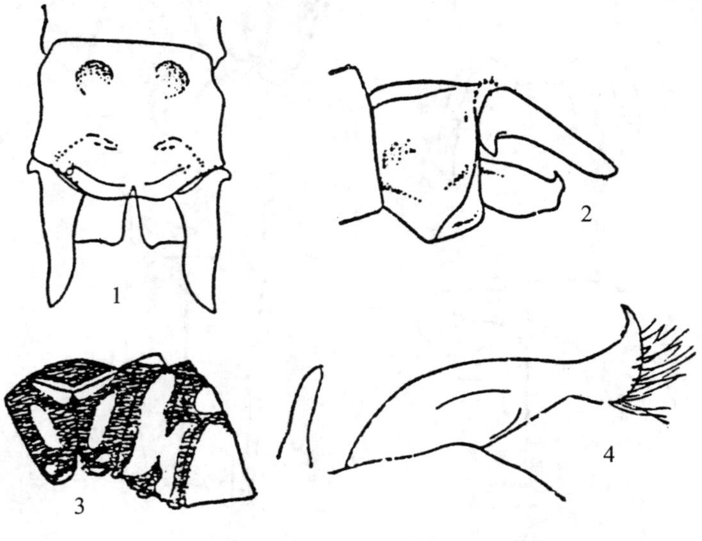

图 29　长角华春蜓 *Sinogomphus scissus*（McLachlan）

1. 雄腹部第 10 节及肛附器背面观　2. 雄腹部第 10 节及肛附器侧面观
3. 合胸色彩　4. 前钩片及后钩片（仿赵修复）

角3室，臀套缺。后翅三角室无横脉。腹部大部分黑色，具黄色斑点，第1、2节背中条纹相连，中间有两处细缩，因而分成3段，侧下方黄色，耳状突起黄色有黑色侵入；第3节背中条纹抵达全节，末端膨大，侧面中部具1个楔形斑；第4~7节背中条纹完全，但甚细，第5节背中条纹中间间断距离甚远；第8~10节黑色，但第7节后各节间的节间膜黄色。上肛附器背面黄色，基部及外侧齿黑色，末端褐色。下肛附器黑褐色，基部宽阔，末端尖，向上弯成钩状。前钩片细小，后钩片粗大，强烈向后倾斜，其末端尖锐弯向前方。

【生活习性】 成虫6月可见。稀少。

【分布】 商城；湖北、四川。

尖尾春蜓属 *Stylogomphus* Fraser, 1922

Stylogomphus Fraser, 1922, Mem. Dept. Agr. India, 7(7): 69 – 70.

Type – species: *Stylogomphus inglisi* Fraser, 1922.

本属全世界已记载10种，分布在北美洲东部和亚洲的中国、日本、印度。我国已知5种。分布在河南、浙江、福建、台湾、西藏。本志记述1种。

20. 小尖尾春蜓 *Stylogomphus tantulus* Chao, 1954（图30）（彩色图版X）

Stylogomphus tantulus Chao, 1954, Acta Ent. Sin., 4(1): 58.

【形态特征】

雄性腹长33~34mm，后翅24~25mm。

雌性腹长31~32mm，后翅25~26mm。

雌性 下唇大部分黄色。上唇黑色，中央具1条甚宽的黄色横条纹。前唇基中间黄色，两侧黄褐色，后唇基黑色，两侧各具1个黄色小点。额横纹较宽，平直。头顶黑色，两侧单眼之间具2个扁状突起。后头黑色，后头缘中央凹陷，边缘着黑色长毛，后头后方黑色。前胸除前叶前缘黄色外皆黑色。合胸背前方黑色，具黄色条纹，领条纹中间间断，合胸脊黑色，背条纹上、下不与其他条纹相连，无肩前条纹。合胸侧方黄色，第2、3条纹完全。足大部为黑色，基节外方、前足转节末端腹方具1个黄斑，腿节腹方具1条黄色纵纹。翅透明，基部稍带金黄色。腹部大部分黑色，具黄斑点。第1节背面和侧下方黄色；第2节背中条纹短于节长，侧方大部分黄色；第3节具2条横纹；第4~7节基部具细横纹；第8~10节黑色。肛附器黄色。

【生活习性】 7~8月可见成虫。较稀少。

【分布】 内乡；浙江、福建。

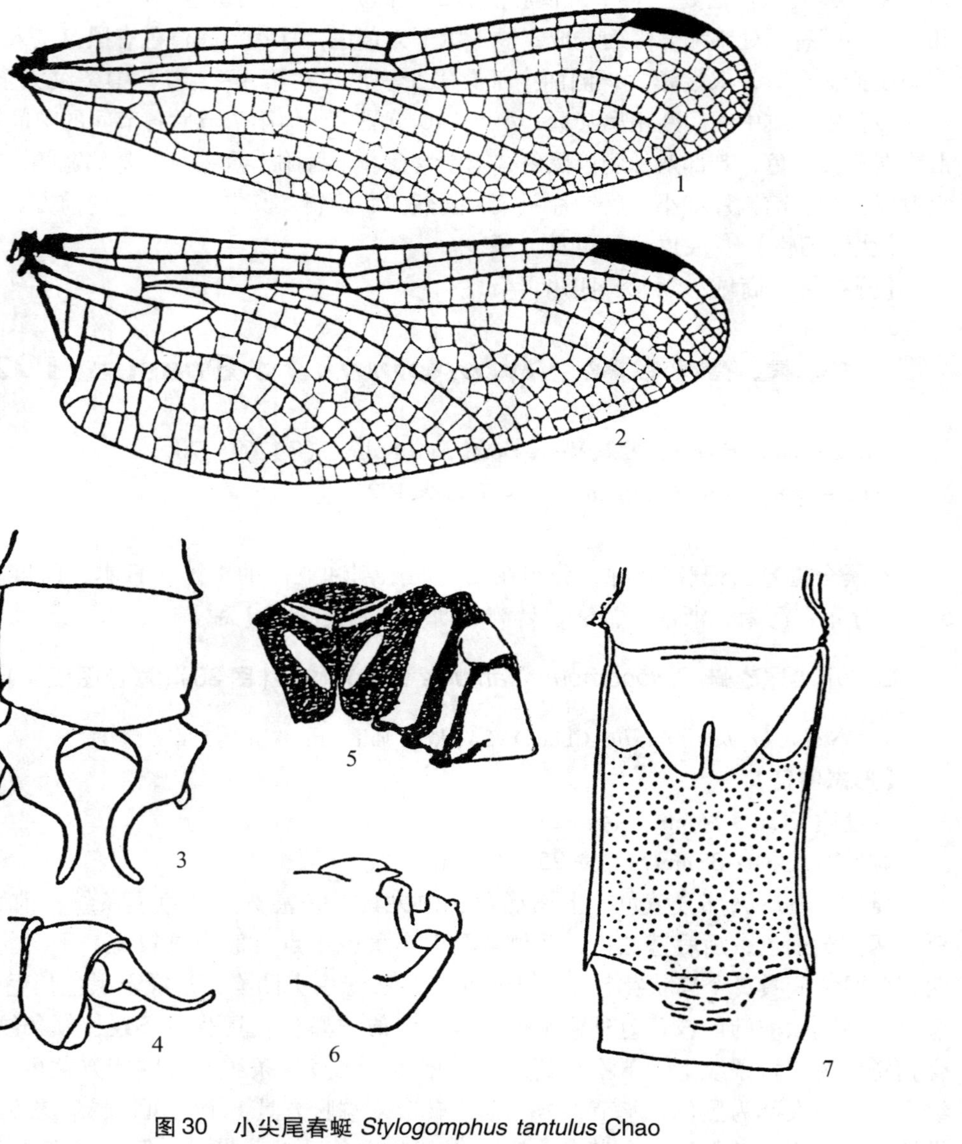

图 30 小尖尾春蜓 *Stylogomphus tantulus* Chao

1，2. 雄前后翅 3. 雄肛附器背面观 4. 雄肛附器侧面观
5. 合胸色彩 6. 阳茎末端侧面观 7. 雌第 9 腹节腹板及下生殖板（3～7. 仿赵修复）

戴春蜓属 *Davidius* Selys，1878

Davidius Selys, 1878, Bull. Acad. Belg., 46(2): 667.
Type－species: *Davidius davidi* Selys, 1878.

全世界已记载 20 余种，分布在中国、日本、朝鲜、印度、不丹、孟加拉国。我国已知有 14 种（亚种），分布在北京、黑龙江、吉林、辽宁、陕西、河南、湖北、江苏、浙江、江西、福建、贵州、四川、云南、广西。本志记述3种。

河南戴春蜓属分种检索表

1a. 背条纹下端与领条纹不相连，阳茎末节较短，有后叶……………………………………………………………………… 双角戴春蜓 *Davidius bicornutus* Selys，1878

1b. 背条纹下端与领条纹外端相连，形成1对“7”字形纹；阳茎末节较长，无后叶 …………………… 2

2a. 阳茎中节端部及末节短，呈圆球形，长度与厚度相当，阳茎阴囊的端缘侧面观曲折呈一角度，阳茎的末节喇叭形，末端呈圆盘状；雌性下生殖板短，约为第9腹节长度之半，宽度大于长度，末端几呈平截 ……………………………………………………… 平截戴春蜓 *Davidius truncus* Chao，1995

2b. 阳茎中节端部及末节长度远大于厚度；阳茎末节末端呈心脏形；阳茎阴囊端缘侧面观不呈角度；雌性下生殖板长大于宽，约与第9腹节等长 ………… 弗氏戴春蜓 *Davidius fruhstorferi* Martin，1904

21. 双角戴春蜓 *Davidius bicornutus* Selys，1878（图31）（彩色图版XI）

Davidius bicornutus Selys，1878，Bull. Acad. Roy. Belg.，46(2)：670.

【形态特征】

雄性腹长40～42mm，后翅37～38mm。

雌性腹长42～44mm，后翅38～40mm。

雄性 上唇、后唇基、前额、上额除后方外皆黄色，上唇前缘、后缘、前后唇基两侧缝线、后唇基与前额之间两端缝线黑色，前唇基褐色。头顶及后头黑色，侧单眼内侧上方有1对横生锥状突，顶端钝圆，比侧单眼稍大。合胸领条纹中央间断。背条纹向下分歧，不与领条纹相连，具肩前上点，肩前下条纹甚短，第2条纹与第3条纹之间有1条黄色纵纹。

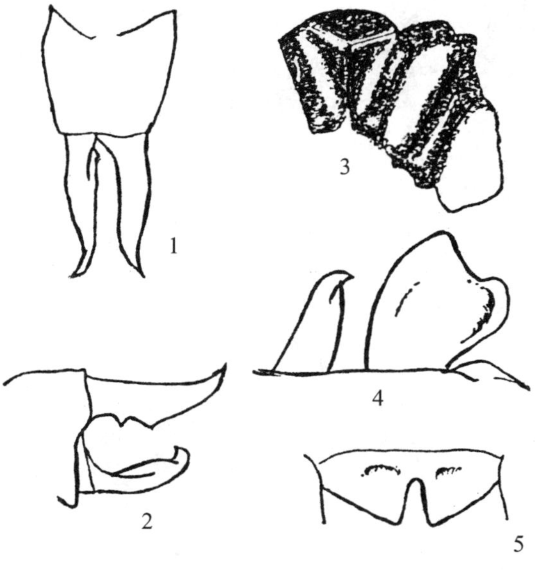

图31 双角戴春蜓 *Davidius bicornutus* Selys

1. 雄肛附器背面观 2. 雄肛附器侧面观 3. 雄合胸色彩

4. 前钩片及后钩片 5. 雌下生殖板（仿赵修复）

后翅三角室有1条横脉是 *Davidius* 属主要特征，河南雌性标本有此横脉，但雄性标本仅左后翅三角室有横脉痕迹。可见横脉有无在本种有变异，不足以作为本种隶于何属的根据。

雌性 头顶具1对甚长角状突，末端分歧。

【生活习性】 成虫7月可见。很稀少。

【分布】 济源；北京、陕西。

22. 平截戴春蜓 *Davidius truncus* Chao，1954（图32）（彩色图版XI）

Davidius fruhstorferi junior（in part），Chao，1954，Acta Ent. Sin.，4（3）：244.

Davidius fruhstorferi junior（in part），Chao，1990，Gomphid Dragon. China，274.

Davidius truncus Chao，1995，Wuyi Sci. Jou.，12：1－17.

【形态特征】

雄性腹长31～32mm，后翅24～25mm。

雌性腹长29～30mm，后翅26～28mm。

雄性 下唇及下颚黑色。上颚外方黑色，基侧有1个大黄斑。前唇基褐色。额横纹黄色，两端尖。头的其余部分黑色。头顶横隆脊中央缢缩、间断，呈1对横隆脊，位于侧单眼上方。后头及后头的后方呈1对互相接触的圆球形隆肿，后头缘着细长毛。前胸大部分黑色，前叶几乎全部黄色，中叶两侧各具1个甚大黄斑，后叶黑色。合胸领条纹完全，背条纹狭，其下方与领条纹末端外侧相连，成“7”字形纹；合胸侧面第1条纹在气孔下

图32 平截戴春蜓 *Davidius truncus* Chao

1. 合胸色彩 2. 阳茎侧面观 3. 阳茎末节和阴囊（一部分）前面观 4. 雌下生殖板腹面观（仿赵修复）

为 1 条极细黑线，第 3 条纹宽，中间间断距离甚远，偶有完整的第 3 条纹，但甚细。足全部黑色。翅透明。腹部大部分黑色，具黄色斑纹。第 1 节背中条纹末端扩大呈半圆形或三角形斑，两侧大部分黄色；第 2 节背中条纹纺锤形，侧面条纹斜向；第 3 ~ 6 节侧面基部具 1 个斑点，向后渐次变小；第 7 ~ 10 节黑色。前钩片末端分为 2 支；后钩片平展，末端前方尖状突出，末端后方叶状扩大。阳茎阴囊边缘中部向后弯曲成角度。阳茎中节端部和基节端部呈圆球形，长度与厚度相当。阳茎末节短，状如喇叭，末节末端呈圆盘形，长大于宽。肛附器黄色。上肛附器约为下肛附器长的 2/3，圆锥形，向两侧强度分歧，其基部内侧具 1 个突起，约与上肛附器等长，弯向腹面，端部膨胀。下肛附器中央裂陷甚深，两分枝几乎接触，末端向上弯曲，在基方侧面约全长 1/4 处着生 1 个突起，朝向背侧方。

雌性 头部及胸部的色彩构造基本上和雄性相同。腹部第 1 ~ 8 节侧方具 1 个条纹，愈向后各节愈小，第 3 节侧条纹沿前横脊处间断，第 7、8 节各有 1 个基侧斑，但第 8 节的小且不清晰；第 9 节和第 10 节黑色。肛附器象牙黄色。下生殖板几乎不及第 9 节长度的一半，宽大于长，端钝，中间裂口约为自身长的一半。第 9 节腹板大部分膜质，长形，一部分被下生殖板遮盖。

【生活习性】 成虫于 8 月出现。采集高度海拔 700 ~ 1 600m。

【分布】 栾川、内乡；浙江、福建。

23. 弗氏戴春蜓 *Davidius fruhstorferi* Martin，1904（图 33）（彩色图版Ⅻ）

Davidius fruhstorferi Martin，1904，Mission Pavie，3：215.

Gomphus junior Navas，1936，Notes Ent. China.，3（1）：38.

Davidius fruhstorferi junior（in part），Chao，1954，Acta Ent. Sin.，4（3）：244.

Davidius fruhstorferi junior，Davies et Tobin，1985，Soc. int. odonatol，2：38.

Davidius fruhstorferi junior（in part），Chao，1990，Gomphid Dragon. China，274.

Davidius fruhstorferi guizhouensis Chao et Liu，1990，Gomphid Dragon. China，278.

【形态特征】

雄性腹长 28 ~ 29mm，后翅 23 ~ 24mm。

雌性腹长 27 ~ 28mm，后翅 25 ~ 27mm。

弗氏戴春蜓 *D. fruhstorferi* Martin 和平截戴春蜓 *D. truncus* Chao 在身体大小、色彩和肛附器的结构上基本相同。本种与平截戴春蜓的差别在于雄性阳茎和雌性下生殖板的构造。主要是：雄性阳茎阴囊端缘不成角度（侧面观）；阳茎中节端部和末节基部伸长，而不是圆球形，长度远大于厚度；阳茎末节末端呈心脏形，而不是圆盘形。雌性下生殖板几乎与第 9 节腹板等长。这与平截戴春蜓雌性下生殖板为第 9 节腹板长的一半和端部钝形有显著的差别。

依照赵修复（1995）对中国戴春蜓属 *Davidius* 合胸前方具“7”字形纹的种类厘订，王治国（1990）等鉴定为连纹戴春蜓 *D. fruhstorferi junior* Chao 的河南标本确是“两个种的混杂”。现于改正。

【生活习性】 成虫 6 月出现。

【分布】 商城；江苏、湖北、四川、广西、贵州、浙江、江西、福建。

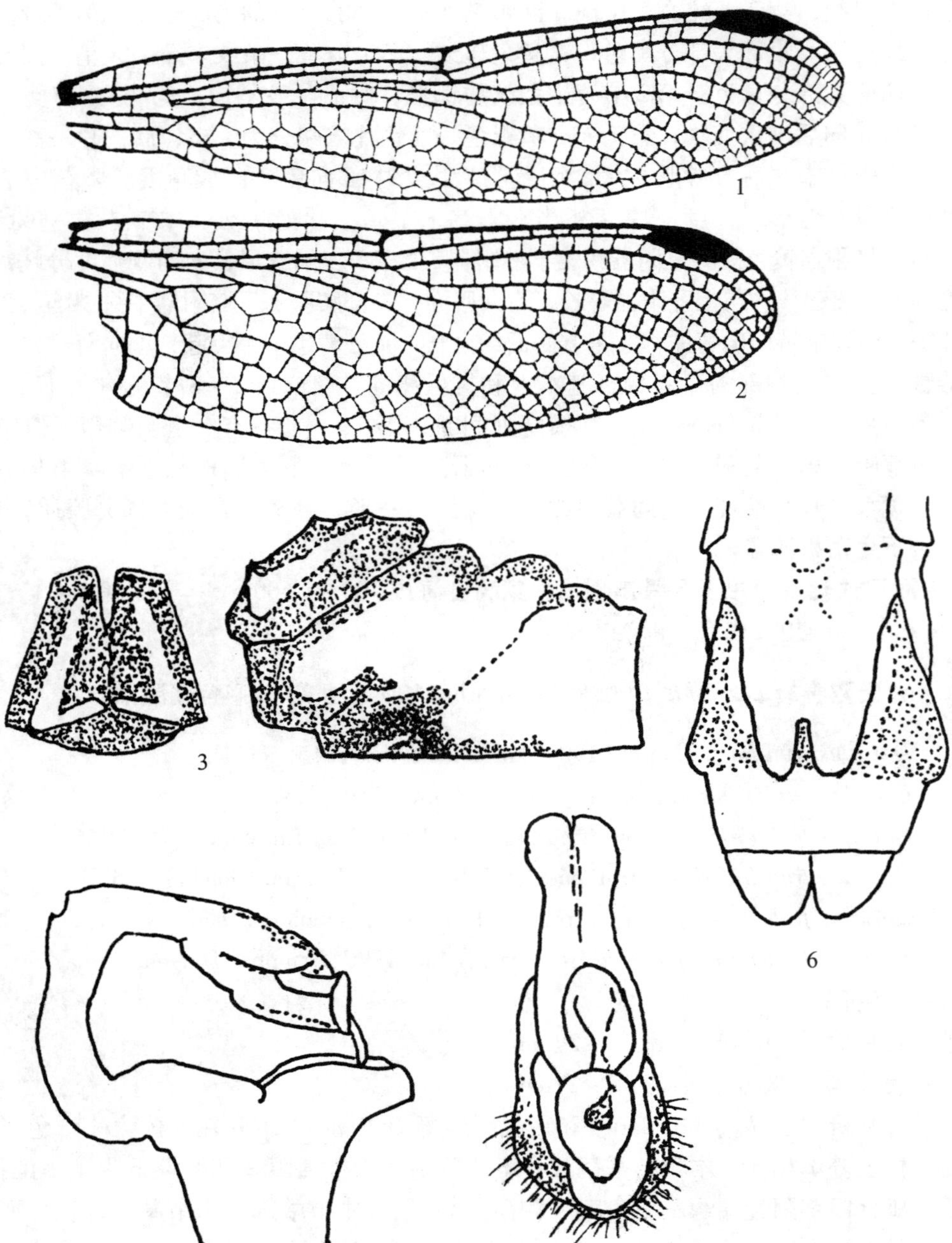

图 33　弗氏戴春蜓 *Davidius fruhstorferi* Martin

1，2. 雄前后翅　3. 合胸色彩　4. 阳茎侧面观

5. 阳茎末节和阴囊（一部分）前面观　6. 雌下生殖板腹面观（3～6. 仿赵修复）

Ⅱ. 钩尾春蜓亚科 Onychogomphinae

河南钩尾春蜓亚科分属检索表

1a. 雄性下肛附器与上肛附器等长或更长；下肛附器的两支平行或稍分支，其基部互相接近；上肛附器末端钩曲，下肛附器包在上肛附器钩曲部分的后方 …… 环尾春蜓属 *Lamelligomphus* Fraser，1922

1b. 下肛附器侧面观比上肛附器短很多，端缘浅凹，两支向后方分歧；上肛附器端部向内方约呈 90°弯曲；阳茎阴囊末端有 1 对甚大叶状突；合胸背条纹甚宽，下端与领条纹相连 ……………………………………………………………………………… 日春蜓属 *Nihonogomphus* Oguma，1926

环尾春蜓属 *Lamelligomphus* Fraser，1922

Lamelligomphus Fraser，1922，Rec. Ind. Mus.，24：426.

Onychogomphus Selys，Needham 1930，Zool. Sin.，11（1）：38.

Lamelligomphus Fraser，Chao 1990，Gomphid Dragon. China，349－352.

Type－species：*Onychogomphus biforceps* Selys，1873.

本属系自 *Onychogomphus* 属分出。我国已知 13 种和 1 未定名（稚虫）种。分布在吉林、河北、河南、山西、陕西、安徽、福建、江西、海南、四川、广西、贵州、西藏。本志记述 1 种。

24. 环纹环尾春蜓 *Lamelligomphus ringens*（Needham，1930）（图 34）（彩色图版Ⅻ）

Onychogomphus ringens Needham，1930，Zool. Sin.，11（1）：40.

Lamelligomphus ringens Needham，Chao 1990，Gomphid Dragon. China，349－352.

【形态特征】

雄性腹长 45～47mm，后翅 35～37mm。

雌性腹长 44～46mm，后翅 38～40mm。

雄性 下唇颏基半部褐色，端半部淡黄色，中叶淡黄色，侧叶淡黄色，外侧缘及末端黑色。颊下前片黄色。上颚外方黄色，内缘及末端深褐色。上唇黄色，具细的黑色边缘。前唇基黄色，后唇基黑色，两侧各具 1 个黄斑。颊黑色。额横纹甚阔。头顶黑色，具 1 对横的半圆形突起，位于侧单眼上方，并镶黑色长毛。后头黑色，平坦，后头缘甚低，中央凹陷，着黑色长毛。后头后方具 1 个近方形黄斑。前胸黑色，背板中央具 1 对黄斑。合胸领条纹与合胸脊上的黄色条纹相连。背条纹较阔。肩前上点甚小。第 2 条纹与第 3 条纹合并。足大部分黑色，基节外方和前足转节、腿节腹方黄色。翅透明，翅基微带淡黄色。腹部大部分黑色，具黄色斑点。上肛附器基方黑色，内侧褐色，外侧具 1 条黄色长纹。下肛附器黑色。上肛附器末端向下方钩曲，下肛附器末端超过上肛附器，包在上肛附器外方。

雌性 后头缘具角1对，体黄色部分多于雄性。

【生活习性】 成虫6～8月出现。数量甚多。

【分布】 济源、栾川、嵩县、登封、西峡、舞阳、内乡、桐柏、信阳、罗山、商城；吉林、河北、山西、陕西、山东、四川、贵州、福建、浙江、新疆、香港、台湾；朝鲜。

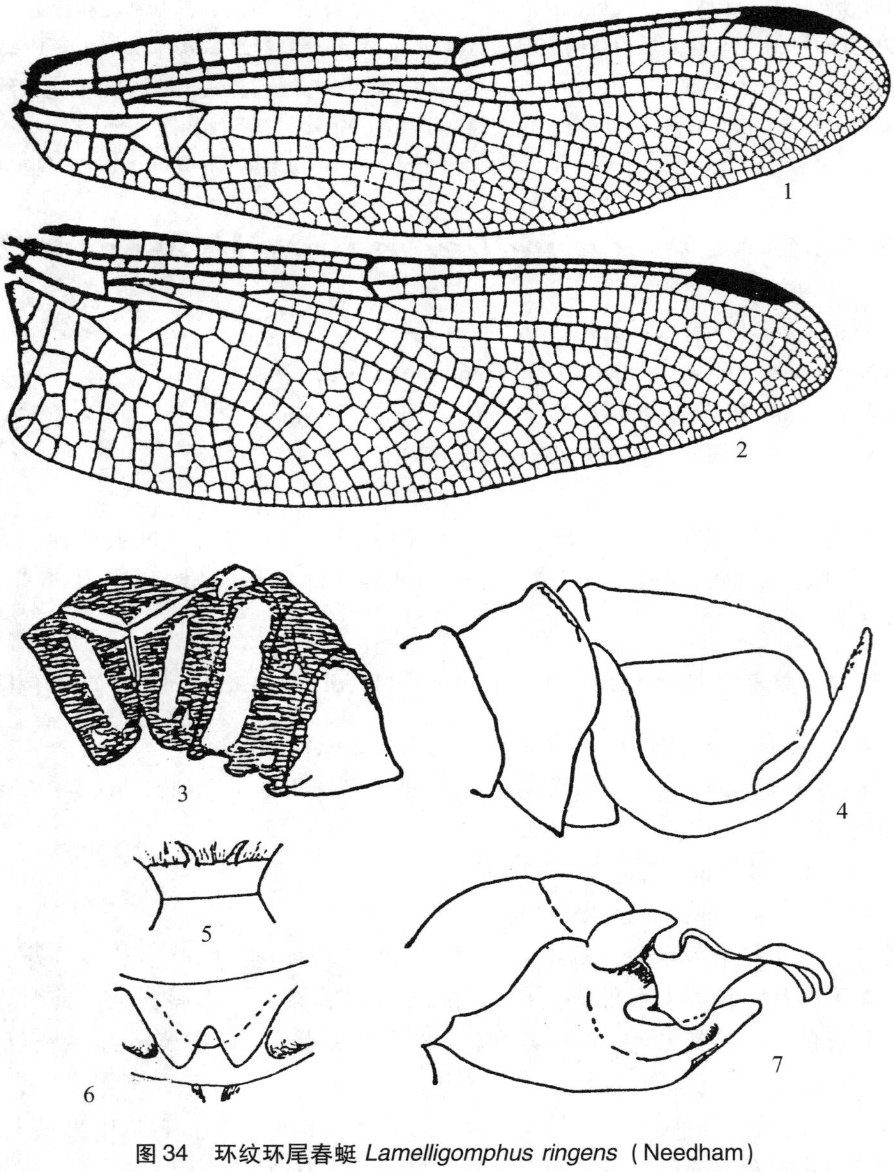

图34 环纹环尾春蜓 *Lamelligomphus ringens*（Needham）

1，2. 雄前后翅 3. 合胸色彩 4. 雄肛附器侧面观 5. 雌后头前面观
6. 雌下生殖板及第9腹节腹板基部 7. 阳茎末端侧面观（3～7. 仿赵修复）

日春蜓属 *Nihonogomphus* Oguma, 1926

Nihonogomphus Oguma, 1926, Ins. Mats., 1(2): 97 – 99.
Gomphus Needham, 1930, Zool. Sin., 11(1): 48 – 49.
Nihonogomphus Oguma, Chao 1954, Acta Ent. Sin., 4(4): 405 – 417.
Type – species: *Nihonogomphus viridis* Oguma, 1926.

这是1个东亚特有属。已记载17种，日本、缅甸各有1种，大多数种类分布在我国。河南、山东、江苏、湖北、湖南、浙江、福建、广东、海南、广西、四川、黑龙江、吉林、辽宁已记载15种。本志记述1种。

25. 刀日春蜓 *Nihonogomphus* (*Lobogomphus*) *cultratus* Chao et Wang，1990 (图35、图36)(彩色图版XIII)

Nihonogomphus cultratus Chao et Wang, 1990, Gomphid Dragon. China, 326 – 328.
Nihonogomphus (*Lobogomphus*) *cultratus* Chao et Wang, Chao 1995, Wuyi Sci. Jou., 12: 1 – 3.

【形态特征】

雄性腹长36.5mm，后翅23mm。
雌性腹长35mm，后翅25mm。

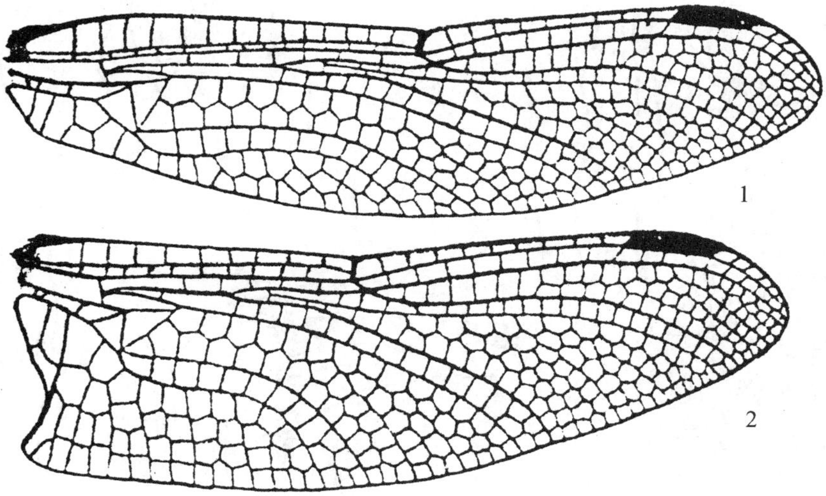

图35 刀日春蜓 *Nihonogomphus* (*Lobogomphus*) *cultratus* Chao et Wang
1，2. 雄前后翅

雄性 口器除下颚和上颚末端黑褐色外，全部黄绿色；头壳前面除上额后端和头顶(后缘除外)黑色外，亦全部黄绿色。脸在前额与后唇基之间的缝线中央有1个微细横形黑斑；头壳后方除沿上眼眶有1条黑色横形阔纹外，余皆黄色。头顶在单眼上方具1条横脊，后头脊在前面观中央稍微下凹。前胸背板中区中央的双斑甚大，与侧方甚大黄斑相

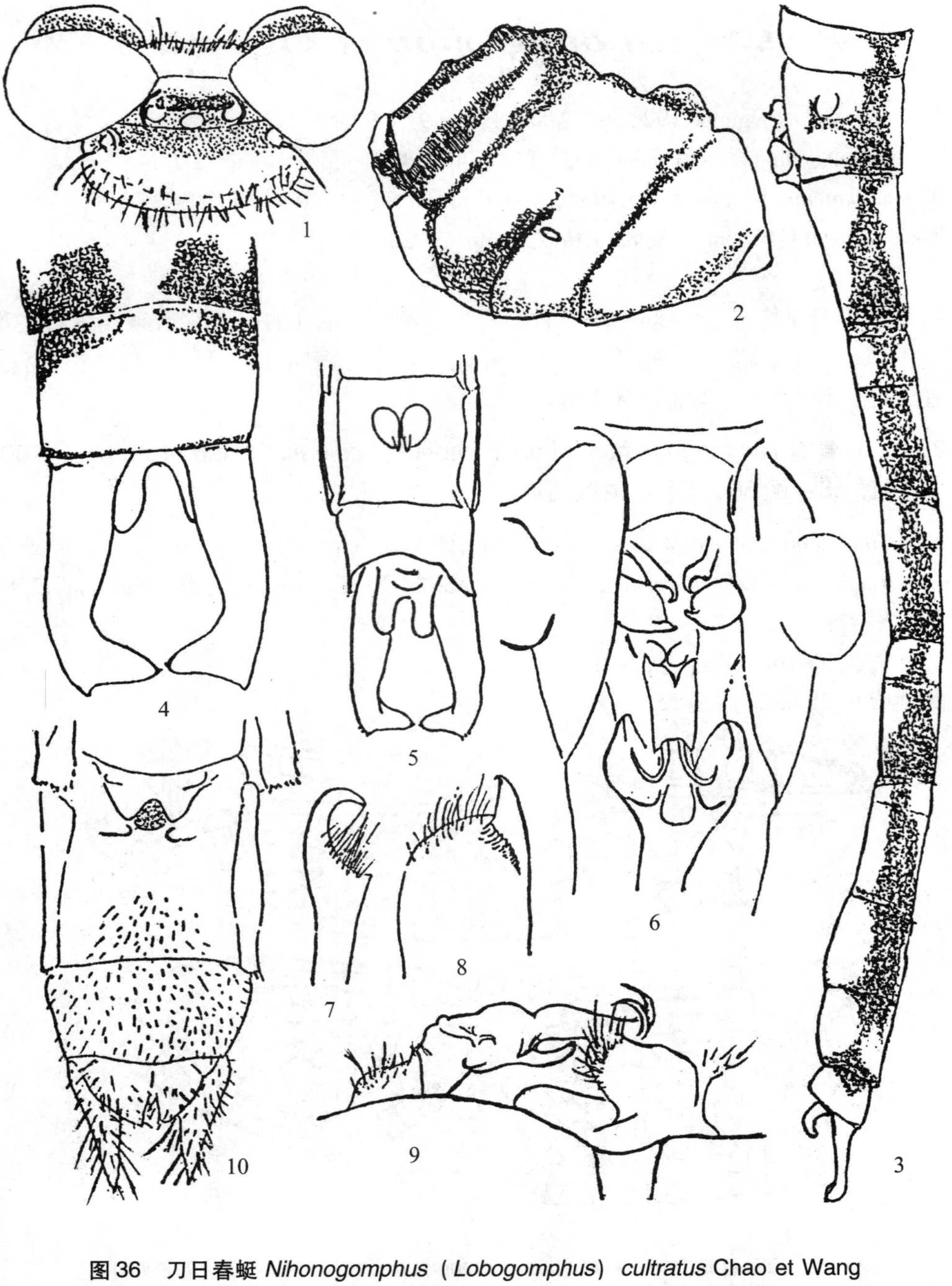

图36 刀日春蜓 *Nihonogomphus*（*Lobogomphus*）*cultratus* Chao et Wang

1. 雄头顶及后头背面观 2. 合胸色彩 3. 雄腹部侧面观示色彩 4. 腹部末端及肛附器背面观 5. 腹部末端及肛附器腹面观 6. 雄交合器腹面观 7. 前钩片 8. 后钩片 9. 阳茎及后钩片侧面观 10. 雌腹部末端及下生殖板腹面观

连。合胸大部分黄绿色，领条纹前方、合胸脊上端及下端与领条纹相连，沿中胸侧缝具1条黑纹，合胸脊两侧和沿中胸侧缝黑线的前方烟褐色，合胸侧面第2条纹在气门以下和甚细的第3条纹黑色。肩前条纹分离，肩前上点和肩前下条纹甚细，黑色。足由基节至腿节末端约1/3处橘黄色，其余部分皆黑色。腹部第1、2节背中条纹相连，甚阔，两节侧面包括耳状突黄色；第3~9节具背中条纹，第3节条纹长而宽阔，伸展全节长，不与前后两节背中条纹相连，第4~7节背中条纹缩短，为各节长的2/3~1/2，基方较阔，向末端变尖，第8、9节背中条纹呈1条细线，伸抵该节全长，第3~7节均具腹缘条纹，第8、9节两侧橘黄色斑甚大；第10节橘黄色，基端是1对黑斑，端缘黑色。上肛附器、下肛附器均橘黄色。上肛附器外侧缘有3个黑色圆形小齿，背面观上肛附器端部向内呈三角形扩大，使上肛附器呈1对“7”字形，末端有1个黑色小齿；下肛附器长度约为上肛附器的1/3，中央裂口呈宽“U”形。阴囊末端生有3个囊状突起，中央的较小，末端有黑毛，两侧的较大，3个突起之间为2条凹槽，阳茎的2鞭置放其中；阳茎后叶侧面观呈水果刀状，本种依此命名；前钩片的前支呈镰刀状钩曲，后支阙如；后钩片囊状，末端呈角状突，朝向向中的方向钩曲。

雌性 色彩与雄性基本相同。下生殖板较短，末端中央有1个大缺刻。

【生活习性】 成虫出现时间较早，4~5月可见。

【分布】 确山（模式标本产地）。

Ⅲ. 林春蜓亚科 Lindeniinae

河南林春蜓亚科分属检索表

1a. 腹部第8节背板两侧缘扩展甚大，前翅三角室较后翅三角室短，三角室的前边与基边长近等 …… 2

1b. 腹部第8节背板两侧缘不呈甚大的叶片状，前翅三角室较长，几乎与后翅三角室等长，三角室的前边远长于基边 …… 小叶春蜓属 *Gomphidia* Selys，1854

2a. 前钩片末端分为粗短的两枝，阳茎末节甚短，分为背腹两片，腹方的一片中央纵裂，背方的一片内方生出长刺状构造1对，不如一般春蜓所具的鞭；雌性下生殖板至少为腹部第9节腹板长的2/3，末端分为两片，呈长三角形 …… 叶春蜓属 *Ictinogomphus* Cowley，1934

2b. 前钩片近末端处扩大，末端钩曲；阳茎末端分为两枝，各枝的末端卷曲；雌性下生殖板甚短，分为两枝，近似圆柱形，近末端处有凹陷细线，显若分为两节 …… 新叶春蜓属 *Sinictinogomphus* Fraser，1939

小叶春蜓属 *Gomphidia* Selys，1854

Gomphidia Selys, 1854, Bull. Acad. Belg., 21(2): 86.

Type - species: *Gomphidia T - nigrum* Selys, 1854.

本属全世界已记载24种，分布在非洲的乌干达、莫桑比克、刚果和亚洲的印度、印度尼西亚、菲律宾、斯里兰卡、马来西亚和中国。我国已记录5种，分布在北京、河北、山西、河南、江苏、浙江、福建、台湾、海南、云南、广西、贵州、台湾、香港、海南。本志记述1种。

26. 联纹小叶春蜓 *Gomphidia confluens* Selys，1878（图 37）（彩色图版XIII）

Gomphidia confluens Selys,1878,Bull. Acad. Roy. Belg.,46(2):675.

Gomphidia confluens Selys,Needham 1930,Zool. Sin.,11(1):26~28.

【形态特征】

雄性腹长 54~56mm，后翅 44~46mm。

雌性腹长 51mm，后翅 47mm。

雄性 下唇中叶淡褐色，具黑褐色前缘，侧叶黄色，末端黑褐色。上颚外方大部分黄色。上唇黄色，周缘黑色。前、后唇基黄色，两者之间两端各具 1 条甚细黑线。额黄色，与后唇基之间具黑色细线。头顶黑色，侧单眼上方具1 对短突起，末端尖。后头及后头缘中央黄色，两侧黑色。后头的后方中央黄色。前胸黑色，仅背板两侧各具大、小黄斑各 1 个。合胸领条纹中央间断的距离甚短。背条纹与领条纹相连，形成“7”字形纹。

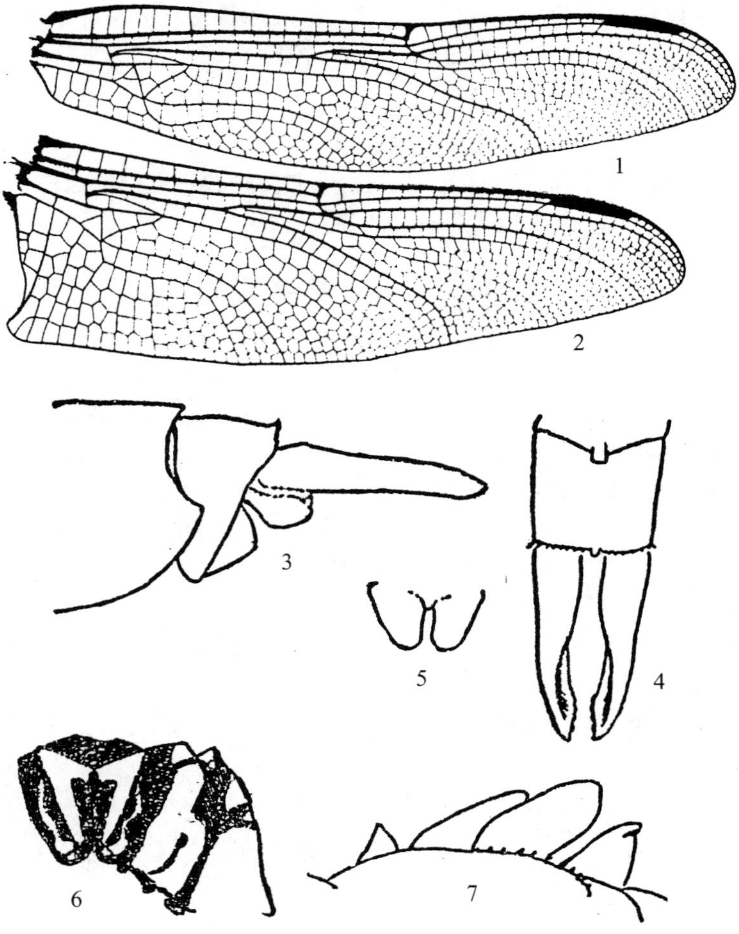

图 37 联纹小叶春蜓 *Gomphidia confluens* Selys

1，2. 雄前后翅 3. 雄肛附器侧面观 4. 雄肛附器背面观 5. 下肛附器腹面观 6. 合胸色彩 7. 交合器侧面观（3~7. 仿赵修复）

肩前条纹上端粗大，下端细短而弯曲。第2条纹在气孔上方间断，在气孔下方的一段与沿气孔下缝上的黑纹相连。第3条纹完全。足大部分黄色。翅透明，前缘黄色。腹部大部分黑色，具黄色斑点。第1、2节背中条纹相连成菱形，侧面大部分黄色；第3节背中条纹大，三角形；第4~6节背面基方各具1个大斑点；第7节大部和第8节黄色；第9节两侧基部及末缘各具1条细条纹；第10节背面大部黄色，具2个小黑点，侧面黑色，有1个小黄点。肛附器深褐色。

【生活习性】 成虫6~7月出现。

【分布】 郑州、商城；北京、河北、山西、江苏、广西、浙江、福建、台湾；越南。

叶春蜓属 *Ictinogomphus* Cowley,1934

Ictinogomphus Cowley,1934,Ent.,67:274.

Ictinogomphus Cowley,Chao 1953,Acta Ent. Sin.,5(1):80.

Type－species:*Ictinus ferox* Rambur,1942.

本属种类分布在东洋区，全世界已记载20余种。我国已知2种，分布在陕西、河南、山东、湖北、贵州、江苏、浙江、江西、福建、台湾、广东、香港、海南、广西、四川。本志记述1种。

27. 小团扇春蜓 *Ictinogomphus rapax*(Rambur,1842)(图38)(彩色图版XIV)

Diastatomma rapax Rambur,1842,Ins. Nevr.,169.

Indionogomphus rapax Rambur,Cowley 1934,Ent.,67:274.

Ictinogomphus rapax Rambur,Chao 1955,Acta Ent. Sin.,5(1):81.

Ictinogomphus rapax Rambur,Chao 1983,Wuyi Sci. Jou.,3:97－109.

【形态特征】

雄性腹长46~49mm，后翅39~40mm。

雌性腹长49~51mm，后翅43~45mm。

雄性 下唇黄色，中叶前缘和侧叶末端淡褐色。上唇基方具1条阔黄色横纹，有时成2个近圆形斑。前唇基黄色。后唇基黑色，两侧各具1个黄色大圆点。颊黑色。额横纹后缘中央凹入很深。头顶黑色，侧单眼上方具1对突起，基部相遇，末端尖锐。后头黄色，具黑边。后头后方具1个大黄斑。前胸大部分黑色，背板两侧各具1个黄斑，合胸领条纹完全，背条纹上端粗于下端，肩前条纹完全，近上端处狭窄。第2、3条纹完全，沿气孔下缝有1条甚粗横纹相连。足大部黑色，基节外方黄色。前足转节、腿节腹方具黄色斑点或条纹。翅透明，微带淡褐色。腹部大部分黑色，具黄色斑点。第8节背板腹缘适度扩大；第10节及肛附器黑色。

雌性 色彩基本与雄性相同。后头中央具角1个，腹部第8节背板腹缘不如雄性扩展那么大等。

【生活习性】 成虫7~8月出现。

【分布】 西华、信阳、商城；陕西、山东、江苏、湖北、四川、广西、贵州、浙江、江西、福建、广东、台湾、海南。

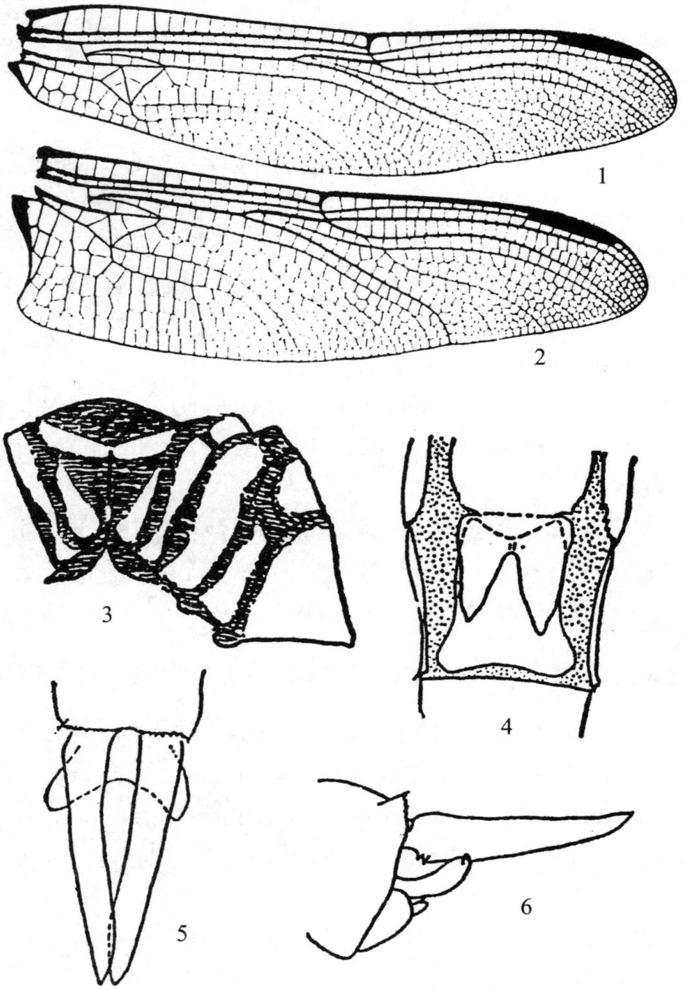

图38 小团扇春蜓 *Ictinogomphus rapax* (Rambur)

1，2. 雄前后翅 3. 合胸色彩 4. 雌下生殖板及第9腹节腹板
5. 雄肛附器背面观 6. 雄肛附器侧面观（3~6. 仿赵修复）

新叶春蜓属 *Sinictinogomphus* Fraser, 1939

Ictinus Rambur, 1842, Ins. Nevr., 171.

Sinictinogomphus Fraser, 1939, Proc. Roy. Ent. Soc. Lond., 8: 22.

Sinictinogomphus Fraser, Chao 1955, Acta Ent. Sin., 5(1): 84.

Type－species: *Aeshna calvata* Fabricius, 1775.

本属仅含1种，分布在亚洲的中国、日本、朝鲜、越南。我国分布在北京、陕西、河南、湖北、陕西、江苏、福建、台湾、四川等。本志记述1种。

28. 大团扇春蜓 *Sinictinogomphus clavatus*(Fabricius,1775)(图39)

Aeshna clavatus Fabricius,1775,Syst. Ent.,425.

Sinictinogomphus clavatus Fabricius,Fraser 1939,Proc. Roy. Ent. Soc.,8:22.

Sinictinogomphus clavatus Fabricius,Chao 1955,Acta Ent. Sin.,5(1):85.

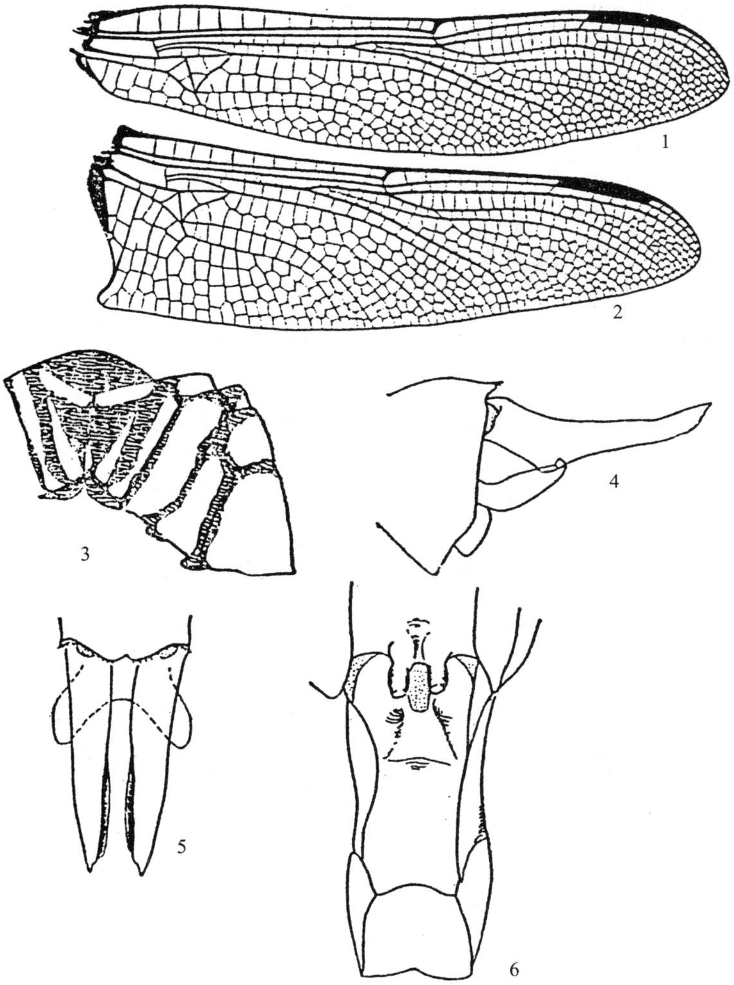

图39 大团扇春蜓 *Sinictinogomphus clavatus* (Fabricius)

1，2. 雄前后翅 3. 合胸色彩 4. 雄肛附器侧面观 5. 雄肛附器背面观
6. 雌下生殖板及腹末两节腹板（3～6. 仿赵修复）

【形态特征】

雄性腹长 52mm，后翅 41 ~ 42mm。

雄性 下唇中叶黄色，具黑褐色边；侧叶黄色，端黑色。上唇黄色，边缘黑色。前后唇基黄色，两侧边缘皆黑色。额横纹阔。头顶黑色，侧单眼上方各具 1 个大的圆形突起，以横脊相连。后头及后头后方黄色。合胸领条纹完全，背条纹阔，上端平截，下端尖锐，远离领条纹；肩前条纹完全，上端有时与背条纹相连。第 2 及第 3 条纹完全，较阔，沿气孔下缝有黑色横纹相连。足基节、转节及腿节大部分黄色，余黑色。腹部大部分黑色，具黄色斑。第 1、2 节背中条纹相连，第 1 节及第 3 ~ 6 节的基方各具 1 个三角形斑；第 1 ~ 3 节侧方大部分黄色；第 8 节腹缘扩大，其上斑点与腹侧斑相连；第 9、10 节侧方各具 1 个小斑点。肛附器黑色。

【生活习性】 6 ~ 7 月可见成虫。

【分布】 郑州、商城；北京、吉林、陕西、山东、江苏、湖北、湖南、四川、贵州、广西、云南、江西、福建、台湾、香港；朝鲜、日本、越南。

（五）伪蜻科 Corduliidae

体中型至大型，常具蓝色或绿色金属光泽。两复眼互相接触一段较长的距离。原始结前横脉不明显；基室无横脉；后翅三角室与弓脉相对或差不多相对：肘臀横脉 1 ~ 2 条；臀套有中肋，四边形或六边形，或稍为长形。雄多有胫节龙骨突起和明显的耳形突。足常较长。

本志记述 2 属 2 种。

河南伪蜻科分属检索表

1a. 体褐色，无金属光泽 ······ **毛伪蜻属** *Epitheca* Burmeister，1839

1b. 体蓝绿色，闪烁金属光泽 ······ **金光伪蜻属** *Somatochlora* Selys，1871

毛伪蜻属 *Epitheca* Burmeister，1839

Epitheca Burmeister, 1839, Hand. Ent., 2.

Epitheca Burmeister, Needham 1930, Zool. Sin., 11(1): 112.

Type - species: *Libellula bimaculata* Charpentier, 1825.

古北区属。本属全世界已记载 4 种，分布在欧、亚大陆和日本。我国已知 1 种，分布在北京、河南、山东、江苏等。本志记述 1 种。

29. 缘斑毛伪蜻 *Epitheca marginata* Selys，1883（图 40）（彩色图版 XIV）

Epitheca marginata Selys, 1883, Ann. Soc. Ent. Belg., 27: 82.

Epitheca marginata Selys, Needham 1930, Zool. Sin., 11(1): 112 - 114.

【形态特征】

雄性腹长 39～40mm，后翅 34～36mm。

雌性腹长 37～40mm，后翅 37mm。

雄性 下唇红黄色。上唇黑色，中央基部具 1 个橘红色小斑。前唇基、后唇基褐色。前额黄色，上额黑色，头顶为 1 条黑色横条纹贯穿，此条纹与上额的黑色连成一片，头顶中央为 1 个大突起，顶端具黄色小斑，后头黑色。合胸褐黄两色，具长毛，合胸脊与合胸领黑色，合胸脊两侧黑色，与合胸脊及合胸领形成 1 个大的三角形黑色斑，背条纹上宽下窄；合胸侧面黄色，具黑色条纹，肩条纹宽，完全；第 2、3 条纹下部合并，上方分离，气孔被条纹包围。后胸后侧片后缘具黑色条纹。翅透明，淡烟色，前翅三角室分 3 室，后翅三角室分 2 室。腹部主要为黑色，具黄色斑点，第 2～8 节侧下方各具 1 个大黄斑，第 9、10 节黑色。肛附器黑色。上肛附器外侧具 1 个小齿，下肛附器短于上肛附器，在端部分叉。

雌性 翅基部具褐色斑，有的个体沿前缘、亚前缘及径脉之间向翅末端延伸，超过翅痣，形成 1 条褐色带。

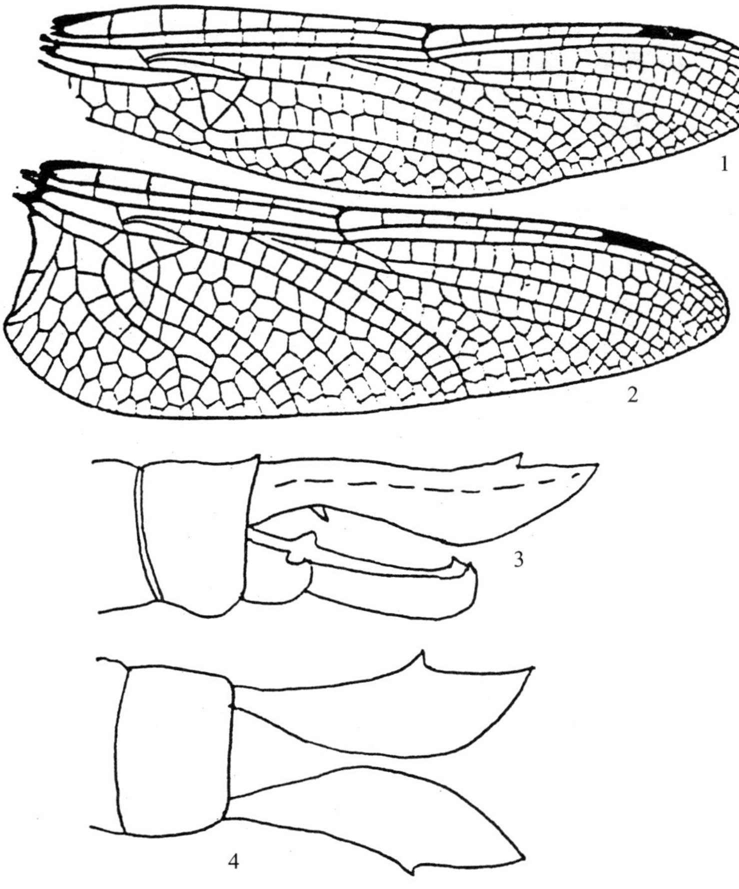

图 40 缘斑毛伪蜻 *Epitheca marginata* Selys

1，2. 雄前后翅 3. 雄肛附器侧面观 4. 雄肛附器背面观

【生活习性】 成虫于4～5月出现。

【分布】 确山、信阳；北京、山东、江苏、四川、浙江、江西、福建。

金光伪蜻属 *Somatochlora* Selys, 1871

Chlorosoma Charpentier, 1840. Voss. 4tab. 48 color, 180.

Somatochlora Selys, 1871, Ann. Soc. Ent. Belg., 15: 25－77.

Somatochlora Selys, Needham 1930, Zool. Sin., 11(1): 114.

Type－species: *Libellula metallica* Van der Linden, 1825.

本属全世界已知近40种，分布在北美洲、欧洲和亚洲北部。少数种发现于印度。我国已知6种，分布在黑龙江、河南、新疆、四川等地。本志记述1种。

30. 绿金光伪蜻 *Somatochlora dido* Needham, 1930（图41）（彩色图版XVI）

Somatochlora dido Needham, 1930, Zool. Sin. 11(1): 114; Com. spec. Dragon. China, 120.

Somatochlora dido Needham, Sui et Sun, 1984.

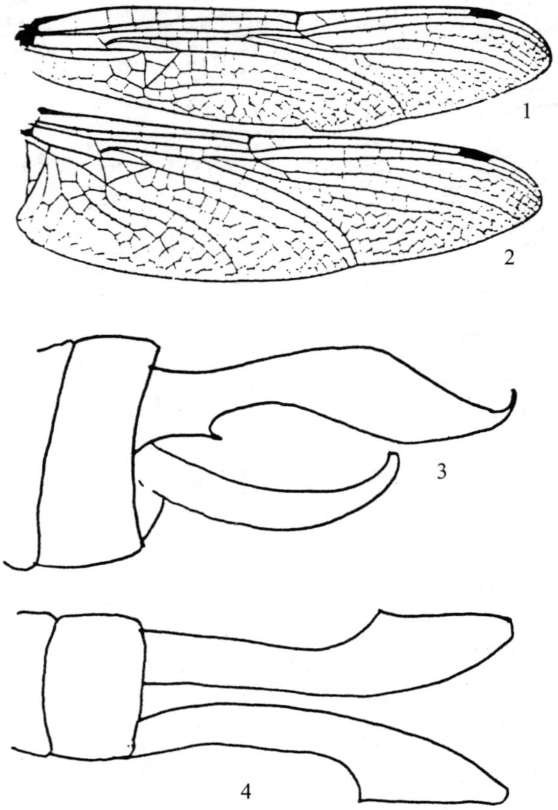

图41 绿金光伪蜻 *Somatochlora dido* Needham

1，2. 雄前后翅 3. 雄肛附器侧面观 4. 雄肛附器背面观

【形态特征】

雄性腹长 38~39mm，后翅 37~38mm。

雌性腹长 36~40mm，后翅 30~38mm。

雄性 下唇黄色。上唇黑色。前唇基黄色，后唇基墨绿色，光亮。额墨绿色有金属光泽，两侧各具1个长形黄斑，额顶中央下凹。头顶为1个大突起，绿色发光。后头黑色，后头缘有白毛。前胸黑色，前叶前缘黄色。合胸墨绿色，有金属光泽，被细白毛。合胸领及合胸脊黑色。足黑色，前足基节背面具1个大黄斑。翅透明，翅痣及翅脉褐色，前、后翅三角室各具1条横脉。腹部黑色，仅第2节、3节基方各具1个大黄斑；基部两节膨大，有金属绿色闪光。肛附器黑色，上肛附器约为第10节长的2倍，基部内侧具1个齿突，末端尖锐，钩状上弯；下肛附器短于上肛附器，端具2个小齿。

【生活习性】 成虫8月活动。

【分布】 卢氏、栾川、内乡；黑龙江、四川。

（六）大蜻科 Macromiidae

体大型，褐色。合胸在前翅与后翅之间有1条圈黄带。原始结前横脉明显；基室有横脉；后翅三角室比前翅三角室距弓脉稍为更近；臀套圆形，很少长大于宽，无中肋；肘臀横脉3条或多条，雄性有耳形突和胫节龙骨突起。足特别长。

本志记述2属2种。

河南大蜻科分属检索表

1a. 前翅三角室有横脉 …… 丽大蜻属 *Epophtalmia* Burmeister，1839

1b. 前翅三角室无横脉 …… 弓蜻属 *Macromia* Rambur，1842

弓蜻属 *Macromia* Rambur，1842

Macromia Rambur，1842，Ins. Nevrop：137.

Macromia Rambur，Selys 1877，Bull. Acad. Belg.，31（2）：536.

Type－species：*Macromia cingulata* Rambur，1842.

体大型，黑色，具绿色或蓝色金属光泽，斑纹鲜黄色。雄性胫节具膜质龙骨。肘脉2~3条，臀套方形，6~12室，前翅A1脉强烈弯曲，后翅臀角直角形。腹部长于翅。上肛附器外侧中部具1个小齿突，下肛附器近三角形。本属已知120余种。分布在新北区、古北区、非洲区和东洋区。我国已发现20余种，分布在北京、黑龙江、河南、四川、广西、贵州、云南、浙江、福建、广东、海南、香港、台湾。本志记述1种。

31. 摩氏弓蜻 *Macromia moorei moorei* Selys，1874（图42）（彩色图版XVI）

Macromia moorei moorei Selys，1874，Bull. Acad. Belg.，37（2）：28.

Macromia moorei Selys, Asahina, 1978, Kontyu, 46(2): 246.

【形态特征】

雄性腹长 57mm，后翅 45mm。

雄性 下唇红褐色。上唇黑色，中央具 1 个黄斑。上颚黑色。前唇基褐红色，后唇基黄色。额黑色，有蓝绿色金属光泽，中央为 1 条纵沟，将额分成左右两突起，额两侧各有 1 个黄斑。头顶黑色，突起，具蓝绿色金属光泽，突起中央凹入，使两侧成小突，顶端钝。后头黑色。

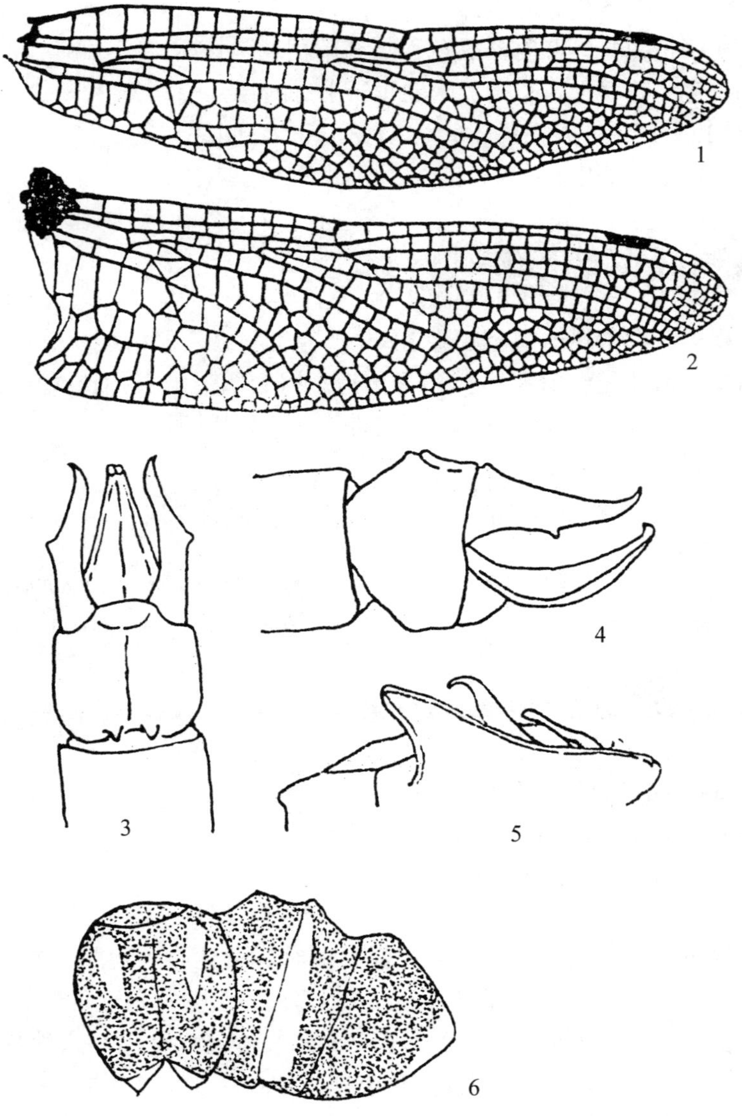

图 42 摩氏弓蜻 *Macromia moorei moorei* Selys

1，2. 雄前后翅 3. 雄肛附器背面观 4. 雄肛附器侧面观 5. 交合器侧面观 6. 雄合胸色彩

前胸黑色。合胸黑色，具蓝绿色光泽。合胸脊两侧具黄色条纹，条纹上端尖削，长约为中胸前侧片的2/3。合胸侧方沿间缝有1条宽的黄色条纹，覆盖气孔，后胸后侧片末端有1条狭条纹。足黑色，后足胫节具淡色龙骨突起。翅透明，翅痣和翅脉黑色，前缘脉上方具黄色纵纹。翅脉指数$\frac{10-15}{13-10}\left|\frac{16-10}{11-11}\right.$。

腹部黑色具黄斑。第1、2两节膨大，第2节背斑为三角形，延伸至两侧渐细，在耳突下方变宽，覆盖耳突；第3、4两节中带在侧面与腹面的基斑相连；第5、6节具亚中背斑；第7节基端具宽环；第8节具1个大基背斑；第5、6、8节腹面具基斑；第9、10节黑色；第10节背面基端背中线两侧各有1个小圆突，侧面具1个小基斑。上肛附器黑色，端尖，上翘，侧缘中央有1个突起；下肛附器黑色，与上肛附器等长，端部上面中央凹入，成2个小圆点。

【分布】 济源、栾川；四川。

丽大蜻属 *Epophtalmia* Burmeister,1839

Epophtalmia Burmeister,1839,Hand. Ent.,2:844.

Azuma Needham,1904,Proc. C. S. Nat. Mus.,27:698.

Epophtalmia Burmeister,Davies and Tobin 1985,Dragon. World,2:73.

Type - species:*Epohtalmia vittata* Burmeister,1839.

全世界已记载约10种，分布在亚洲的缅甸、印度尼西亚、斯里兰卡、印度、马来西亚。我国已知1种，分布在北京、陕西、山东、河南、湖南、福建、山西、广东、四川。本志记述1种。

32. 闪蓝丽大蜻 *Epophtalmia elegans* Brauer,1865(图43)(彩色图版XV)

Epophtalmia elegans Brauer,1865,Verh. Zool. Bot. Ges. Wien.,15:903-908.

Azuma elegans Brauer,Needham 1930,Zool. Sin.,11(1):108-109.

Epophtalmia elegans Brauer,Sui et Sun 1984,Com. spec. Dragon. China,117-118.

【形态特征】

雄性腹长52~55mm，后翅47~50mm。

雌性腹长55~59mm，后翅48~49mm。

雄性 下唇中叶黄色，侧叶黑色，基部具1个大黄斑。上唇前半部黑色，基半部黄白色。前唇基黑色，后唇基白黄色。前额、上额和头顶具有深蓝色金属光泽，前额和上额中央纵向下陷，致成双峰状。头顶、后头黑色。合胸黑色，具蓝绿色金属光泽，条纹黄色。肩前条纹宽大，第2侧缝后有1条宽大条纹通过气门，后胸后侧片黄色扩至腹面几相接。足黑色，长而粗壮。翅透明，翅端淡褐色。腹部黑色，条纹黄色，基部两节膨大，第1节黑色；第2~8节背面各有1条偏于基半部的横纹，第7节上的宽大，第8节上的细小；第10节基端黑色，背面中央有1个突起，其顶端中央凹陷，两端成1个尖齿。上肛附器背面黄褐色，端部黑色，侧缘具1个钝角突起，下肛附器黄褐色，周缘黑色，稍长于上肛附器。

雌性 翅中部褐黄色，腹部第10节背面无突起。肛附器短，锥状，无产卵器。

【生活习性】 成虫于5~8月出现，9月上旬仍有其活动。数量较多。为河南产蜻蜓大型种类之一。

【分布】 郑州、西华、确山、桐柏、信阳、罗山、商城；北京、吉林、河北、山西、山东、湖北、湖南、四川、贵州、广西、江西、福建、广东、香港、台湾。

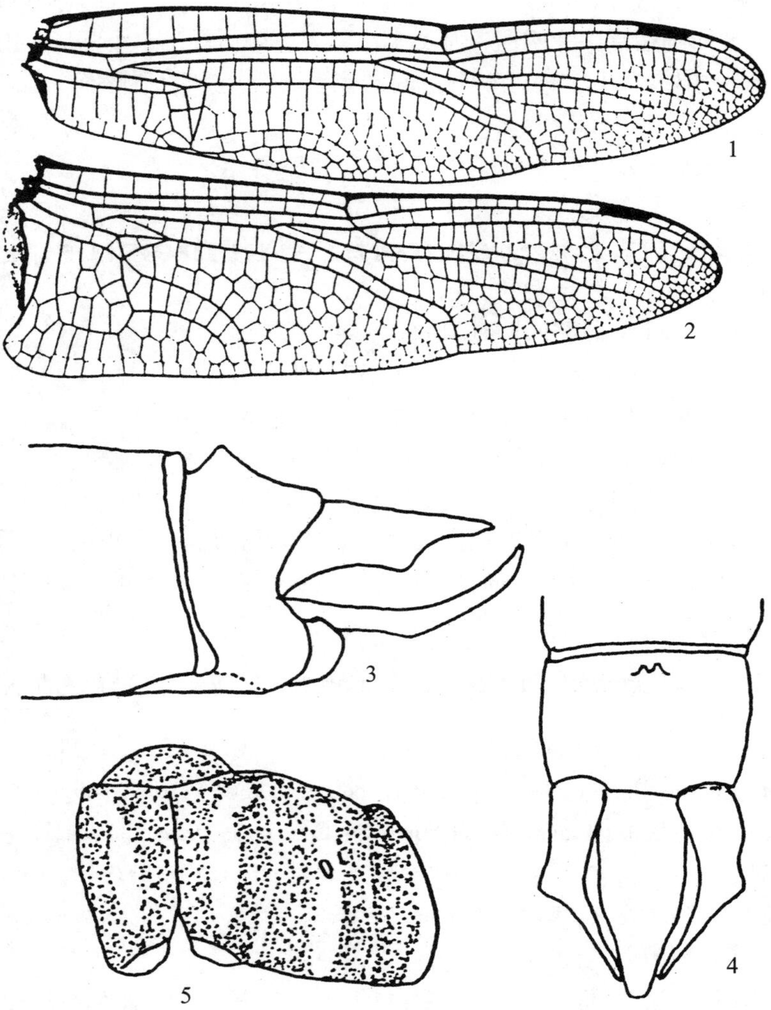

图43 闪蓝丽大蜻 *Epophtalmia elegans* Brauer

1，2. 雄前后翅 3. 雄肛附器侧面观 4. 雄肛附器背面观 5. 合胸色彩

（七）蜻科 Libellulidae

体中、小型。雄性胫节无龙骨状脊，雌雄两性前后翅臀角均为圆形，腹部第2节无耳

状突，身体很少具有金属光泽。翅痣无支持脉，臀套足形，后翅三角室接近弓脉，径补脉发达。

本科是河南蜻蜓目各科中种类最多的类群。不少种类全省广布，为常见种类。本志记述 15 属 31 种。

河南蜻科分亚科、分属检索表

1a. 前翅前缘脉呈波状弯曲（曲缘蜻亚科 Palpopleurinae） ········· 曲缘蜻属 *Palpopleura* Rambur, 1842

1b. 前翅前缘脉不呈波状弯曲 ········· 2

2a. 后翅基部很宽 ········· 3

2b. 后翅基部最宽为中等 ········· 4

3a. 前翅具 7 ½ ~ 10 ½条结前横脉（丽翅蜻亚科 Rhyothemistinae） ········· 丽翅蜻属 *Rhyothemis* Hagen, 1867

3b. 前翅具 12 ½条或更多条结前横脉，最后 1 条有时完全（黄蜻亚科 Pantaliinae） ········· 黄蜻属 *Pantala* Hagen, 1861

4a. 后翅基部稍宽；前翅有 12 条或更多条结前横脉，最后 1 条完全或不完全（蜻亚科 Libellulinae） ········· 5

4b. 后翅基部明显比前翅宽；前翅结前横脉变化多，但小型种类少于 10 条 ········· 8

5a. R_3 脉呈强烈波状弯曲 ········· 6

5b. R_3 脉略有弯曲；后翅具 2 条肘臀横脉 ········· 宽腹蜻属 *Lyriothemis* Brauer, 1868

6a. 桥横脉多于 1 条 ········· 蜻属 *Libellula* Linnaeus, 1758

6b. 桥横脉只有 1 条 ········· 7

7a. 翅结位于翅前缘中央之前 ········· 灰蜻属 *Orthetrum* Newman, 1833

7b. 翅结位于翅前缘中央之后；A_3 脉发自臀横脉之后 ········· 狭翅蜻属 *Potamarcha* Karsch, 1890

8a. 前翅三角室前边很短，且直（赤蜻亚科 Sympetrinae） ········· 9

8b. 前翅三角室前边约为其他两边任何一边长的 1/2，并时有弯曲 ········· 13

9a. 最后一条结前横脉上、下连接 ········· 10

9b. 最后一条结前横脉上、下不连接 ········· 11

10a. 前翅三角室后方具翅室 2 行 ········· 锥腹蜻属 *Acisoma* Rambur, 1842

10b. 前翅三角室后方具翅室 3 行 ········· 多纹蜻属 *Deielia* Kirby, 1889

11a. 中肋有角度；臀套跟部稍加大；翅痣前方的横脉不强烈倾斜 ········· 赤蜻属 *Sympetrum* Newman, 1833

11b. 中肋近乎直线；臀套跟部宽；翅痣前方或下方的横脉强烈倾斜 ········· 12

12a. 翅具 1 条红黄色宽带；面和腹部非红色；前翅结前横脉 6 ½ ~ 7 ½条 ········· 黄翅蜻属 *Brachythemis* Brauer, 1868

12b. 前翅基部具 1 个黄色小斑；面和额红色；前翅结前横脉 9 ½ ~ 11 ½条 ········· 红蜻属 *Crocothemis* Brauer, 1868

13a. 腹部格外宽和扁（褐蜻亚科 Trithemistinae） ········· 14

13b. 腹部即或粗壮，但不格外宽和扁（疏脉蜻亚科 Brachydiplacinae），前胸后叶大，具毛，臀套正常或无 ········· 疏脉蜻属 *Brachydiplax* Brauer, 1868

14a. 桥横脉多于 1 条；结前横脉 14 ~ 16 条 ········· 玉带蜻属 *Pseudothemis* Kirby, 1889

14b. 桥横脉只有 1 条；结前横脉 11 ~ 17 条 ········· 褐蜻属 *Trithemis* Brauer, 1868

疏脉蜻属 *Brachydiplax* Brauer，1868

Brachydiplax Brauer，1868，Verh. Zool. Bot. Wien，18：711－742.

Brachydiplax Brauer，Needham 1930，Zool. Sin.，11(1)：175－177.

Type－species：*Libellula sobrina* Rambur，1842.

东洋区属。全世界已记载14种，分布在中国、印度、印度尼西亚、泰国和马来西亚。我国已知4种，分布在河南、江苏、湖北、上海、浙江、江西、云南、台湾。本志记述1种。

33. 蓝额疏脉蜻 *Brachydiplax chalybea* Brauer，1868（图44）（彩色图版XVII）

Brachydiplax chalybea Brauer，1868，Verh. Zool. Bot. Wien.，18：711.

Brachydiplax chalybea Brauer，Liu 1929，Peking Soc. Nat. Hist. Bull.，3(4)：13.

【形态特征】

雄性 上、下唇黄色，具黑色缘。前、后唇基黄色。额蓝色，有金属光泽，前缘两端各具1个三角形黄斑，额上中央有1条纵沟。头顶蓝色，有金属光泽，中央突起。后头黑色，后面具2个黄斑。前胸黑色，后叶截形，着白色长毛。合胸背前方黑色，具细长

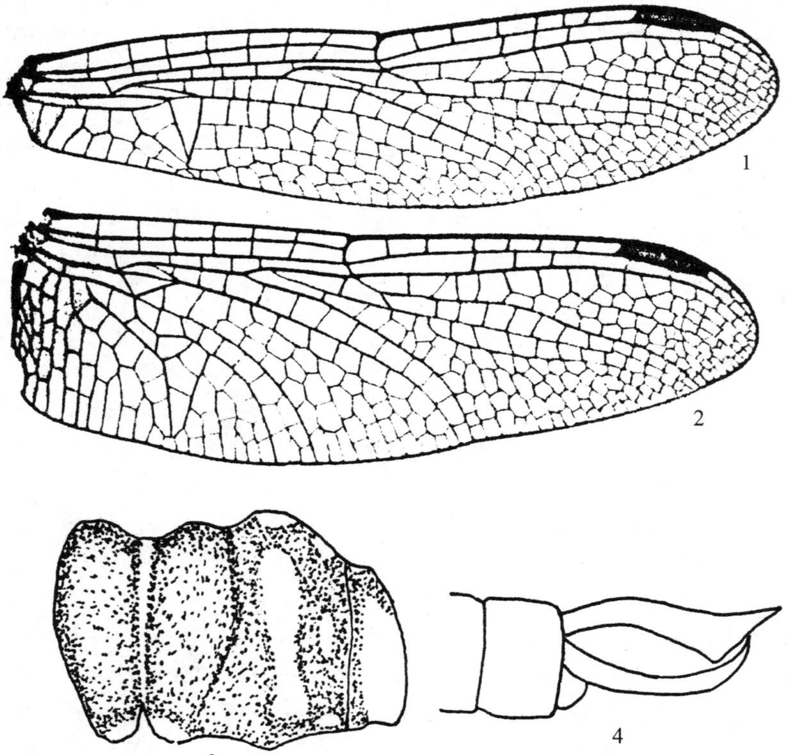

图44 蓝额疏脉蜻 *Brachydiplax chalybea* Brauer

1，2. 雄前后翅 3. 合胸色彩 4. 雄肛附器侧面观（3，4. 仿隋敬之）

毛，合胸侧面黄色，条纹黑色，均完全，第1条纹与合胸背前方的黑色相连，第2、3条纹上、下部分相连成1条宽条纹。翅透明，前后翅基部具红黄色斑，并展伸至弓脉，小膜灰色。足黑色。腹部黑色，仅第2~5节具黄斑。肛附器黑色。

【生活习性】 9月见成虫。极稀少。

【分布】 信阳；云南、上海、浙江、江西、福建。

蜻属 *Libellula* Linnaeus，1758

Libellula Linnaeus，1758，Syst. Nat. Ed. X，1－2.

Type－species：*Libellula depressa* Linnaeus，1758.

本属全世界已记载50余种，分布在美洲、欧洲和亚洲的中国、日本、阿富汗等。我国已知5种，分布在北京、内蒙古、吉林、新疆、山西、河南、陕西、山东、江苏、浙江、贵州、四川、西藏。本志记述1种。

34. 基斑蜻 *Libellula depressa* Linnaeus，1758（图45）（彩色图XⅦ）

Libellula depressa Linnaeus，1758，Syst. Nat. Ed. X，1－2.

Libellula depressa Linnaeus，Needham 1930，Zool. Sin.，11（1）：124－125.

【形态特征】

雄性腹长27~31mm，后翅32~38mm。

雌性腹长26~28mm，后翅38~40mm。

雄性 下唇中叶黄色，侧叶黄赤。上唇赤黄色，具稀疏黑毛。前、后唇基暗黄色。额黄褐色，具黑色密长毛，顶端下陷成阔纵沟。头顶暗黄色，中间为1个大突起，着毛。后头深褐色。前胸黑色，背板具褐色斑。合胸背前方黄色，着黑毛，无斑纹。合胸侧面黄褐色，着黑毛，仅第1侧缝上端具1条短黑色条纹。翅透明，翅痣暗褐色，翅基部具深褐色至黑色斑。前翅斑近长方形，后翅斑似三角形，后翅斑大于前翅斑。足基节、转节及前足、中足腿节大部为黄色，余为黑色。腹部红褐色，各节的背中隆脊、后缘及侧下缘均黑色，但第4~9节侧下缘有纵向黄褐斑，第10节及上肛附器黑色，内外侧中部后有1列小齿，末端尖。下肛附器黄褐色，末端黑色，凹入，成上翘齿。

雌性 色彩、斑纹与雄性近同。

【生活习性】 成虫5~8月活动。稀少。

【分布】 栾川、内乡、桐柏、信阳；陕西、新疆、四川、贵州。

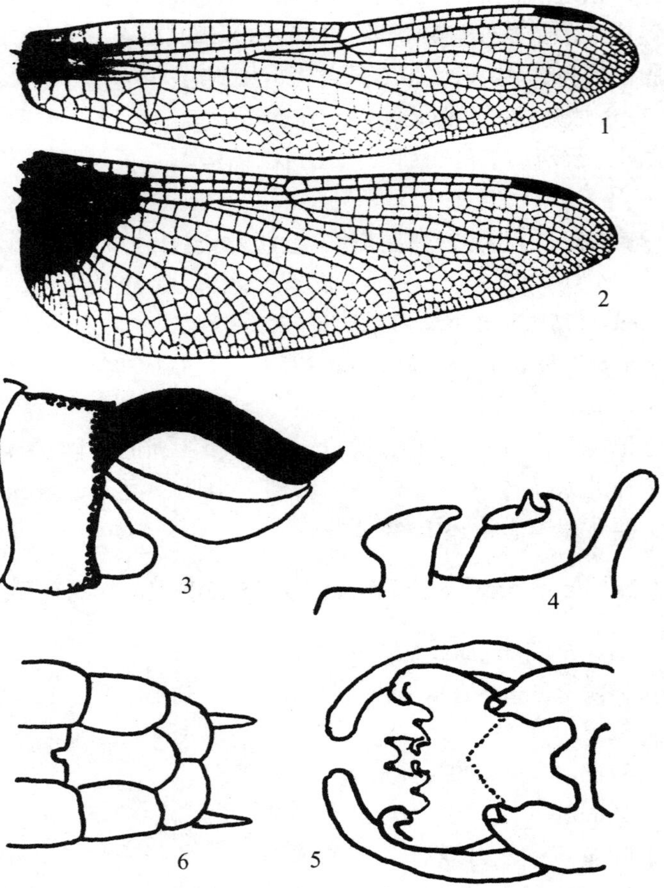

图 45 基斑蜻 *Libellula depressa* Linnaeus

1, 2. 雄前后翅 3. 雄肛附器侧面观 4. 交合器侧面观 5. 交合器腹面观 6. 雌腹末节腹面观

宽腹蜻属 *Lyriothemis* Brauer, 1868

Lyriothemis Brauer, 1868, Verh. Zool. Bot. Wien., 18: 181.

Lyriothemis Brauer, Needham 1930, Zool. Sin., 11(1): 153 – 156.

Type – species: *Lyriothemis cleis* Brauer, 1868.

全世界已记载近 20 种，分布在亚洲和非洲。我国已知 5 种，分布在吉林、陕西、山东、河南、江苏、浙江、江西、福建、广西、四川、云南、西藏、香港、台湾。本志记述 1 种。

35. 闪绿宽腹蜻 *Lyriothemis pachgastra* Selys, 1878（图 46）（彩色图版 XVII）

Lyriothemis pachgastra Selys, 1878, Mitth. Mus. Dresden, 3: 310.

Lyriothemis pachgastra Selys, Needham 1930, Zool. Sin., 11(1): 155.

【形态特征】

雄性腹长 21～22mm，后翅 24～25mm。

雌性腹长 20～22mm，后翅 26～27mm。

雄性 下唇中叶褐色，侧叶黄色，具黑内缘。上唇黄色，前缘中央黑色。前、后唇基黄色。额前面下部黄色，上部及额的上面为1个大的蓝色具金属光泽的方形斑，其两侧各具1个小的褐色三角形斑。头顶蓝绿色，中央为1个大突起。整个面部及头顶具黑毛。后头黄褐色，后面黄色。合胸背前方黄褐色，合胸脊两侧各具1条褐色条纹。合胸侧面黄褐色，具细毛，条纹黑色，第1条纹完全，第2条纹仅在气孔上方一小段，第3条纹中间间断。翅透明，翅痣黄色，翅基稍具淡褐色，肘臀横脉2条。足褐色，但基节、转节黄色。腹部宽短，幼体斑纹显著，老熟后变成灰黑色，斑纹模糊难辨，仅腹部下面每节两端各具1对黄斑，尚明显可辨。上肛附器黑褐色，下肛附器黄色。

雌性 体色、斑纹与雄性基本相同。

【生活习性】 成虫5～8月出现。数量甚多。

【分布】 郑州、舞阳、内乡、确山、桐柏、信阳、罗山、商城；吉林、陕西、山东、江苏、四川、广西、云南、浙江、江西、福建。

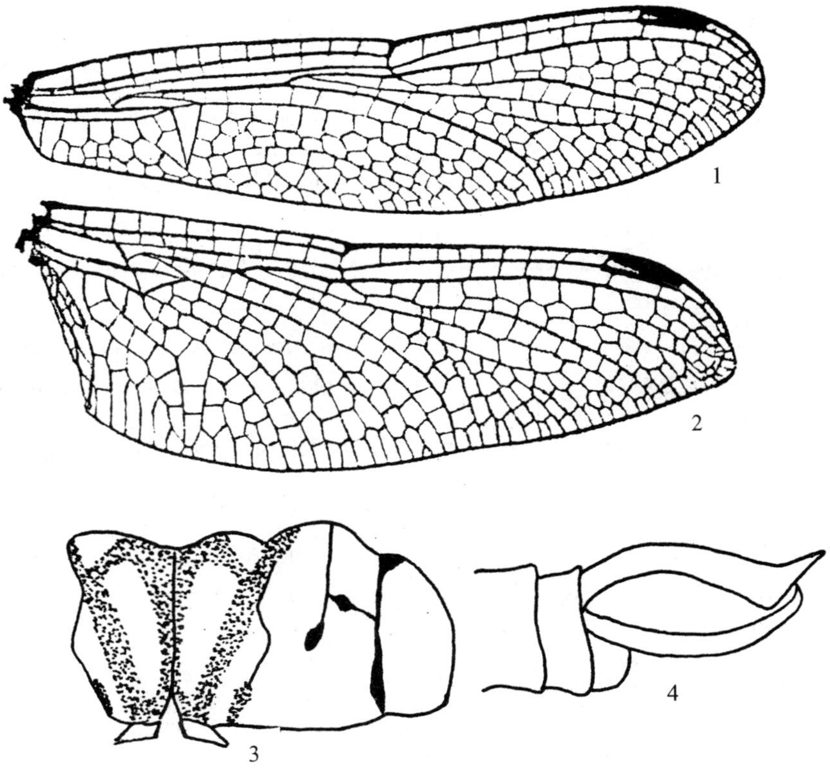

图46 闪绿宽腹蜻 *Lyriothemis pachgastra* Selys

1，2. 雄前后翅 3. 合胸色彩 4. 雄肛附器侧面观（3，4. 仿隋敬之）

灰蜻属 *Orthetrum* Newman, 1833

Orthetrum Newman, 1833, Ent. Mag., 1: 511.

Type - species: *Libellula coerulescens* Fabricius, 1798.

灰蜻属是东洋区的1个很大的属，已记载90余种。我国已知20种。分布在北京、吉林、河北、河南、山西、陕西、新疆、西藏、山东、湖北、湖南、江苏、浙江、江西、福建、广东、海南、四川、贵州、云南、广西、香港、台湾。本志记述7种。

河南灰蜻属分种检索表

1a. 径增脉与径分脉之间具1行翅室 ………… 齿背灰蜻 *Orthetrum devium* Needham, 1930

1b. 径增脉与径分脉之间具2行翅室 ………… 2

2a. 翅基部具黑色或橙黄色斑，后翅斑大于前翅斑 ………… 3

2b. 翅基部无色 ………… 4

3a. 雄腹长34～36mm，后翅39～42mm，翅基斑黑色 ………… 异色灰蜻 *Orthetrum triangulare melania* (Selys, 1883)

3b. 雄腹长30～32mm，后翅34～38mm，翅基斑橙黄色 ………… 青灰蜻 *Orthetrum triangulare triangulare* (Selys, 1878)

4a. 中部腹节显著细长，第4节高约为第3节基端高的1/5 ………… 狭腹灰蜻 *Orthetrum sabina* Drury, 1770

4b. 中部腹节不显著细长，第4节高不小于第3节高的1/4 ………… 5

5a. 翅痣上部宽，黑褐色，下部黄色 ………… 线痣灰蜻 *Orthetrum lineostigma* Selys, 1887

5b. 翅痣色泽均一 ………… 6

6a. 雄肛附器黑色 ………… 褐肩灰蜻 *Orthetrum japonicum internum* McLachlan, 1894

6b. 雄上肛附器白色，下缘镶黑边 ………… 白尾灰蜻 *Orthetrum albistylum speciosum* Uhler, 1858

36. 白尾灰蜻 *Orthetrum albistylum speciosum* Uhler, 1858（图47）（彩色图版XVIII）

Orthetrum albistylum Selys, 1848, Rev. Zool., 11: 15.

Orthetrum speciosum Uhler, 1858, Pac. Exped. Proc. Acad. Nat. Sc., 80: 129 - 131.

Orthetrum albistylum speciosum Uhler. Asahina 1969, Kontyu, 37(2): 199.

【形态特征】

雄性腹长36～38mm，后翅39～40mm。

雌性腹长36～40mm，后翅34～41mm。

雄性 下唇中叶黑色，侧叶黄色，内缘黑色。上唇黄褐色，中央常具1个褐色三角形小斑，后缘两侧具褐斑。前、后唇基及额黄绿色，具黑短毛。头顶为1个大突起，顶端黑色。后头褐色，后面黄色。前胸浓褐色，前叶后方淡黄色，背板具黄斑，后叶淡黄色。合胸背前方褐色，密布小黑齿及细毛，合胸脊与第1条纹之间具1条褐色纵条纹。合胸侧面淡蓝色，具黑色条纹，第1、3条纹完全，第2条纹上端窄削，斜伸向后上方。翅透明，翅痣黑褐色。R_2 脉强烈波状弯曲。足黑色，具黄斑。腹部第1~6节淡黄色，具黑斑；第7~10节黑色。上肛附器上面白色，下面黑褐色。老熟个体着灰色粉末。

雌性 体色与雄性有差异。腹部第8、9节黑色，第10节白色，上肛附器下面白色。

【生活习性】 成虫5~9月出现，10月上旬仍可见其活动。数量很多。

【分布】 全省广布，为常见蜻蜓种类；全国广布。

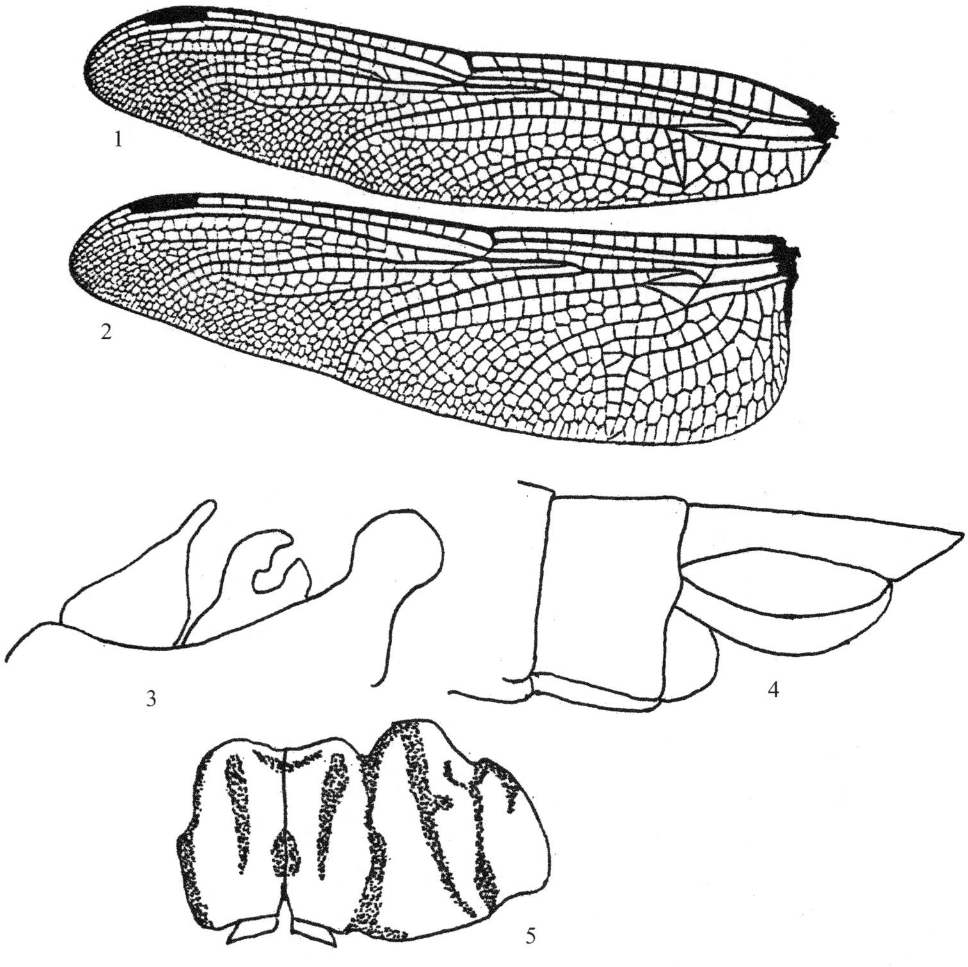

图47 白尾灰蜻 *Orthetrum albistylum speciosum* Uhler

1，2. 雄前后翅 3. 交合器侧面观 4. 雄肛附器侧面观 5. 合胸色彩（5. 仿隋敬之）

37. 齿背灰蜻 *Orthetrum devium* Needham，1930（图48）（彩色图版XVIII）

Orthetrum devium Needham，1930，Zool. Sin.，11（1）：129－130.

【形态特征】

雄性腹长30mm，后翅36mm。

雄性 下唇黄色，具短黄毛。上唇黄色，中后部具黑色短毛。前唇基白色，着淡褐色毛。后唇基灰白色，毛褐色。额灰白色，具黑色长毛。头顶突起，黑褐色，顶部中央凹入，灰白色，两侧为1尖齿。后头黑色，后面黄褐色，后缘着白色长毛。前胸黑色，合胸被白粉，合胸背前方条纹不明显，合胸脊下凹成纵深沟；合胸侧第1、3条纹完整，第2条纹仅有气门下一段，均纤细。翅透明，翅痣暗黄色，前缘脉、翅结、亚翅结、结前横脉及亚翅结前的横脉均为黄色，余为黑色。腹部第1～6节背面被白粉，自第4节白粉散、淡；第7～10节黑色，第7～9各节末端有细赤黄色环，第10节基端背面具窄赤黄条纹。肛附器黑色，上肛附器约为第10腹节长的2倍。

雌性 无标本。

【生活习性】 6月见成虫。极稀少。

【分布】 灵宝；江苏、四川、云南、广西、贵州、浙江、福建、广东。

图48 齿背灰蜻 *Orthetrum devium* Needham

1. 雄肛附器侧面观 2. 交合器侧面观

38. 褐肩灰蜻 *Orthetrum japonicum internum* McLachlan,1894(图49)(彩色图版XIX)

Orthetrum japonicum Uhler,1858,Philadelphia,80:129.

Orthetrum internum MaLachlan,1894,Ann. Mag. Nat. Hist.,6(13):431.

Orthetrum japonicum internum MaLachlan,Asahina 1969,Kontyu,37(2):198.

【形态特征】

雄性腹长30～31mm，后翅33～34mm。

雌性腹长28～29mm，后翅32～36mm。

雄性 下唇中叶黑色，侧叶双色。上唇黑色，后缘两侧各有1个黄斑。前、后唇基暗黄色。额黄色，侧缘及后缘黑色。头顶黑色，中央为1个黑色突起。后头褐色。前胸黑色，背板中央及后叶淡黄色，后叶直立。合胸背前方暗黄色，第1条纹与其前的褐色条纹合并为1条宽带。合胸侧面淡黄绿色，第2、3条纹合并成褐色宽带。翅透明，径补脉（Rsp1）与径分脉（Rs）之间具2行翅室。足黑色。腹部褐色，基部两节无斑纹，第3节两侧有黑斑，第4节以后黑斑增大，第9、10两节及肛附器黑色。老熟个体的胸、腹部被白粉。

雌性 腹部黑色，斑纹发达，第8节侧下缘突出成片状。

【生活习性】 成虫5～7月活动。

【分布】 郑州、内乡、确山、信阳、罗山、商城；北京、河北、陕西、四川、云南、贵州、西藏、广西、江苏、浙江、江西、福建、广东、台湾。

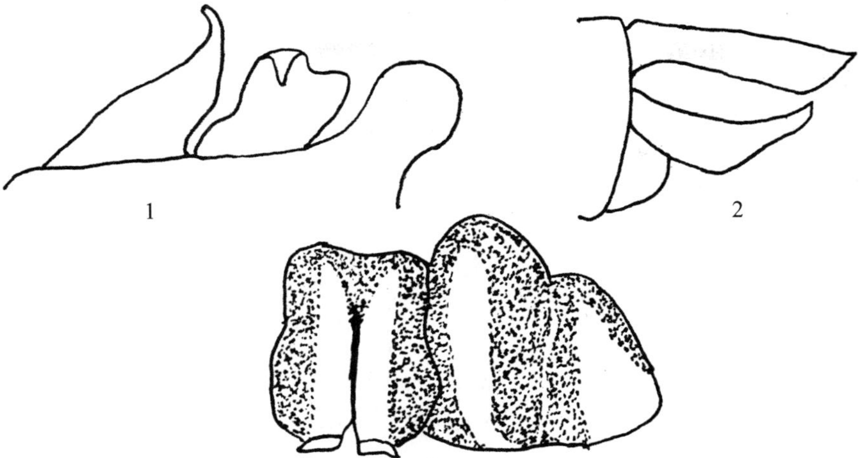

1 2 3

图49 褐肩灰蜻 *Orthetrum japonicum internum* McLachlan

1. 交合器侧面观 2. 雄肛附器侧面观 3. 合胸色彩（3. 仿隋敬之）

39. 线痣灰蜻 *Orthetrum lineostigma* Selys，1887（图50）（彩色图版XIX）

Orthetrum lineostigma Selys，1887，Ann. Soc. Ent. Belg，31：42.

【形态特征】

雄性腹长30～31mm，后翅34～35mm。

雌性腹长27～29mm，后翅32～34mm。

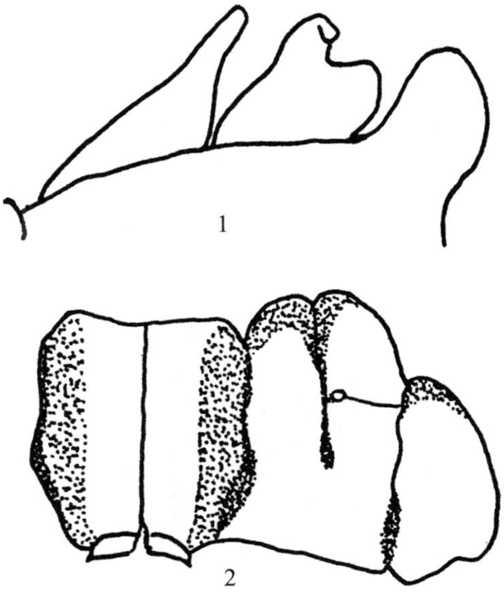

1 2

图50 线痣灰蜻 *Orthetrum lineostigma* Selys

1. 交合器侧面观 2. 雌合胸色彩（2. 仿隋敬之）

雄性 下唇中叶赤黄色，周缘黑色。上唇赤黄色。前、后唇基暗黄色。额灰黑色，两侧及前缘暗黄色。头顶黑色，中央具1个突起。后头深褐色，后方具黄斑。前胸、合胸灰色，无条纹。翅透明，末端具淡褐色斑，翅痣上部宽黑褐色，下部细狭黄色。足黑色。腹部大部被灰色粉末，不显斑纹，肛附器黑色，上肛附器末端尖锐，下肛附器末端钩曲。

【生活习性】 成虫5~8月可见，6月、8月较多。

【分布】 辉县、济源、灵宝、郑州、登封、栾川、内乡、商城；北京、河北、山西、陕西、山东、江苏、云南、浙江、福建。

40. 狭腹灰蜻 *Orthetrum sabina*（Drury，1770）（图51）（彩色图版XX）

Libellula sabina Drury, 1770, Ill. Exot. Ins., 1: 114 – 115.

Orthetrum sabina Drury, Kirby 1889, Zool. Soc. Lond., 12: 302

【形态特征】

雄性腹长37~38mm，后翅34~35mm。

雌性腹长37mm，后翅36mm。

雄性 下唇中叶黑色，侧叶赤黄色，内缘黑色。上唇黄色，中央具褐色纹。前、后唇基及额暗黄色。头顶中央突起，前黑色，后面黄褐色。后头褐色，后面具黄斑。前胸黑色，前叶及背板中央具黄斑，后叶大部为黄色，直立，稍2裂。合胸背前方淡黄色，合胸脊与合胸领黑色，合胸背前方两侧各具1条褐色纵条纹。合胸侧面淡黄色，具5条褐色条纹。第1、3条纹完全，第2条纹中间间断，另在第1、2条纹之间和第3条纹后各具1条淡色条纹。翅透明，痣赤黄色，前缘脉前方黄色，后翅基具1个小褐斑。足黑色，但基节、转节黄色，具褐斑。腹部第1~3节膨大如球，黄色，最大直径约为第4节直径的5倍；第4~6节细缩成棍棒状，深褐色，侧面有黄色斑；第7~9节黑色，稍膨大；第10节黄褐色。肛附器白色。

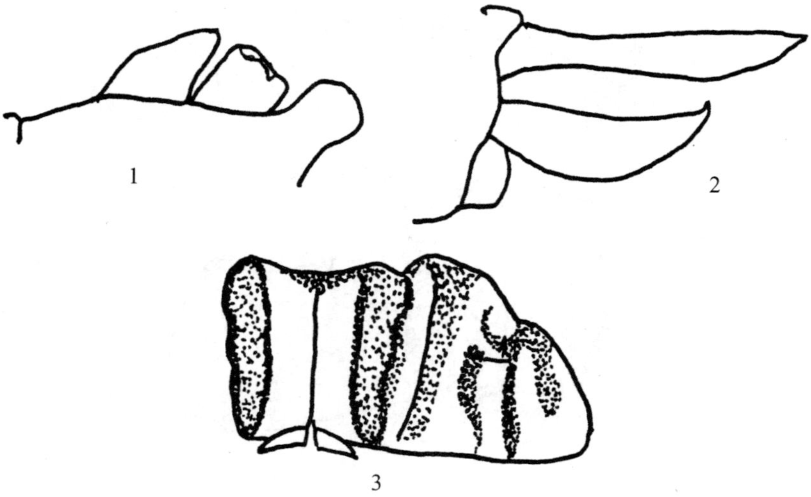

图51 狭腹灰蜻 *Orthetrum sabine* Drury

1. 交合器侧面观 2. 雄肛附器侧面观 3. 合胸色彩（3. 仿隋敬之）

雌性 体形、色彩、斑纹等与雄性基本相同。

【生活习性】 成虫6~9月出现，10月上旬仍有活动。

【分布】 商城；江苏、四川、贵州、广西、云南、浙江、江西、福建、广东、香港、台湾、海南。

41. 异色灰蜻 *Orthetrum triangulare melania* Selys，1883（图52）（彩色图版XX）

Orthetrum melania Selys, 1883, Ann. Ent. Belg., 27: 103.

Orthetrum melania Selys, Needham 1930, Zool. Sin., 11(1): 134 – 135.

Orthetrum triangulare melania Selys, Asahina 1978, Kontyu, Tokyo, 46(2): 249.

Orthetrum triangulare melania Selys, Chao 1981, List lnsects Fukien: 30.

Orthetrum melania Selys, Sui et Sun 1986, Comm. species Dragon. China, 153 – 154.

Orthetrum melania Selys, Davies et Tobin 1985, Soc. int. Odonatal., 2: 105.

【形态特征】

雄性腹长34~36mm，后翅39~42mm。

雌性腹长31~35mm，后翅38~44mm。

雄性 老熟个体面部全深黑色，头顶的突起高耸，上着生2个锥形尖突，后头褐色。胸部黑褐色，被白色粉末，呈青灰色，前胸后叶直立，片状，中央微裂，缘具长毛，合胸背面、侧面条纹不显露，未完全老熟的个体，胸部被粉较少，胸侧条纹可见。翅透明，翅端淡褐色，后缘端半部弥漫烟色，翅基具黑褐色斑，未老熟个体褐红色，后翅斑远大于前翅斑，前翅仅翅根处的翅脉两侧着黑褐色，但远离肘臀横脉，基室内无色；后翅由弓脉处呈三角形伸达小膜，部分个体最多可占据基室长的4/5，并侵入臀套接触中肋，黑斑内的翅脉及其两侧也被白粉。足黑色。腹部第1~7节青灰色；第8~10节黑色，斑纹均不显露。肛附器色彩，幼期白色，随老熟程度自基部向末端变为黑色，少数老熟个体的上肛附器基部黑色，端部背面灰白色。胸部和腹部第1~7节有无被粉、被粉的厚薄，

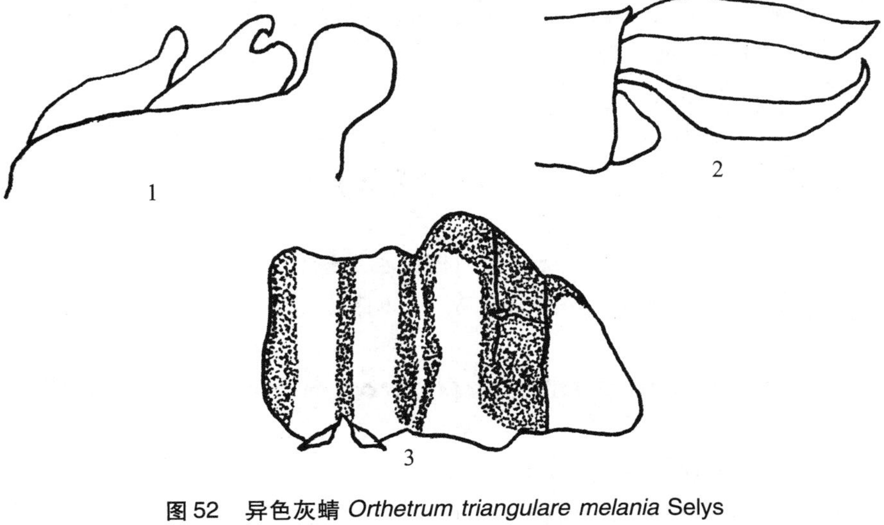

图52 异色灰蜻 *Orthetrum triangulare melania* Selys

1. 交合器侧面观 2. 雄肛附器侧面观 3. 雌合胸色彩（3. 仿隋敬之）

是个体老熟程度的标志。另外，肛附器黑化程度也是个体是否充分老熟的一个重要特征。

雌性 体形、色泽、斑纹与幼期雄性相似。面色淡。下唇中叶黑色，侧叶黄色。上唇黑色，基缘有2个小黄斑。前、后唇基及额黄色。头顶及突起黑色。后头由黄变褐色。前胸黑色，前叶上缘黄色，背板中央有2个黄斑；后叶黄色，片状，直立、微2裂，缘具长毛。合胸背面黄褐色，合胸脊黑色，合胸前方两侧的黑色宽条纹与第1条纹合并。合胸侧面黄色，第2、3条纹合并成1条宽大条纹。翅端褐色，明显重于雄性，多数后缘端半部具烟色，翅基斑橘黄色，透明，显著小于雄性，后翅大于前翅，部分个体前翅无斑。腹部黄色，第1~6节两侧具较宽的纵条纹；第7节的上方、下方和第8节下方有甚狭黄色，余皆黑色，第8节侧缘扩大成片状；第9、10节黑色；肛附器白色。

【生活习性】 成虫6~8月出现。数量较多。

【分布】 济源、卢氏、登封、栾川、舞钢、内乡、桐柏、信阳、罗山、商城；北京、河北、山东、湖北、湖南、四川、贵州、云南、广西、浙江、江西、福建、广东、海南。

42. 青灰蜻 *Orthetrum triangulare triangulare* (Selys, 1878)（彩色图版XXI）

Libellula triangulare Selys, 1878, Mus. Dresden., 314.

Orthetrum triangulare Selys, Kirby 1886, Zool. Soc. Lond., 327.

Orthetrum triangulare triangulare Selys, Ris 1909, Cat. Coll., 9: 243 - 244.

Orthetrum triangulare Selys, Needham 1930, Zool. Sin., 11(1): 135.

【形态特征】

雄性腹长30~32mm，后翅34~38mm。

雄性 与*O. triangulare melania*的区别，Needham(1930)指出两点，一是体型较小；二是翅基斑小，黄色，透明。根据河南标本，前翅翅基无斑，或着微少淡橘黄色，后翅翅基斑橘黄色，向外端扩展距肘臀横脉甚远。此外，与前种显著不同的还有：第一，翅端烟色极淡，翅后缘通常不具烟色，翅面较前种更清亮；第二，胸部黑褐色，不被粉，偶见后胸后侧片后端有不明显的白粉；第三，腹部第1~7节被粉，但中部腹节的腹面仍显露大型黄色斑，肛附器黑色。

Asahina（1973）在比较两种雌性时，曾有本种雌性腹长29~31mm，后翅38~39mm；胸部具黑带，但后带几乎消失；腹部全黄色等记述。但我们尚未采到此类雌性标本，尚难与前种雌性区别。

【生活习性】 本种6~8月出现。与前种混合发生。

【分布】 济源、登封、栾川、舞钢、内乡、桐柏；河北、山西、陕西、四川、西藏。

狭翅蜻属 *Potamarcha* Karsch, 1890

Potamarcha Karsch, 1890, Berlin Ent. Zeit., 33: 370.

Type - species: *Libellula obscura* Rambur, 1842.

本属已知3种，分布在亚洲东部、南部至澳大利亚。这3种我国均有分布。本志记述1种。

43. 暗色狭翅蜻 *Potamarcha obscura*（Rambur，1842）（图53）

Libellula obscura Rambur, 1842, Ins. Nevrop., 64.

Potamarcha obscura Rambur, Karsch 1890, Berlin Ent. Zeit., 33:376.

【形态特征】

雄性腹长29mm，后翅36mm。

雄性 上、下唇赤黄色，前缘具金黄色毛。前、后唇基及额的前方暗黄色，额上方黑褐色。头顶褐色，中央为1个大突起。后头褐色，缘具白色毛。前胸褐色，前叶上缘中央具黄斑，后叶不分裂。合胸赤褐色，被灰色粉末，合胸脊和合胸领黑褐色，合胸全着短毛。翅透明，狭长，翅痣长，赤褐色。前翅三角室2室。最后结前横脉上、下不相接连。足褐色。腹部赤褐色，第4~7节背中隆脊两侧具黑褐色宽纵条，第8~10节及肛附器黑褐色。

雌性 无标本。

【生活习性】 7月见成虫。极稀少。

【分布】 济源（海拔1100m）；西藏、云南、台湾、海南。

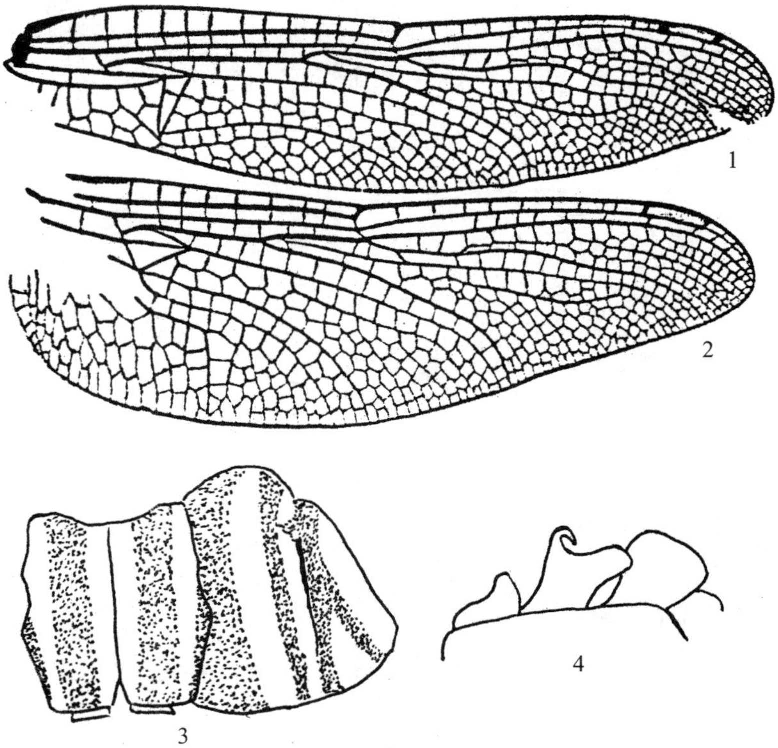

图53 暗色狭翅蜻 *Potamarcha obscura*（Rambur）

1，2. 雄前后翅（翅基部残损） 3. 合胸色彩 4. 交合器侧面观（3，4. 仿隋敬之）

锥腹蜻属 *Acisoma* Rambur, 1842

Acisoma Rambur, 1842, Neuropteres, 1.

Acisoma Rambur, Needham 1930, Zool. Sin., 11(1): 177.

Type - species: *Acisoma panorpoides* Rambur, 1842.

本属已知6种，主要分布在非洲，少数种分布在亚洲。我国已记载1种，分布在陕西、山东、江苏、河南、浙江、福建、广西、云南。本志记述1种。

44. 锥腹蜻 *Acisoma panorpoides* Rambur, 1842 (图54)(彩色图版XXI)

Acisoma panorpoides Rambur, 1842, Neuropteres.

Acisoma panorpoides Rambur, Needham 1930, Zool. Sin., 11(1): 177 - 178.

【形态特征】

雄性腹长19mm，后翅21 ~ 22mm。

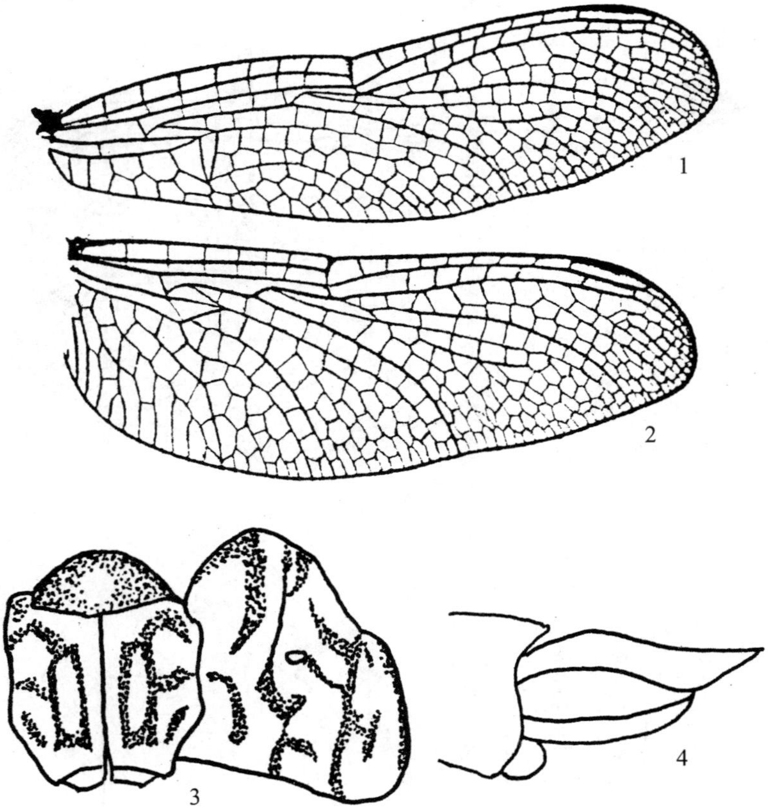

图54 锥腹蜻 *Acisoma panorpoides* Rambur

1, 2. 雄前后翅 3. 合胸色彩 4. 雄肛附器侧面观（3. 仿隋敬之）

雌性腹长 18～19mm，后翅 22～24mm。

雄性 上、下唇黄色。上颚基部黄带淡蓝色。前、后唇基淡蓝色，两端下侧具极窄的黑边。额淡蓝色，前缘具黑色横纹。头顶黑色，中央为一突起，顶端淡蓝色。两眼在头顶不接触。后头前、后方均黄色，周缘黑色。面部具较粗的短毛。前胸黑色，具黄斑。合胸背前方褐色微带淡蓝，合胸领黑色，合胸脊两侧具数条褐色条纹，合胸第 1、3 条纹完全，第 2 条纹中间细。翅透明，脉稀疏，翅痣和前缘脉黄色。足黑色，具黄斑纹。腹部基端第 5 节呈纺锤状，从第 6 节至末端缩小呈细长锥状；第 1～7 节黄色具黑条纹；第 8～10节黑色。上肛附器上方淡黄色，具细毛，下方黑褐色，具黑色小齿。下肛附器上方中央色淡，下方褐色。

雌性 黄色明显，条纹与斑点不显著，甚至消失。

【生活习性】 成虫出现于 5 月、7～9 月，以 9 月较常见。

【分布】 郑州、确山、西华、桐柏、舞钢、信阳、商城；陕西、山东、江苏、广西、云南、西藏、贵州、湖南、浙江、江西、福建、广东、台湾、海南。

黄翅蜻属 *Brachythemis* Brauer, 1868

Brachythemis Brauer, 1868, Verh. Zool. Bot. Wien., 18: 711 – 742.

Brachythemis Brauer, Needham 1930, Zool. Sin., 11(1): 149.

Type – species: *Libellula contaminata* Fabricius, 1793.

本属全世界已记载 9 种，分布在非洲西部和亚洲东部和南部。我国已知 1 种，分布在陕西、河南、湖北、湖南、广西、江苏、浙江、福建、广东、云南、江西、香港、海南、台湾。本志记述 1 种。

45. 黄翅蜻 *Brachythemis contaminata* (Fabricius, 1793)（图 55）（彩色图版 XXII）

Libellula contaminata Fabricius, 1793, Ento. Syst., 2: 382.

Brachythemis contaminata Fabricius, Needham 1930, Zool. Sin., 11(1): 149.

【形态特征】

雄性腹长 20～22mm，后翅 23～24mm。

雌性腹长 20～22mm，后翅 27～28mm。

雄性 上、下唇及额黄色。前、后唇基淡黄色。额顶部凹下，成一宽纵沟。头顶横贯黑色条纹，其后方为一黄色突起，顶端具一纵沟。后头褐色，后面黄色，但中央具 1 条褐色纵线。前胸黑色，下列各部黄色：前叶前缘、背板前缘及两侧、后叶。合胸背两侧有 1 条淡色背条纹，部分个体无背条纹；合胸侧面黄褐色，条纹黑色，第 1、2 条纹分别仅有上端与下端一小段，第 3 条纹中间间断。翅透明，翅脉和翅痣红褐色；翅大部分为琥珀色，翅端及后缘色淡。足黄褐色，具黑刺。腹部黄褐或红褐色，斑纹的有无及形状在个体间变化较大。上肛附器黄褐色，端部稍黑，下面具细齿；下肛附器稍短于上肛附器。

雌性 翅色较雄性淡，腹部条纹较不明显。

【生活习性】 成虫在6~10月均可见。数量甚多。

【分布】 郑州、西华、登封、桐柏、信阳、商城；陕西、江苏、湖北、湖南、云南、广西、浙江、江西、福建、广东、香港、台湾、海南。

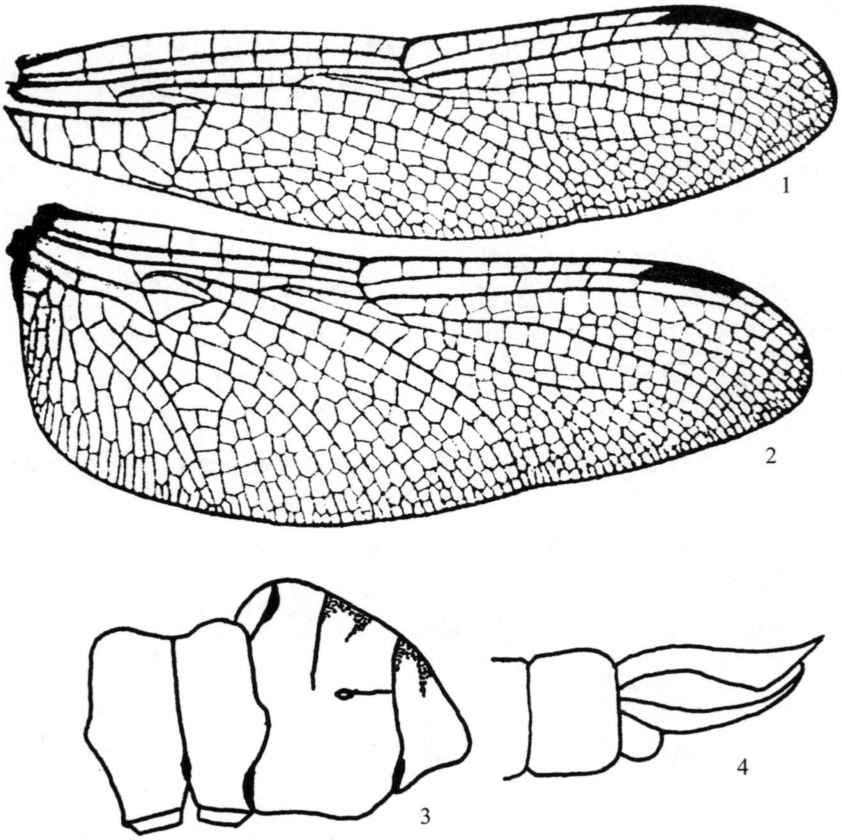

图55 黄翅蜻 *Brachythemis contaminata* (Fabricius)

1，2. 雌前后翅 3. 合胸色彩 4. 雄肛附器侧面观（3，4. 仿隋敬之）

红蜻属 *Crocothemis* Brauer, 1868

Crocothemis Brauer, 1868, Verh. Zool. Bot. Wien., 18: 711 – 742.

Type – species: *Libellula servilia* Drury, 1770.

本属全世界已知21种，分布在非洲和亚洲的中国、日本、印度。我国已知2种，分布在北京、山西、陕西、河南、山东、江苏、福建、江西、海南、广西、云南等地。本志记述1种。

46. 红蜻 *Crocothemis servilia* (Drury, 1770)（图56）（彩色图版XXII）

Libellula servilia Drury, 1770, Nat. Hist., 1: 112.

Crocothemis servilia Drury, Fabricius 1793, Ent. Syst., 2: 380.

【形态特征】

雄性腹长 30~31mm，后翅 32~35mm。

雌性腹长 26~28mm，后翅 34~36mm。

雄性 下唇褐色。上唇红色。前唇基红黄色；后唇基红色，其左、右两端发达，形成1个罩状，罩在上唇和前唇基的上方。额鲜红色，上额与前额中央下凹成宽纵沟。头顶为1个突起，前方红褐色，后方褐色，顶端具2个小突起。后头褐色，后头缘具细而长的褐色毛。前胸褐色。合胸背前方红色，无斑纹；合胸侧面红色，无斑纹。翅透明，翅痣黄色，上下边缘黑色；前、后翅基部均具红斑，后翅斑大于前翅斑。足褐色。腹部红色，无斑纹。肛附器红色，上肛附器末端黑色，尖锐，下方具黑色小齿；下肛附器稍短，向上弯曲，末端具2个黑齿。

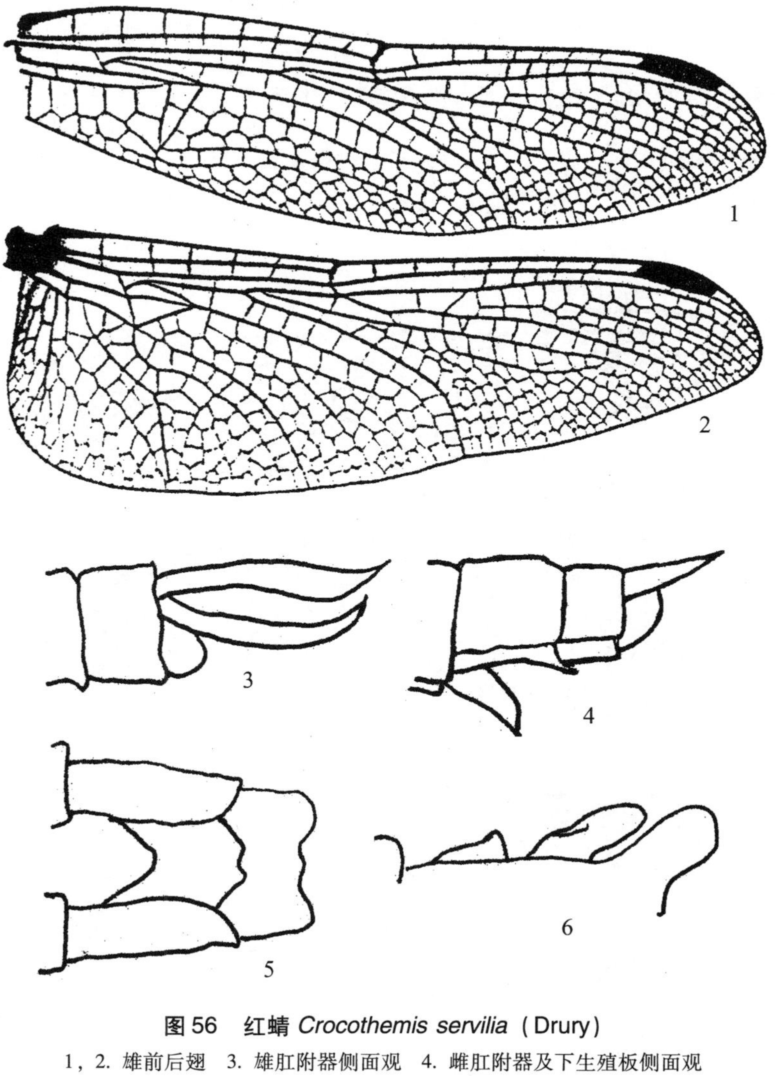

图56 红蜻 *Crocothemis servilia* (Drury)

1，2. 雄前后翅 3. 雄肛附器侧面观 4. 雌肛附器及下生殖板侧面观 5. 雌下生殖板腹面观 6. 交合器侧面观

雌性 上、下唇及后头黄色，唇基、额及头顶黄褐色。胸褐色。翅基斑黄色。腹部黄色，肛附器短，褐色。

【分布】 全省广布；全国广布。

多纹蜻属 *Deielia* Kirby, 1889

Deielia Kirby, 1889, Trans. Zool. Soc. Lond., 12: 249 – 348.

Deielia Kirby, Needham 1930, Zool. Sin., 11(1): 147.

Type – species: *Trithemis phaon* Selys, 1883.

本属已知4种，分布在亚洲东部。我国已记载1种，分布在北京、天津、山西、陕西、河南、山东、广西、江苏、浙江、福建、台湾。本志记述1种。

47. 异色多纹蜻 *Deielia phaon* (Selys, 1883) (图57) (彩色图版XXIII)

Trithemis phaon Selys, 1883, Ann. Soc. Ent. Belg., 27: 106 – 107.

Deielia phaon Selys, Kirby 1889, Trans. Zool. Soc. Lond., 12: 281.

【形态特征】

雄性腹长26～28mm，后翅28～32mm。

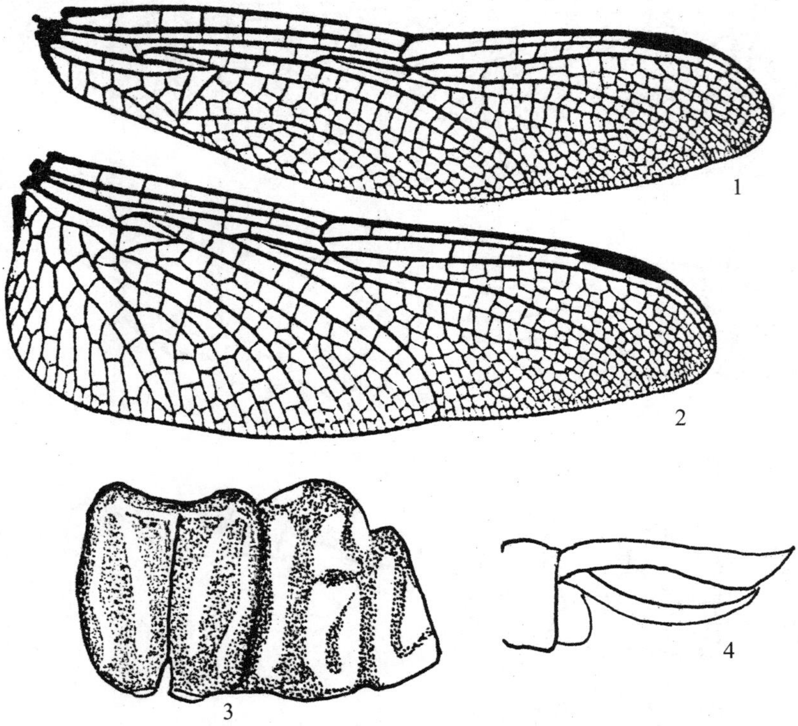

图57 异色多纹蜻 *Deielia phaon* (Selys)

1，2. 雄前后翅 3. 合胸色彩 4. 雄肛附器侧面观（3、4. 仿隋敬之）

雌性腹长 23 ~ 24mm，后翅 28 ~ 33mm。

雄性 下唇中叶黑色，侧叶黄色，内缘具半圆形黑斑。上唇黑色，基部具 2 个小黄斑。前唇基黄色，两端黑色；后唇基黄色，黑色前缘中央宽。额大部分为黑蓝色，具金属光泽。额上部凹陷，形成一宽纵沟，额的两侧和窄的前缘黄色；头顶黑色，中央为 1 个大突起，顶端具 1 个黄斑；后头黑色，后方具黄斑。前胸黑色。合胸背前方灰色，具白色细毛；合胸脊黑色，两侧具黄色背条纹和肩前条纹。合胸侧面黄色，具白色细毛，条纹黑色，完整。但个体间条纹的宽窄、长短及明显或不明显差异很大。足黑色，但基节、转节有时具黄色。翅透明，翅痣黑褐色。腹部灰色，第 2 节背隆脊两侧各具 2 个黄斑，第 3 ~ 7 节各具不明显的纵黄斑，第 2 ~ 4 节侧下缘各具 2 个黄斑，第 8 ~ 10 节全黑色。肛附器黑色，具毛。

雌性 翅至少有 3 种色彩，透明无斑纹；翅基具黄斑，前翅的小、后翅的大；翅痣基端不远处有褐黄色横斑。故称多纹蜻。腹部黄色具黑斑，微灰色；第 2 ~ 7 节两侧各节的纵黑斑相连成 1 条长条纹。上肛附器端部向下弯曲成钩状。

【生活习性】 6 月可见成虫，8、9 月最多。

【分布】 郑州、西华、信阳；北京、吉林、天津、河北、山西、陕西、四川、广西、山东、江苏、上海、浙江、江西、福建、台湾。

赤蜻属 *Sympetrum* Newman, 1833

Sympetrum Newman, 1833, Ent. Mag., 1: 511.

Thecadiplax Selys, 1883, Ann. Soc. Ent. Belg., 27: 139.

Type - species: *Libellula vulgatum* Linnaeus, 1758.

本属全世界已记载 80 余种，分布在全北区和东洋区。我国已知 25 种，全国广布。本志记述 11 种。

河南赤蜻属分种检索表

1a. 翅基半部及前缘区具黄赤色 …… 2
1b. 翅甚少黄色 …… 3
2a. 翅痣长 4 ½ mm 以上 …… 大黄赤蜻 *Sympetrum uniforme* (Selys, 1883)
2b. 翅痣长不足 4 ½ mm …… 半黄赤蜻 *Sympetrum croceolum* (Selys, 1883)
3a. 胫节主要为黄色；胸侧第 3 条纹窄，黑色 …… 黄腿赤蜻 *Sympetrum imitans* (Selys, 1872)
3b. 胫节主要为黑色 …… 4
4a. 合胸背面具 1 个中央黑三角 …… 5
4b. 合胸背面无上述黑三角 …… 8
5a. 后翅 38mm 左右 …… 大赤蜻 *Sympetrum baccha baccha* (Selys, 1884)
5b. 后翅 33mm 左右 …… 6
6a. 下唇中叶黑色，侧叶黄色 …… 小赤蜻 *Sympetrum parvulum* Bartenef, 1912
6b. 下唇单色 …… 7

7a. 胸侧第 3 条纹完整 ………………………… 眉斑赤蜻 *Sympetrum eroticum eroticum*（Selys, 1883）
7b. 胸侧第 3 条纹不完整，肩条纹在中部中断 ………… 小黄赤蜻 *Sympetrum kunckeli*（Selys, 1884）
8a. 下唇二色 …………………………………………………………………………………… 9
8b. 下唇单色 …………………………………………………………………………………… 10
9a. 结前横脉 7～8 条；胸侧第 3 条纹上端缺……………… 秋赤蜻 *Sympetrum frequens*（Selys, 1883）
9b. 结前横脉 9～10 条；胸侧第 3 条纹完全 ………… 旭光赤蜻 *Sympetrum hypomelas*（Selys, 1884）
10a. 后翅 36mm，翅端具黑斑 …………………………… 褐顶赤蜻 *Sympetrum infurcatum*（Selys, 1883）
10b. 后翅 28～31mm，翅端无褐斑 …………………… 夏赤蜻 *Sympetrum darwinianum*（Selys, 1883）

48. 大赤蜻 *Sympetrum baccha baccha*(Selys, 1883)(图 58)(彩色图版 XXIII)

Diplax baccha Selys, 1883. Ann. Soc. Ent. Belg., 28:40.
Sympetrum baccha Selys, Kirby 1890, Cat. Odon., 16.
Sympetrum baccha Selys, Needham 1930, Zool. Sin., 11:166.

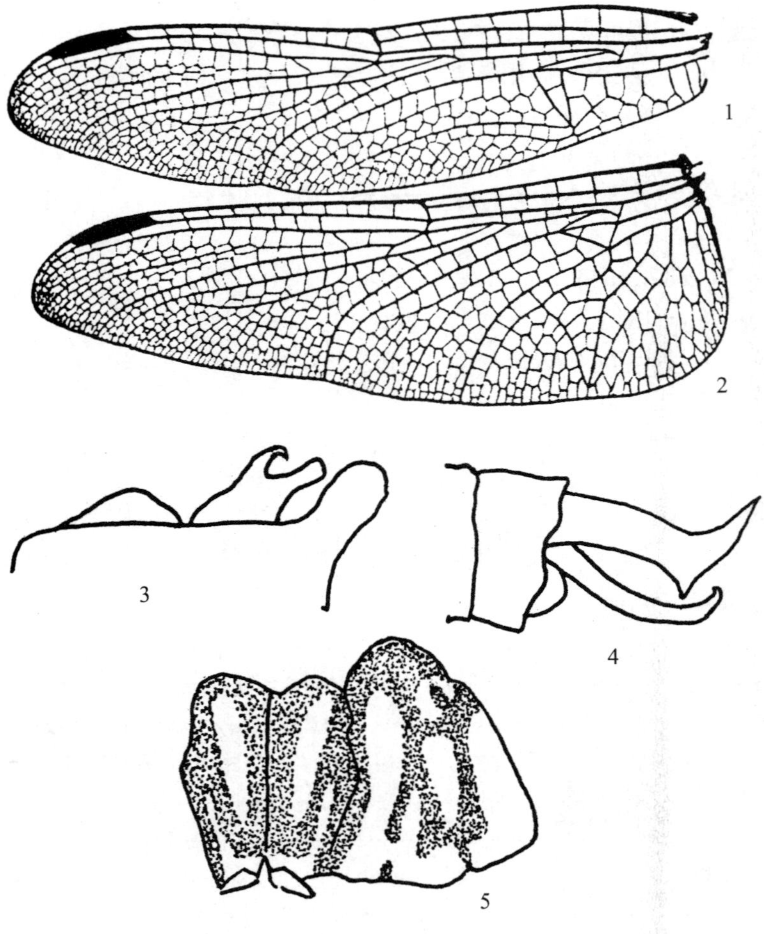

图 58 大赤蜻 *Sympetrum baccha baccha*（Selys）

1，2. 雄前后翅 3. 交合器侧面观 4. 雄肛附器侧面观 5. 合胸色彩（5. 仿隋敬之）

【形态特征】

雄性腹长 33mm，后翅 37mm。

雌性腹长 31mm，后翅 37 ~38mm。

雄性 下唇中叶黑色，侧叶黄色，内缘细的黑色。上颚基黄色。上唇黄褐色，具窄的黑色前缘。前、后唇基黄色。额黄色，前面有 2 个不明显的褐斑。头顶具黑色条纹，头顶中央为 1 个大突起，前方黑色，顶端及后方黄色。后头褐色，后面具 2 个小黄斑，缘具毛。面部具黑短毛。前胸黑色，前叶上缘中央及背板中央具白色斑纹，后叶褐色，叶片状，直立，2 裂，缘具淡黄色长毛。合胸背前方黄色；合胸脊黑褐色，两侧条纹淡褐色，前宽后窄。胸侧第 1 条纹前有 1 条褐色条纹，下端与第 1 条纹并连。合胸侧面黄色，具 3 条宽而黑的条纹：第 1、3 条纹完全，第 2 条纹上端缺，并分为 2 叉。翅透明，基部黄色，末端褐色，翅痣黄色。足黑色，仅基节、转节及前足腿节下侧黄色。腹部赤褐色，基部 2 节色淡，第 2 节基部背面具横斑，第 3 ~8 节末端侧下方和第 9、10 节下方褐色。肛附器黄色。

雌性 胸部斑纹与雄性基本相同。腹部斑纹明显，第 3 ~7 节侧面具纵斑，第 8 ~10 节黑色，但第 8 两侧有 1 个黄斑，第 10 节后部背面有黄斑。

【生活习性】 成虫于 6 ~9 月出现。

【分布】 灵宝、桐柏、信阳、商城；山东、四川、云南、贵州、浙江、江西、福建、台湾。

49. 半黄赤蜻 *Sympetrum croceolum*（Selys，1883）（图 59）（彩色图版 XXIV）

Diplax croceolum Selys,1883,Ann. Soc. Ent. Belg.,27:94.

Sympetrum croceolum Selys,Kirby 1890,Cat. Odon.,17.

【形态特征】

雄性腹长 28 ~30mm，后翅 32 ~35mm。

雌性腹长 28 ~32mm，后翅 32 ~36mm。

雄性 口器大部为赤黄色。额前部黄赤色，后部淡褐色，具黑毛。头顶前部有 1 个窄的黑条，中央为 1 个黄褐色突起。后头褐色。胸部淡黄绿色，无条纹。翅透明，翅痣赤褐色，长 3.5mm。R_2 脉前方的前缘域黄赤色，翅基具同色斑，前翅斑超过三角室，后翅斑向后、外方扩展达到翅结前。结前横脉 6 ~ 7 ½条。足黄褐色。腹部黄或黄褐色，斑纹黑褐色。肛附器黄色。

雌性 翅痣长 4mm。腹部斑纹较雄性发达、明显。下生殖板向下方伸出，呈三角形。本种翅前缘区和基半部赤黄色，为美丽的中型种类。

【生活习性】 成虫 8 ~9 月出现，很稀少。

【分布】 舞钢、信阳、商城；山西、陕西、山东、安徽、四川、贵州、广西、西藏、江西、福建。

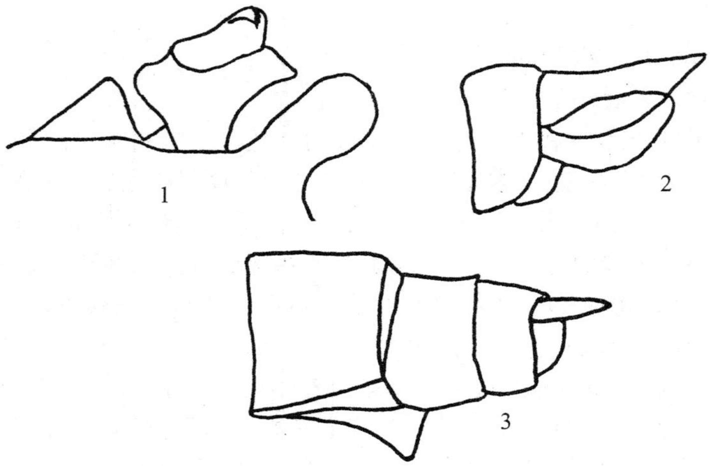

图59 半黄赤蜻 *Sympetrum croceolum*（Selys）

1. 交合器侧面观 2. 雄肛附器侧面观 3. 雌腹末端侧面观（1，2. 仿朱慧倩）

50. 大黄赤蜻 *Sympetrum uniforme*(Selys,1883)(图60)(彩色图版XXIV)

Diplax uniforme Selys,1883,Ann. Soc. Ent. Belg.,27:92.

Sympetrum uniforme Selys,Kirby 1890,Cat. Odon.,17.

Sympetrum uniforme Selys,Needham 1930,Zool. Sin.,11:162－163.

【形态特征】

雄性腹长34mm，后翅36mm。

雌性腹长35mm，后翅36～39mm。

雄性 上、下唇黄褐色。颜面淡黄色。头顶前方有1条黑色条纹，中央为1个褐色突起。后头褐色。前胸黄褐色，后叶直立，2裂，缘具灰色长毛。合胸背前方和合胸侧面黄褐色，均无斑纹。翅前缘域赤黄色。结前横脉6～8½条。翅脉多黄色。翅痣长5mm，淡黄色。足淡黄色，具黑刺。腹部黄褐色。上肛附器黄褐色，端尖锐，腹面着小黑齿。

雌性 体形、色泽与雄性近同。结前横脉多为6～8½条，少数个体7～9½条。翅痣长5mm。下生殖板不向下突出。

本种与半黄赤蜻 *Sympetrum croceolum* 混合发生，形态上非常相似，可从以下几点区分：第一，本种体型明显较大，第二，翅基半部赤黄色甚淡，或仅翅前缘区具赤黄色，第三，翅痣长5mm，前种在3.5～4mm，第四，雌下生殖板不向下突出，前种向下垂直突出，呈三角形。

【生活习性】 成虫7～8月出现。

【分布】 舞钢、信阳、商城；北京、吉林、河北、山西、陕西。

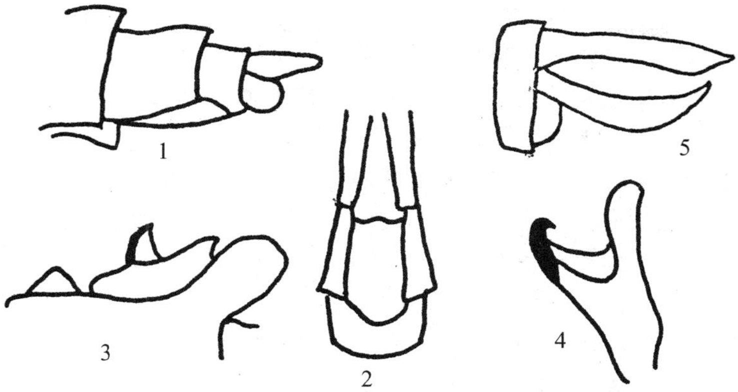

图 60　大黄赤蜻 *Sympetrum uniforme*（Selys）

1. 雌腹端侧面观　2. 雌腹端腹面观　3. 雄交合器侧面观　4. 雄交合器正面观　5. 雄肛附器侧面观（仿朱慧倩）

51. 夏赤蜻 *Sympetrum darwinianum*（Selys,1883）（图 61）（彩色图版 XXV）

Diplax darwinianum Selys, 1883, Ann. Soc. Ent. Belg., 27: 94.

Sympetrum darwinianum Selys, Kirby 1890, Cat. Odon., 16.

【形态特征】

雄性腹长 26～27mm，后翅 30～32mm。

雌性腹长 25～26mm，后翅 30～32mm。

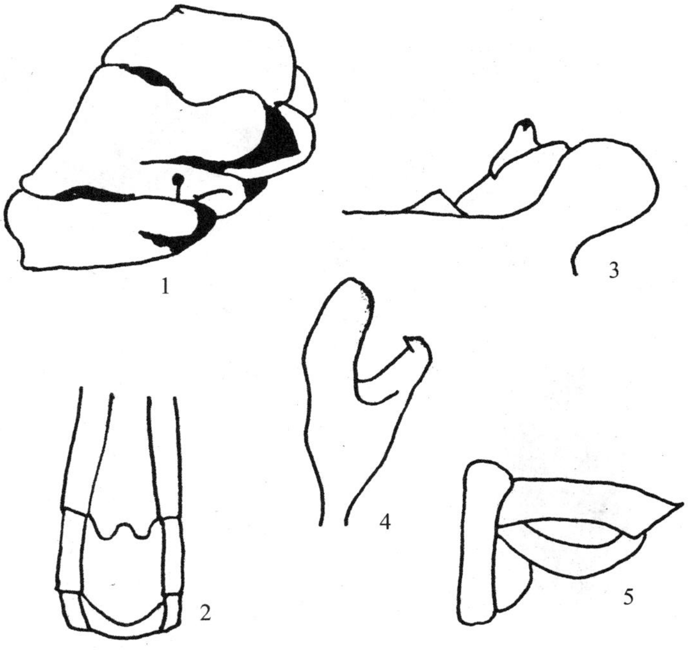

图 61　夏赤蜻 *Sympetrum darwinianum*（Selys）

1. 合胸侧面观　2. 雌腹部末端腹面观　3. 交合器侧面观　4. 交合器正面观　5. 雄肛附器侧面观（仿朱慧倩）

雄性 下唇黄褐色。上唇赤黄色，基部中央具1个不甚明显的褐色斑。前唇基褐色，后唇基赤黄色。额前面红色，两侧及前缘赤黄色。头顶具黑色条纹，头顶中央为1个大突起，前面黑色，后面褐色，顶上赤黄色。后头褐色。前胸深褐色，前叶上缘及背板具黄斑，后叶褐色，直立，2裂，缘具淡褐色长毛。合胸背前方淡褐色。合胸侧面褐色，具黑色条纹。第1条纹中间间断，第2条纹上端缺，第3条纹中间窄或中断。翅透明，翅痣黄褐色，周缘黑色。足黑色，但基节、转节及前足腿节下侧黄色。腹部黄褐色或赤褐色，第1节背面和第2节基部背面呈褐色。肛附器赤黄或黄褐色。

雌性 体形、色泽、斑纹与雄性基本相同。

【生活习性】 成虫于7~10月出现。

【分布】 栾川、舞阳、内乡、桐柏、信阳、商城；吉林、山西、山东、四川、贵州、广西、浙江、江西、福建、台湾。

52. 眉斑赤蜻 *Sympetrum eroticum eroticum*(Selys,1883)(图62)(彩色图版XXV)

Diplax eroticum Selys,1883,Ann. Soc. Ent. Belg.,27:90.

Sympetrum eroticum Selys,Kirby 1889,Trans. Zool. Soc. Lond.,12:249.

【形态特征】

雄性腹长25~28mm，后翅29~31mm。

雌性腹长24~29mm，后翅30~33mm。

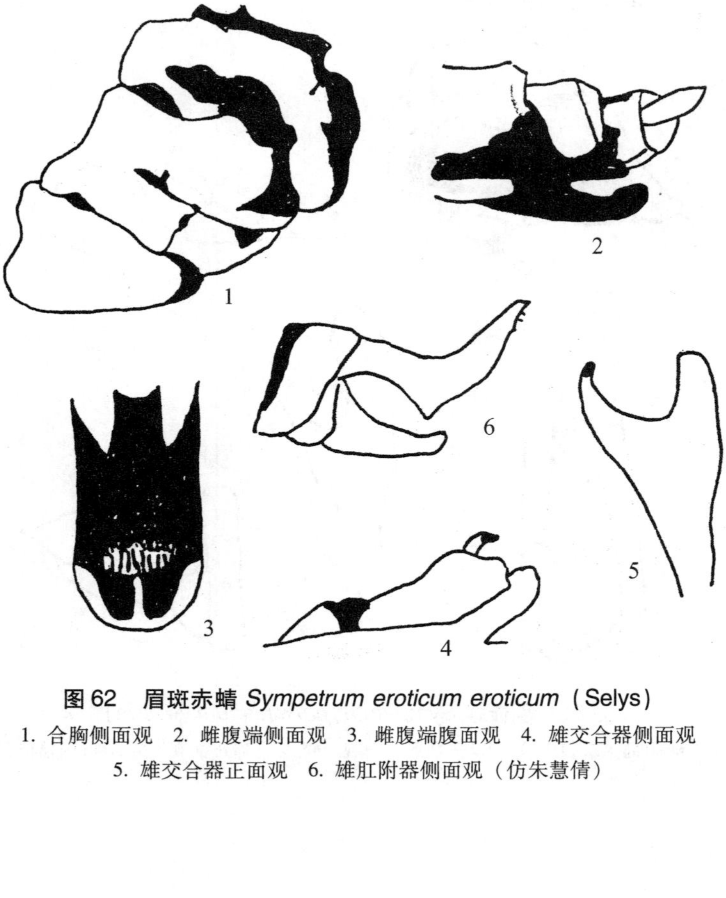

图62 眉斑赤蜻 *Sympetrum eroticum eroticum*（Selys）

1. 合胸侧面观 2. 雌腹端侧面观 3. 雌腹端腹面观 4. 雄交合器侧面观 5. 雄交合器正面观 6. 雄肛附器侧面观（仿朱慧倩）

雄性 上、下唇赤黄色。前、后唇基黄色。额前面黄色，上面及两侧暗黄色，前额有1对黑斑，多数个体为圆形，有时左右相连成1条黑带。头顶中央为1个突起，前方为1条黑色条纹。后头黑色。前胸深褐色，具黄斑，合胸背前方黄褐色，正面的长黑纹较狭窄，周缘界线模糊。合胸侧面黄色，条纹黑色，第2条纹只有气孔处1段，第3条纹细狭。翅透明，翅基淡橘黄色，翅痣褐黄色。足黑色，在基节、转节和前足腿节下侧黄色。腹部红色，第4~8节末端下侧缘具1个黑色斑，第9节下侧缘黑色。肛附器赤黄色。上肛附器约与第9、10节之和等长。

雌性 色彩、斑纹似雄性，但眉斑较小，多为半圆形，腹色黄而斑纹较大，腹面黑色，亚生殖板长达第10腹节中部之后。翅基橘黄色斑较大，部分个体翅端具褐色斑。

【生活习性】 成虫于6~9月出现。数量甚多。

【分布】 辉县、灵宝、卢氏、栾川、舞钢、内乡、桐柏、信阳、商城；山西、云南、四川、广西、贵州、江苏、湖南、浙江、江西、福建。

53. 秋赤蜻 *Sympetrum frequens*（Selys）（图63）（彩色图版XXVI）

Diplax frequens Selys, 1883, Ann. Soc. Ent. Belg., 27: 93.

Sympetrum frequens Selys, Kirby 1890, Cat. Odon., 16.

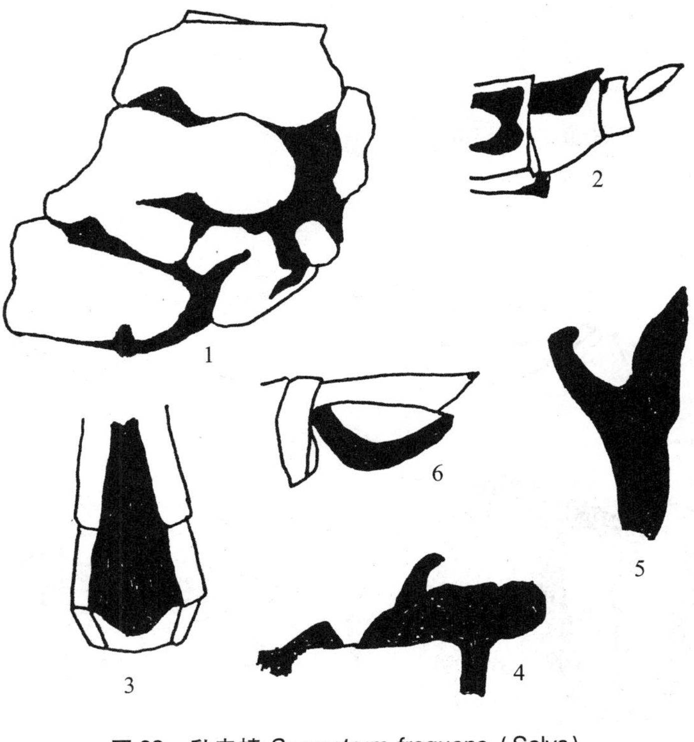

图63 秋赤蜻 *Sympetrum frequens*（Selys）

1. 合胸侧面观 2. 雌腹末端侧面观 3. 雌腹末端腹面观 4. 雄交合器侧面观 5. 雄交合器正面观 6. 雄肛附器侧面观（仿朱慧倩）

【形态特征】

雄性腹长 26mm，后翅 31mm。

雌性腹长 25mm，后翅 30mm。

雄性 下唇中叶黑色，或具黄色侧缘，侧叶黄色，内缘具黑色窄边。上唇赤黄色。前、后唇基及额淡黄青色。头顶中央突起前方具1条宽黑色条纹，上面及后面黄褐色，具黑色短毛。后头褐色，后方黄色，缘毛黄色。前胸前叶及背板黑色，具白色斑纹；后叶黄褐色，直立，2裂，缘毛黄褐色。合胸背前方赤褐色，合胸领黑色，无明显条纹。合胸侧面黄绿色，具3条明晰的黑色条纹。第1条纹完全，中间窄，第2条纹仅具下段，第3条纹完全，中间窄。翅透明，翅痣金黄色，前缘脉前侧黄色。足黑色，但基节、转节及前足腿节下侧黄色。腹部红褐色。第1节背面及第2节基部背面黑褐色；第3~8节末端两侧各具1个褐色小斑；第8、9节背中隆脊两侧有褐色斑。上肛附器黄色，末端黑色；下肛附器黑色。

雌性 腹部斑纹发达。

【生活习性】 成虫7~8月出现。稀少。

【分布】 灵宝、卢氏、内乡；北京、吉林、山西、福建。

54. 旭光赤蜻 *Sympetrum hypomelas*（Selys，1884）（图64）（彩色图版XXVI）

Diplax hypomelae Selys，1884，Ann. Soc. Ent. Belg.，28：37.

Sympetrum hypomelae Selys，Kirby 1890. Cat. Odon.，16.

【形态特征】

雄性腹长 27mm，后翅 32~33mm。

雌性腹长 24mm，后翅 34mm。

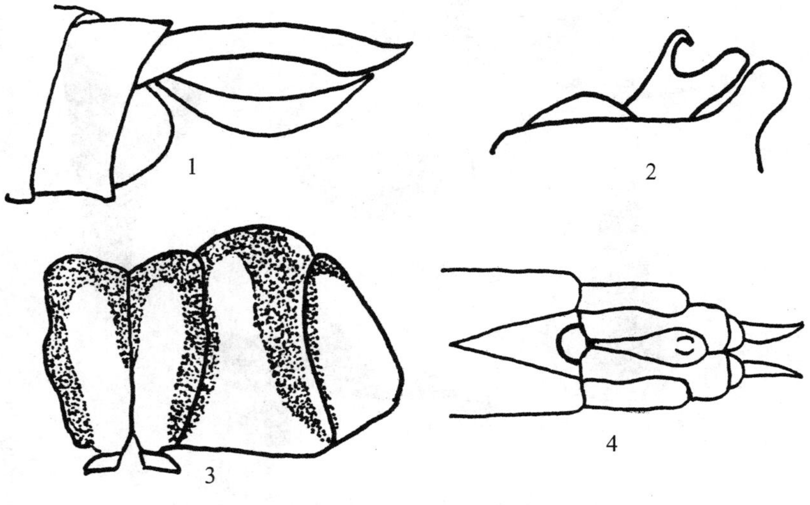

图64 旭光赤蜻 *Sympetrum hypomelas*（Selys）

1. 雄肛附器侧面观 2. 交合器侧面观 3. 合胸色彩 4. 雌腹端腹面观（3. 仿隋敬之）

雄性 下唇中叶、侧叶黑褐色。上唇和前、后唇基赤褐色。额黑褐色。头顶突起深褐色，前方具1条黑色条纹。后头黑褐色。前胸黑色，前叶上缘和背板具赤褐色斑，后叶褐色，直立，2裂，缘毛赤褐色。合胸背前方红褐色，沿合胸脊前端的两侧及胸侧第1条纹前侧色浓；合胸侧面红褐色，具黑色条纹，第2、3条纹相连，宽大。翅透明，翅痣黑褐色，翅基具明显红黄斑，后翅斑大于前翅斑，色斑区域的翅脉红色。足黑色，基部色淡。腹部深红色，无明显斑纹。肛附器赤黄色，上肛附器末端褐色。

【生活习性】 成虫7~9月出现。垂直分布可达海拔1 200~1 400m以上。稀少。

【分布】 辉县、舞阳、内乡；北京、贵州、广西、西藏、江西。

55. 黄腿赤蜻 *Sympetrum imitens*（Selys，1872）（图65）（彩色图版XXVII）

Diplax imitens Selys, 1872, Ann. Soc. Ent. Belg., 15: 23 – 77.

Sympetrum imitens Selys, Kirby 1890, Cat. Odon., 15.

【形态特征】

雄性腹长25~29mm，后翅30~31mm。

雌性腹长30~31mm，后翅32~33mm。

雄性 下唇黄褐色，中叶中央具1条黑线纹。上唇红色，基缘褐色。前、后唇基褐色。额前面赤黄色，两侧及上方褐色，面部全着黄毛。头顶突起前具黑色宽条纹，顶端具1对黄色小突起。后头黑色，缘具长毛。前胸前叶及背板黑色，具黄斑；后叶褐色，直立，2裂，缘具褐色长毛。合胸背前方具褐色斑。合胸侧面赤褐色，具3条黑色条纹。翅透明，翅痣黄褐色，前缘脉黄色。足黄黑两色：基节、转节黄色，具黑斑；腿节和胫节上面黄色，下面黑色，具黑刺。腹部红色，具褐色斑及条纹。肛附器黄褐色。

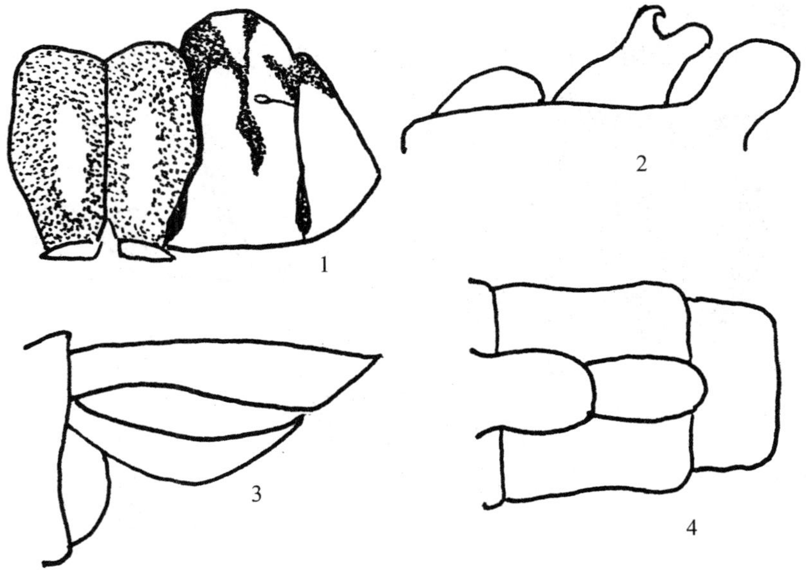

图65 黄腿赤蜻 *Sympetrum imitens*（Selys）

1. 合胸色彩 2. 交合器侧面观 3. 雄肛附器侧面观 4. 雌腹末端腹面观（1. 仿隋敬之）

雌性 面部多黄色，腹部条纹显著。

【生活习性】 成虫 6～9 月活动。但 2006 年，河南省 10 月温度较常年偏高 3.5℃。10 月 31 日在豫西山区 12 时前后仍有活动，且交配活跃。垂直分布较高，一般在海拔 1 000m，最高达 1 500m。

【分布】 辉县、济源、新安、登封、内乡、商城；北京。

56. 褐顶赤蜻 *Sympetrum infuscatum*（Selys，1883）（图 66）（彩色图版 XXVII）

Diplax infuscatum Selys，1883，Ann. Soc. Ent. Belg.，27：90.

Sympetrum infuscatum Selys，Kirby 1890，Cat. Odon.，17.

【形态特征】

雄性腹长 27～33mm，后翅 28～35mm。

雄性 下唇黄褐色，中叶中央具 1 条深褐色纵纹，侧叶具褐色内缘。上唇红褐色，前缘具褐色横斑。前、后唇基暗黄色。额前面赤黄色，具 2 个褐色小圆斑，两侧暗黄色，后缘黑色。头顶突起前面黑色，后面褐色，前方具 1 条黑条纹。后头褐色，后面具 2 个黄斑。前胸黑色，前叶及背板具黄色斑，后叶褐色，直立，2 裂，缘毛褐色。合胸背前方赤褐色，条纹不明显。合胸侧面黄褐色，具 3 条完整黑条纹，第 2 条纹宽大。翅透明，翅痣褐色，翅端具褐斑。足黑色，在基节、转节及前足腿节下面黄色。腹部红褐色。第 1 节背面及第 2 节背面、侧面有褐斑；第 3～9 节侧面具黑色纵条纹，由前向后扩大、色重；第 8、9 节几全黑色；第 10 节基部褐色，端部赤褐色。上肛附器赤褐色，末端尖锐；下肛附器几与上肛附器等长。

雌性 无标本。

【生活习性】 成虫 7 月出现。稀少。

【分布】 内乡、信阳；吉林、陕西、四川、湖南、浙江、江西、福建。

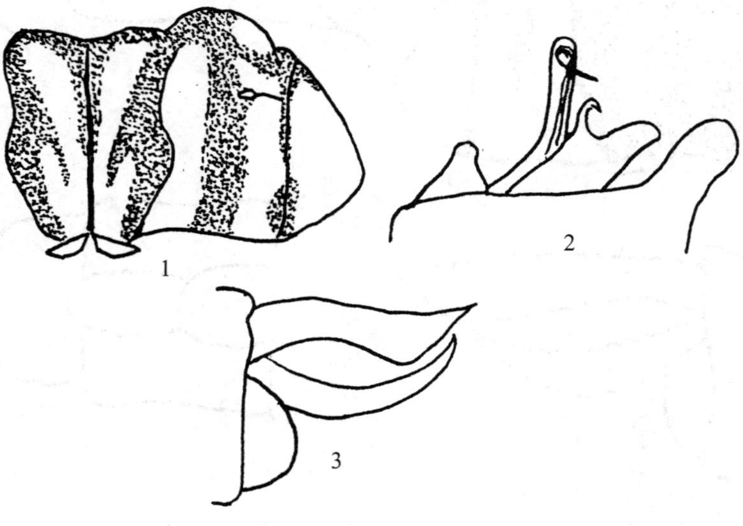

图 66 褐顶赤蜻 *Sympetrum infuscatum*（Selys）

1. 合胸色彩 2. 交合器侧面观 3. 雄肛附器侧面观（1. 仿隋敬之）

57. 小黄赤蜻 *Sympetrum kunckeli* Selys，1884（图 67）（彩色图版 XXⅧ）

Diplax kunckeli Selys, 1884, Ann. Soc. Ent. Belg., 28: 39.

Sympetrum kunckeli Selys, Kirby 1889, Trans. Zool. Soc. Lond., 12: 17.

【形态特征】

雄性腹长 23mm，后翅 26mm。

雌性腹长 22mm，后翅 27mm。

雄性 下唇黄色。上唇黄褐色，前缘具稀疏黄毛。前、后唇基及额淡黄色。头顶中央突起前具 1 条黑色宽条纹，后面及后头黄色。前胸黑色，前叶背面黄色，背板中央及两侧具黄斑，后叶黄褐色，直立，2 裂，缘毛褐色。合胸背前方黄色，纵三角形黑斑边缘清晰、宽大完整。胸侧 3 条纹不完全。翅透明，翅痣黄褐色。足黑色具黄斑。腹部第 1 ~ 3 节黄褐色，其余各节和肛附器均红褐色。

雌性 腹部色较黄，侧面斑纹明显。

【生活习性】 成虫 7 ~ 8 月出现。

【分布】 栾川、内乡；北京、河北、山西、陕西、山东、江苏、上海、湖北、湖南、浙江、江西、福建、台湾。

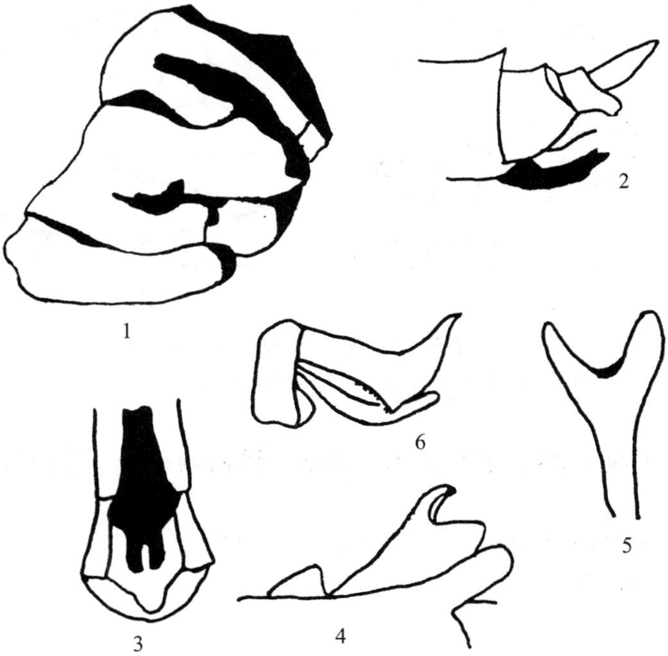

图 67 小黄赤蜻 *Sympetrum kunckeli* Selys

1. 合胸侧面观 2. 雌腹末端侧面观 3. 雌腹末端腹面观 4. 交合器侧面观 5. 交合器正面观 6. 雄肛附器侧面观（仿朱慧倩）

58. 小赤蜻 *Sympetrum parvulum* Bartenef, 1912（图 68）（彩色图版 XXⅧ）

Sympetrum parvulum Bartenef, 1912, Ann. Mus. Zool. Acad., 17: 294.

【形态特征】

雄性腹长 23 ~ 24mm，后翅 25 ~ 26mm。

雌性腹长 22 ~ 23mm，后翅 25 ~ 27mm。

雄性 口器（仅下唇中叶内缘微褐色）、面部全黄色，额后缘宽的黑色，额顶纵向凹入。头顶黑色，耸起，顶端具2个分离的小圆黄斑，周缘界线模糊。后头黄色。前胸黄色，前叶淡黄，后部宽的黑色，背板前部褐色，中央两侧具褐斑，后叶片状，直立，2裂。合胸背前方黄色，合胸领黄色，在合胸脊两侧和胸侧第1条纹前方具褐色条纹，两条纹上下端连接。合胸侧面黄色，第2条纹仅有气孔下方一段，第3条纹中间细或间断。翅透明，翅痣褐红色，前、后缘黑而厚，翅基微赤黄色。足基节、转节和前足腿节下面黄色，余皆黑色。腹部赤黄色，第4 ~ 8节侧面端部下方具黑色斑，各节斑纹依次增大，至第9、10节已伸达基端。肛附器黄白色，尖端具1个黑点。

雌性 中后足腿节腹面上端亦具黄斑，腹部黑斑远较雄性发达。

【生活习性】 成虫7 ~ 8月出现。垂直分布较高，为海拔1 300 ~ 1 600m。稀少。

【分布】 卢氏、栾川、内乡；东北、山西、四川。

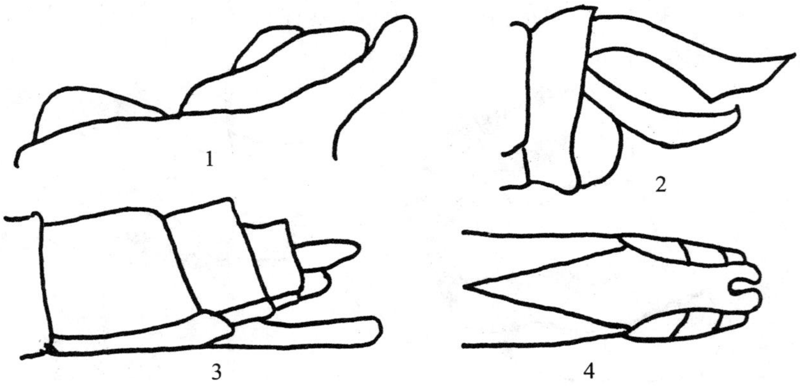

图68 小赤蜻 *Sympetrum parvulum* Bartenef

1. 交合器侧面观 2. 雄肛附器侧面观 3. 雌腹末端侧面观 4. 雌腹末端腹面观

褐蜻属 *Trithemis* Brauer, 1868

Trithemis Brauer, 1868, Verh. Zool. Bot. Wien., 18: 711.

Type – species: *Libellula aurora* Burmeister, 1839.

这是一个旧大陆属，全世界已知50余种。我国已记载4种，分布在河南、浙江、福建、香港、台湾、广东、海南、广西、云南、贵州、四川、西藏。本志记述1种。

59. 晓褐蜻 *Trithemis aurora*（Burmeister, 1839）（图69）（彩色图版XXIX）

Libellula aurora Burmeister, 1839, Hand. Ent., 2: 859.

Trithemis aurora Burmeister, Brauer 1868, Verh. Zool. Wien., 18: 177.

【形态特征】

雄性腹长 25mm，后翅 29mm。

雌性腹长 24mm，后翅 30mm。

雄性 下唇中叶黑色，侧叶黑褐色，具黄色外缘和前缘。上唇前缘中央黑褐色，后缘及两侧红褐色。前唇基褐色，后唇基红褐色。额前面红色，前缘及两侧红褐色，上面黑褐色，有金属光泽。头顶突起黑褐色，有金属光泽，突起前有 1 条黑色条纹。后头褐色。前胸黑褐色。合胸背前方赤褐色，近合胸领有褐色三角形斑；合胸侧面赤褐色，第 1 条纹中间间断很长，第 2 条纹上半段色淡，并弯向后方与第 3 条纹相连，第 3 条纹完全。在第 1、2 条纹中间另有短宽条纹。翅透明，翅痣黄色，双翅基部具赤黄色斑，后翅斑大。足基节、转节和前足腿节下面黄色，胫节上面黄色，余为黑色。腹部赤褐色，第 1、2 节背面基部具黑色横斑，第 9、10 节侧下缘具黑斑。肛附器基部黄色，端部褐色。

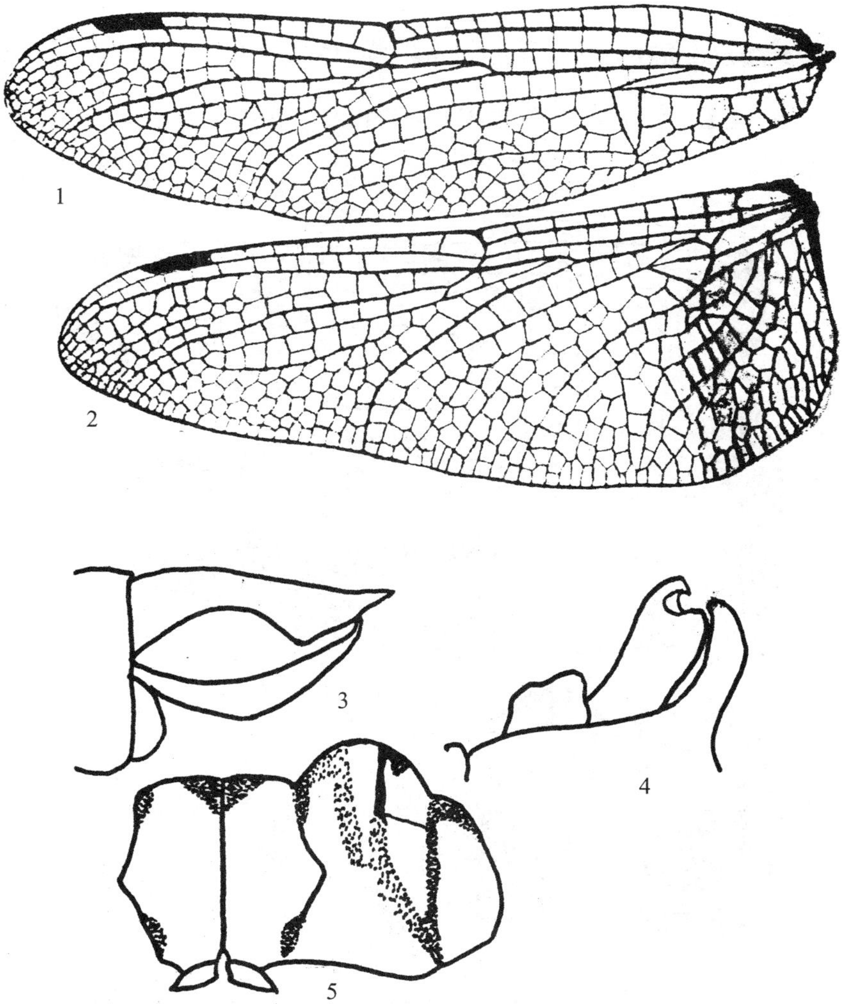

图 69 晓褐蜻 *Trithemis aurora*（Burmeister）

1，2. 雄前后翅 3. 雄肛附器侧面观 4. 交合器侧面观 5. 合胸色彩（5. 仿隋敬之）

雌性 面部黄色，翅淡黄，前部色重，腹部黑斑明显。

【生活习性】 成虫7月、9月出现。

【分布】 内乡、桐柏；云南、贵州、广西、四川、浙江、福建、香港、台湾、海南。

玉带蜻属 *Pseudothemis* Kirby, 1889

Pseudothemis Kirby, 1889, Trans. Zool. Soc. Lond., 12: 249–348.

Type–species: *Libellula zonata* Burmeister, 1839.

这是一个亚洲属，已记载仅2种，分布在中国、日本、马来西亚。中国已知1种。本志记述1种。

60. 玉带蜻 *Pseudothemis zonata* (Burmeister, 1839)(图70)(彩色图版XXIX)

Libellula zonata Burmeister, 1839, Hand. Ent., 2.

Pseudothemis zonata Burmeister, Kirby 1889, Trans. Zool. Soc. Lond., 12.

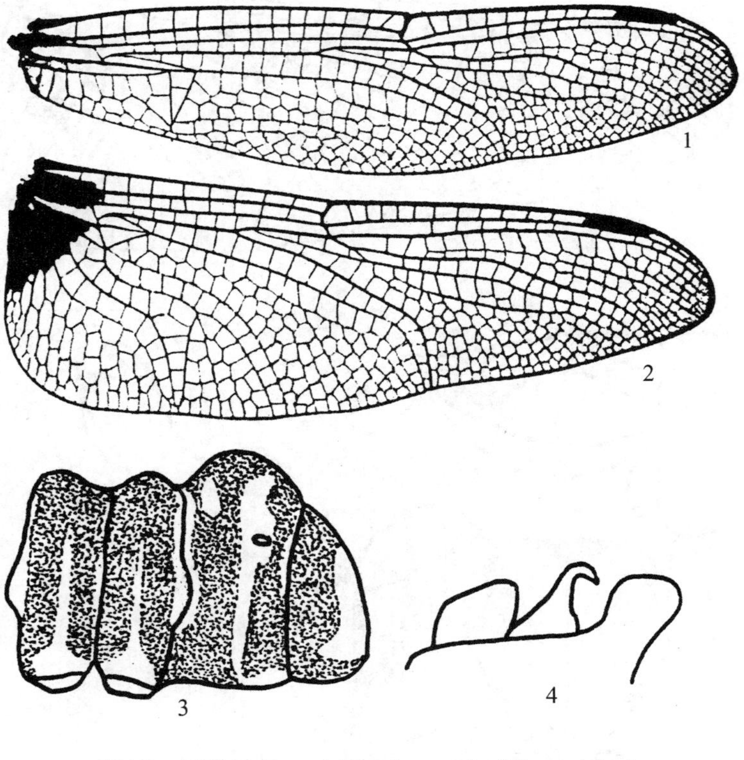

图70 玉带蜻 *Pseudothemis zonata* (Burmeister)

1, 2. 雄前后翅 3. 合胸色彩 4. 交合器侧面观（3, 4. 仿隋敬之）

【形态特征】

雄性腹长 31 ~ 32mm，后翅 38 ~ 41mm。

雌性腹长 28 ~ 29mm，后翅 37 ~ 40mm。

雄性 下唇中叶黑褐色，侧叶黑褐色，外缘具黄色纵斑。上唇黄色，前缘具金黄毛。前唇基褐色，后唇基中央褐色，两侧灰白色。额乳白色。中央凹陷成1条宽纵沟。面具黑短毛。头顶具黑色条纹，中央突起，蓝色，具金属闪光。后头褐色。前胸黑色。合胸背前方褐色，合胸脊两侧具 1 对“T”字形白色纹，第 1 侧缝前方下端，具 1 条弯曲白条纹；合胸侧面黑褐色，条纹不显著，仅在节间缝后方和后胸后侧分别具1 个长白色条纹和三角形白斑。翅透明，翅基具深褐色斑，末端具 1 个小褐斑。足黑色。腹部黑色，唯第 3、4 节两节大部分为乳白色，第 4 节后部的白色带淡黄色。肛附器黑色。

雌性 体形、翅斑与雄性基本相同。但额部前面赤黄色。腹部第 3、4 节白色带黄，第 5 ~ 7 节侧下缘具淡黄色长斑。

【生活习性】 6 ~ 8 月可见成虫。最常见种类之一。

【分布】 全省广布；北京、河北、陕西、山东、江苏、四川、贵州、广西、湖南、浙江、江西、福建、香港、台湾。

曲缘蜻属 *Palpopleura* Rambur，1842

Palpopleura Rambur，1842，Ins. Nevrop.，26，129.

Type - species：*Palpopleura vestita* Rambur，1842.

本属全世界已记载 10 余种，多分布在非洲，有些种类分布在亚洲。我国已记录 1 种，分布在河南、福建、江西、海南、四川、云南等地。本志记述 1 种。

61. 六斑曲缘蜻 *Palpopleura sexmaculata*（Fabricius，1787）（图 71）（彩色图版XXX）

Libellula sexmaculata Fabricius，1787，Mant. Ins.，1：338.

Palpopleura sexmaculata Fabricius，Brauer 1868，Verh. Zool. Bot. Ges. Wien.，18：716.

【形态特征】

雄性腹长 16 ~ 18mm，后翅 17mm。

雌性腹长 15 ~ 16mm，后翅 18mm。

雄性 下唇中叶黑褐色或黄褐色，侧叶黄色。上唇及上颚基黄色。前、后唇基淡黄绿色。额前方及两侧黄色，额的上面微隆，呈蓝绿色，并闪烁金属光泽。头顶中央为高耸突起，其前面蓝绿色，后面黄褐色，头顶稍凹陷。前胸黑色，具黄斑：前叶上缘中央 1 个横斑，背板中央 1 对，两端各 1 个；后叶中央黄色。合胸背前方黄褐色，合胸脊两侧各具 2 条与合胸脊平行的褐色条纹；合胸侧面淡黄色，条纹黑色，第 1、3 条纹完全，第 2 条纹上部缺。翅透明，翅痣黄色，后端色浓。翅前缘呈波浪状弯曲。双翅基部及后翅翅结到翅端金黄色。前、后翅具黑褐色斑，前翅 2 个：翅结后方 1 个较小，翅基 1 个较大，系 3 个小斑集合而成；后翅基部 1 个斑，系 2 个小斑合成。足腿节前侧、胫节及跗节内侧黑色，余为黄色。腹部色泽个体间差异较大，有的黄褐色，有的灰蓝色（末3节黑色），有的黑斑发达。肛附器黑色。

雌性 额上部为赤黄色，后翅翅痣前下方具1个褐斑，可与雄性区别。

本种为翅具褐色斑及金黄色的小型美丽种类。

【生活习性】 成虫于6～9月出现，10月上旬仍可见其活动，9月最多。

【分布】 灵宝、桐柏、信阳、罗山、商城；四川、西藏、云南、贵州、广西、湖南、浙江、江西、福建、广东、香港、海南。

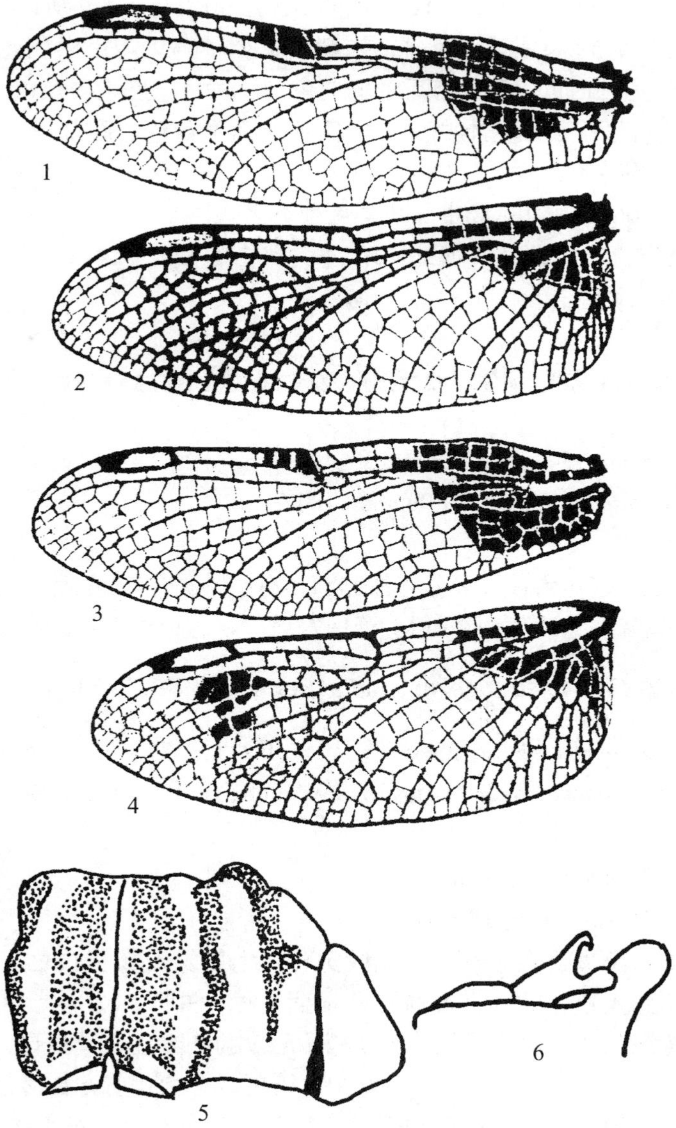

图71 六斑曲缘蜻 *Palpopleura sexmaculata* (Fabricius)

1，2. 雄前后翅 3，4. 雌前后翅 5. 合胸色彩 6. 雄交合器侧面观（5，6. 仿隋敬之）

丽翅蜻属 *Rhyothemis* Hagen,1867

Rhyothemis Hagen,1867,Stett. Ent. Zeit.,28:232.
Type - species:*Libellula phyllis* Sulzer,1776.

本属全世界已记载40余种，分布在俄罗斯的新西伯利亚、中国、日本、朝鲜、马来西亚、印度、新几内亚、马达加斯加和澳大利亚。我国已知6种，分布在北京、天津、陕西、河南、山东、江苏、福建、广东、香港、台湾、云南等地。本志记述1种。

62. 黑丽翅蜻 *Rhyothemis fuliginosa* Selys,1883(图72)(彩色图版XXX)

Rhyothemis fuliginosa Selys,1883,Ann. Soc. Ent. Belg.,27:82 - 143.
Rhyothemis fuliginosa Selys,Needham 1930,Zool. Sin.,11(1):143 - 144.

【形态特征】
雄性腹长24~25mm，后翅35~37mm。
雌性腹长23~24mm，后翅34~36mm。

雄性 面色浓，具毛，除前唇基色稍淡外，其余部分及头顶全为具金属光泽的蓝绿色或蓝褐色。后头褐色，后缘具毛。前胸黑色。合胸脊前方蓝绿色，具浓毛，合胸侧面墨绿色，具稀疏的毛。翅的大部分黑色，具蓝绿色闪光，小部分透明。后翅黑色；前翅由翅基到翅结、肘脉末端这一区域黑色，翅末端具1个小黑斑，剩余部分透明无色。足黑色。腹部及肛附器皆黑色。

雌性 后翅末端透明，无色。

【生活习性】 成虫出现于5~7月。常群飞在高树上方。

【分布】 济源、郑州、桐柏、信阳、罗山、商城；北京、天津、西藏、云南、贵州、广西、湖南、浙江、江西、福建、广东、香港、海南。

图72 黑丽翅蜻 *Rhyothemis fuliginosa* Selys
雄交合器侧面观（仿隋敬之）

黄蜻属 *Pantala* Hagen,1861

Pantala Hagen,1861,Syn. Neur. Amer.,141.
Type - species:*Libellula flavesens* Fabricius,1798.

本属已记载2种。分布在古北区和东洋区。我国有1种，全国广布，是最常见的种类之一。本志记述1种。

63. 黄蜻 *Pantala flavesens flavesens* (Fabricius,1798)(图73)(彩色图版XXX)

Libellula flavesens Fabricius,1798,Ent. Syst. Suppl.,285.

Pantala flavesens Fabricius,Hagen 1861,Syn. Neur. N. Amer.,142.

【形态特征】

雄性腹长32mm，后翅40mm。

雌性腹长31mm，后翅40mm。

雄性 下唇中叶黑色，侧叶黄褐色。上唇赤黄色，具黑色前缘。前、后唇基及额黄赤色。头顶具黑色条纹，中央为1个大突起，下部黑色，顶端黄色，后头褐色。前胸黑褐色，前叶上方和背板具白色斑纹，后叶褐色。合胸背前方赤褐色，合胸侧面黄褐色，第1、3条纹只有上、下端部分，第2条纹缺。翅痣赤黄色，后翅臀域淡褐色，小膜白色。足黑色，腿节及前、中足胫节具黄线纹。腹部赤黄色。第1节背面具1个黑褐色横斑，第4~10节具黑褐色斑。肛附器基部赤褐色，端部黑褐色。

雌性 体色较淡。

【生活习性】 5~10月均可见成虫。数量甚多。为最常见种类之一。

【分布】 全省广布；全国广布。

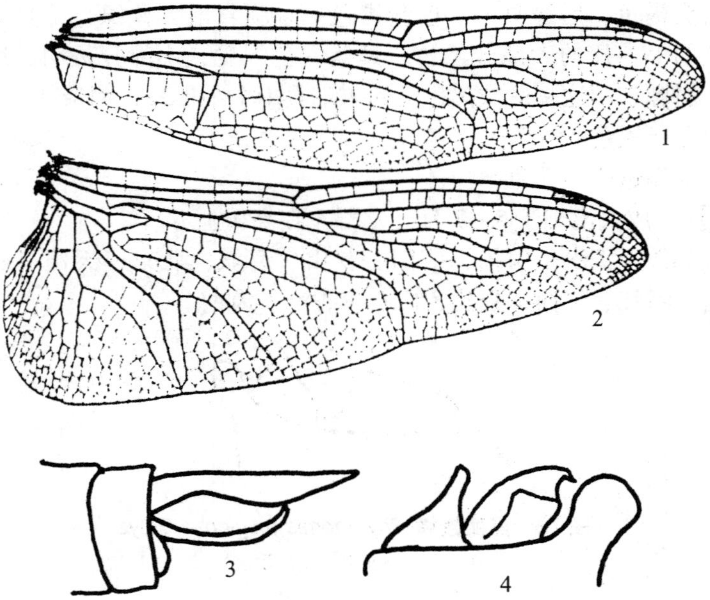

图73 黄蜻 *Pantala flavesens* flavesens (Fabricius)

1，2. 雄前后翅 3. 雄肛附器侧面观 4. 交合器侧面观

均翅亚目 Zygoptera

体型多纤小。复眼甚大，强烈突出于头的两侧，由背面观察，两眼间的距离大于眼

的宽度。中胸长大于宽。翅基部多数种类呈柄状；前、后翅的形状、大小和脉序基本上相同；结脉位于翅中点的前方；中室不被斜脉分开（个别者例外），停息时，绝大多数种类的四翅竖立背上。

河南均翅亚目分科检索表

1a. 结前横脉 4 条或更多条；弓脉距翅基比距翅结近；翅基部不呈明显柄状；中胸侧板被 1 条斜缝分开（色蟌总科 Calopterygoidea） …… 2

1b. 结前横脉 2 条或 3 条；弓脉距翅结至少和距翅基相等；翅基部显著呈柄状；中胸侧板不被 1 条斜缝分开 …… 4

2a. R_{2+3}不弯向 R_1；结前横脉 6～12 条；具副分脉；弓脉位于翅基至翅结 1/2 处；方室无横脉 …… 丽蟌科 Amphipterygidae

2b. R_{2+3}在起点不远处多少弯向 R_1 …… 3

3a. 弓分脉起自弓脉下部 1/3 处；方室较长，约与基室等长 …… 色蟌科 Calopterygidae

3b. 弓分脉起自弓脉中央或上部；方室较短，比基室短 …… 溪蟌科 Euphaeidae

4a. R_3 与 IR_3 之间无斜脉相接；副分脉脉弱；雄钩形突方形（蟌总科 Coenagrionoidea） …… 5

4b. R_3 与 IR_3 之间有斜脉相接；副分脉长；雄钩形突细长（丝蟌总科 Lestinoidea） …… 7

5a. 翅端具副分脉，向翅基延伸至或超过翅痣水平处 …… 山蟌科 Megapodagrionidae

5b. 翅端无副分脉，至多在端部有成行的几个小室，不向翅基延伸至翅痣水平处 …… 6

6a. 纵脉平直，翅室多四边，方室前边约比下边短 1/5，下外角尖锐，胫节刺较长 …… 扇蟌科 Platycnemidae

6b. IR_3、MA 和 IA 端部显著成锯齿状弯曲，翅室多五边；方室前边比下边短的多，下外角显著尖锐；胫节刺较短 …… 蟌科 Coenagrionidae

7a. CuP 脉在离方室后强烈向前方弯曲，IR_3 和 R_{4+5}起点接近翅结远于弓脉 …… 综蟌科 Chlorolestidae

7b. CuP 脉在离方室后稍向前方弯曲，IR_3 和 R_{4+5}起点靠近弓脉远于翅结 …… 丝蟌科 Lestidae

（八）丽蟌科 Amphipterygidae

中等大小类型。翅狭长具柄。结前横脉 6～12 条；IR_3 和 R_{4+5}在近弓脉处弯曲；原始结前横脉明显。R_{2+3}在近起点不急剧拱起。方室无横脉。稚虫具囊状尾鳃。本志记述 1 属 1 种。

大丽蟌属 *Philoganga* Kirby, 1890

Anisoneura Selys, 1859, Bull. Acad. Bely., 2(7): 444.

Philoganga Kirby, 1890, Cat. Odon., 111.

Type - species: *Anisoneura montana* Selys, 1859.

本属体大型、粗壮。翅细长，翅基呈柄状，两条原始结前横脉明显，具亚前缘横脉。方室宽、短，无横脉。CuP 后方具 3 行翅室。全世界已记载 4 种。1 种在印度北部，1 种在缅甸，3 种分布在中国的浙江、福建、海南、江西、四川、贵州、广东、陕西、河南、湖南、香港。本志记述 1 种。

关于 *Philoganga* 分类位置，已见 2 种处理。赵修复(1948,1953)将 *Philoganga* 放在丽蟌科 Amphipterygidae，并对中国 2 种厘订。Davies 和 Tobin(1984)在 Amphipterygidae 科中分 2 个亚科，Philoganginae 亚科只含 *Philoganga* 1 个属。蔡邦华(1956)、隋敬之等(1986)则将其放在溪蟌科 Euphaeidae（Epallagidae)。本志采用前一种意见。

64. 粗壮大丽蟌 *Philoganga robusta robusta* Navas,1936(图 74)(彩色图版XXXI)

Philoganga robusta Navas,1936,Mus'ee Heude,3(4):43－44.

【形态特征】

雄性腹长 54mm，后翅 51mm。

雌性腹长 42mm，后翅 51mm。

雄性 上唇黄色。额黑色，有 2 个黄斑。头顶、后头黑色。复眼后各有 1 个大型黑色瘤状突。前胸黑色，具黄色斑纹。合胸黑色，中脊两侧各有 1 条黄色纵纹，与中胸侧缝前方的黄色纵纹相连而成 1 个倒置“U”形纹。合胸侧面具黑色与黄色阔纹相间。翅透明，翅脉黑色，翅痣黄褐色。前后翅 IA 的后半部与翅的后缘之间具 3 列翅室。足黑色，基节、

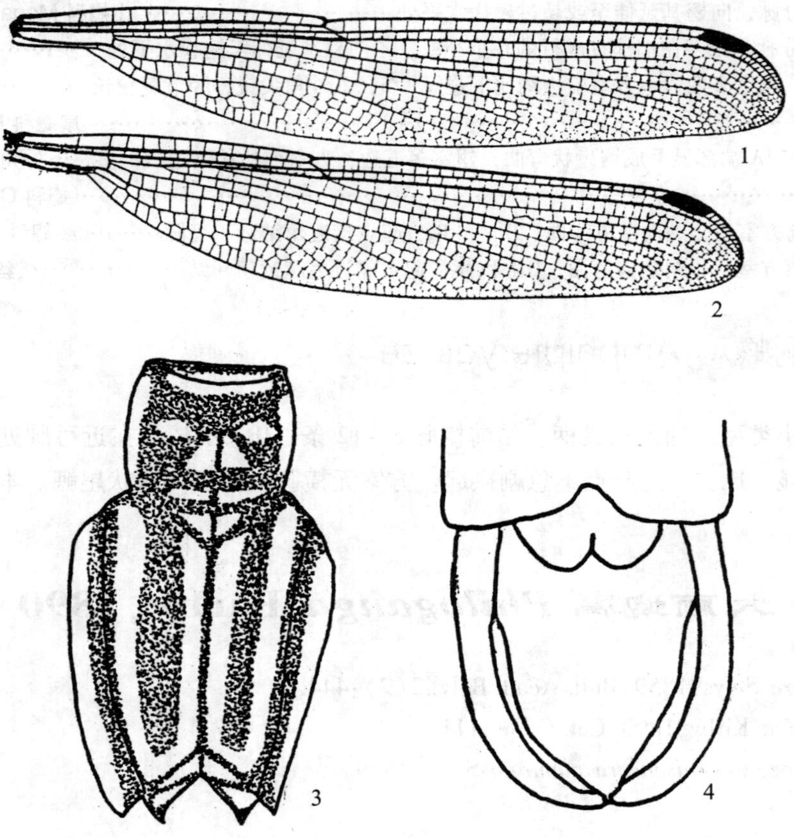

图 74 粗壮大丽蟌 *Philoganga robusta robusta* Navas
1，2. 雄前后翅 3. 胸部背面观 4. 雄肛附器背面观（3. 仿赵修复）

转节的前方与侧方各具1个黄斑。腿节腹方具1条黄色纵纹。腹部黑色具金属光泽。腹侧各有2条灰色或灰黄色纵线，即缘线与亚缘线，至第6节中部以后消失。第9节侧方有1条黄色纵线。第10节侧方具1个“!”形的黄斑点。肛附器黑色。

雌性 色纹与雄性相似。腹侧缘线伸至第9节止，亚缘线在第8节、9节消失。

本种身体肥硕大型，停息时四翅平展。是我国珍稀种类之一。

【生活习性】 成虫于5~7月出现。最高垂直分布海拔1 300m。

【分布】 内乡、桐柏、商城；四川、贵州、浙江、江西、福建。

(九) 色蟌科 Calopterygidae

体型较大，具蓝、绿色金属光泽。翅宽而透明，黑色、金黄色或深褐色，翅脉浓密。足长，具长刺。翅基部不呈明显柄状。方室长，具多数横脉。弓脉上段长。第1臀脉 A_1 在方室之后，后翅尤甚。IR_2 脉与 R_3 脉紧密平行。翅痣不发达或无翅痣，雌虫或有假翅痣。为体态轻盈的大型豆娘。

本志记述4属5种。

河南色蟌科分属检索表

1a. 翅具真翅痣 ······ 2

1b. 翅具假翅痣或无翅痣 ······ 3

2a. 方室与基室等长 ······ 绿色蟌属 *Mnais* Selys, 1853

2b. 方室短于基室 ······ 闪色蟌属 *Caliphaea* Selys, 1859

3a. 基室无横脉 ······ 色蟌属 *Calopteryx* Leach, 1815

3b. 基室有横脉 ······ 眉色蟌属 *Matrona* Selys, 1853

色蟌属 *Calopteryx* Leach, 1815

Calopteryx Leach, 1815, Syst. Ento. etc.

Type - species: *Libellula virgo* Liunaeus, 1758

全世界已记载50余种，主要分布在全北区。我国记载10种，分布在北京、黑龙江、吉林、辽宁、山西、陕西、新疆、河南、江苏、湖南、福建、浙江、台湾、广西、四川。本志记述1种。

65. 黑色蟌 *Calopteryx atratum* Selys, 1853(图75)(彩色图版XXXII)

Calopteryx atratum Selys, 1853, Bull. Acad. Brux, :53.

【形态特征】

雄性腹长48~50mm，后翅37~40mm。

雌性腹长43~46mm，后翅36~38mm。

雄性 上、下唇黑色。前唇基黑色，后唇基绿色，有金属光泽。额及头顶暗绿色。

胸黑色，具绿色光泽，合胸脊和缝黑色。翅黑褐色，无翅痣。腹背绿色，具金属光泽，腹面黑色。末2、3节黑色。肛附器黑色，上肛附器长为第10节的1.5倍，端部向内弯曲，并向内侧扩展，外方有几个尖齿，下肛附器稍短于上肛附器，端钝，内侧有小齿。

雌性 上唇有2个黄褐色斑。胸侧第3条纹下部和后胸后侧片的后缘黄褐色。体形、色彩等基本上与雄性同。

【生活习性】 成虫于6~7月出现。稀少。垂直分布海拔高度较低。

【分布】 信阳、罗山、商城；北京、吉林、山西、山东、江苏及江南诸省。

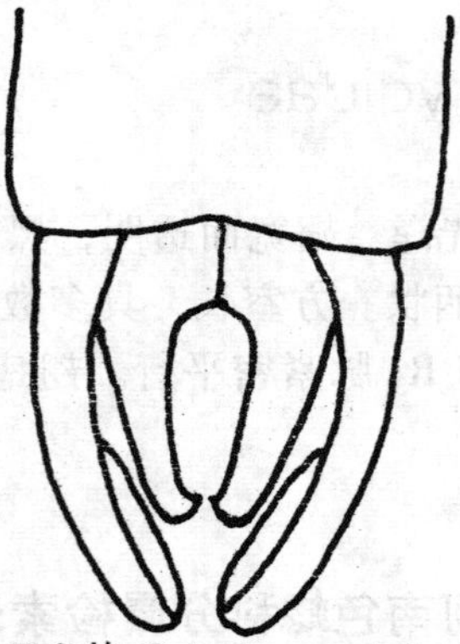

图75 黑色蟌 *Calopteryx atratum* Selys

雄肛附器背面观

眉色蟌属 *Matrona* Selys, 1853

Matrona Selys, 1853, Syn. Cal., 17.

Type - species: *Matrona basilaris* Selys, 1853.

这是分布在亚洲东南部的一个属，已记载4种（亚种）。我国已知4种（亚种），分布在北京、山西、陕西、河南、江西、福建、台湾、海南、广西、四川、云南等地。本志记述2种。

河南眉色蟌属分种（亚种）检索表

1a. 翅黑褐色，无翅痣，基半部的横脉乳白色 …… **晕翅眉色蟌** *Matrona basilaris basilaris* Selys, 1853

1b. 翅褐棕色，基半部的横脉黄色 ……………… **褐翅眉色蟌** *Matrona basilaris nigipectas* Selys, 1879

66. 晕翅眉色蟌 *Matrona basilaris basilaris* Selys, 1853（图76）（彩色图版XXXII）

Matrona basilaris Selys, 1853, Syn. Cal., 17.

Calopteryx basilaris Walker, 1853, Ins. Brit. Mus., 4: 601.

【形态特征】

雄性腹长41~63mm，后翅32~39mm。

雌性腹长41~52mm，后翅38~42mm。

雄性 上唇黑色。后唇基蓝色，具强金属光泽。胸暗绿色，有光泽，除第3缝大部分黄色外，余为黑色。翅黑褐色，无翅痣，基半部的横脉乳白色。腹背绿色，腹面黑褐色。肛附器黑色，上肛附器长约为第10腹节的2倍。

雌性 似雄性。翅基部1/3区域色较淡，具白色伪翅痣。腹褐色。

【生活习性】 成虫于6~9月均可见，数量甚多。垂直分布海拔400~1 400m。

【分布】 辉县、济源、灵宝、卢氏、栾川、鲁山、西峡、内乡、桐柏、信阳、商城；北京、河北、山西、陕西、江苏、湖北、湖南、四川、云南、贵州、广西、浙江、江西、福建、台湾、海南。

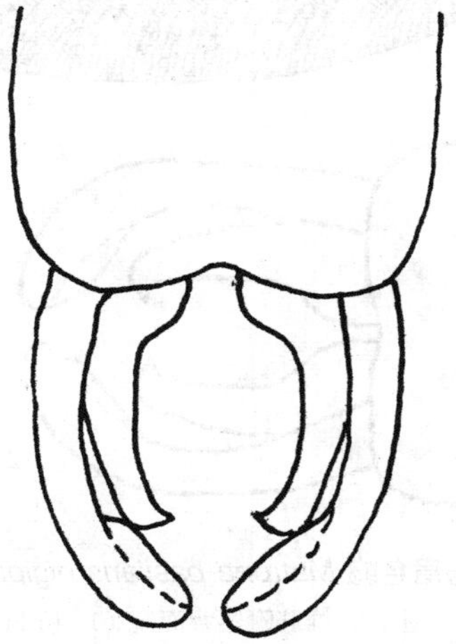

图76 晕翅眉色蟌 *Matrona basilaris basilaris* Selys
雄肛附器背面观

67. 褐翅眉色蟌 *Matrona basilaris nigipectus* Selys, 1879 (图77) (彩色图版XXXⅢ)

Matrona basilaris nigipectus Selys, 1879, Bull. Acad. Belg., 2(17): 355.

【形态特征】

雄性腹长37~48mm，后翅31~38mm。

雌性腹长36~39mm，后翅33~38mm。

雄性 下唇侧叶黄色，透明，中叶黑色，近端部具黄色斑。上颚基部具黄斑，端半部具蓝绿色光泽。上唇黑色，具蓝绿色光泽。前唇基黑色，前缘中央具1个黄斑，其余部分具蓝绿色光泽。颊黑色，光亮。后唇基、头颈、后头黑色，具蓝绿色光泽，侧单眼两侧各有1个黄色新月斑。触角黑色。胸部淡褐色，具蓝绿色光泽，合胸脊黑色，侧缝黑色，第3条侧缝具黄色条纹，后胸后侧片后缘黄色。翅褐色，翅脉在翅结前为黄色，翅结后为黑色。无翅痣。足黑色，具长刺。腹部黑褐色，具蓝绿色闪光。肛附器黑色，具蓝绿色光泽。上肛附器长约为第10腹节的2倍，端部内侧稍扩大，弯向内侧。下肛附器稍长于第10腹节，基部宽，上部直，顶端有1个指向内方的小尖齿。

雌性 色彩与雄性近同，具白色伪翅痣。

本种与晕翅眉色蟌极相似，在一些地方两者混合发生，唯数量甚少。本种翅褐棕色，非黑褐色，容易辨识。

【生活习性】 成虫6~8月出现。

【分布】 卢氏、栾川、内乡、桐柏、商城；陕西、湖北、湖南、浙江、福建、广东、海南。

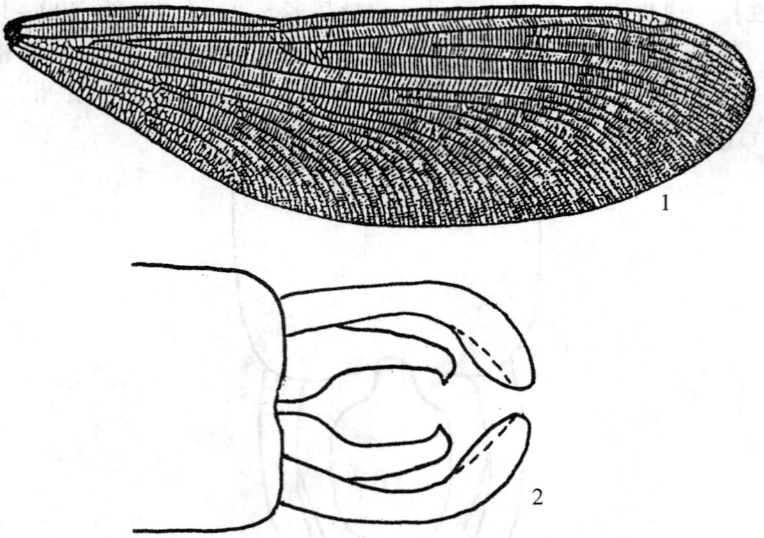

图77 褐翅眉色蟌 *Matrona basilaris nigipectus* Selys

1. 雄后翅 2. 雄肛附器背面观（1. 仿 Fraser）

绿色蟌属 *Mnais* Selys,1853

Mnais Selys,1853,Syn. Cal.,20.

Type－species:*Mnais pruinosa* Selys,1853.

绿色蟌是东亚地区色蟌科的一个属。分布在日本、中国、越南、老挝、柬埔寨、泰国和缅甸。长期以来，绿色蟌属分类多沿用翅和翅脉的颜色，翅痣后缘跨翅室数以及翅痣端部外方前缘翅室的行数等作为种间区分的主要特征，已记载有16个种，2个亚种，其中分布在中国的有9个种和1个亚种。日本学者朝比奈正二郎 S. Asahina 在研究了上述国家包括中国山西、陕西、甘肃、浙江、江西、福建、四川、云南、广东、海南、台湾和香港等省区的绿色蟌标本之后，1974年起发表《绿色蟌属厘订研究》论文多篇。他认为中国和印度支那地区的绿色蟌只有2个种，一个是 Fraser 于1924年根据采自云南雄性标本发表的 *Mnais gregorgi*，一个是 MacLachlan 1873 年采自云南雄性标本发表的 *M. andersoni*，后者包含2个亚种；在云南为指名亚种 *M. andersoni andersoni*，在东部和北部广大地区为 *M. andersoni tenus* 亚种。在我国引起不同反响，促进了绿色蟌的研究。

绿色蟌在河南省分布在北部太行山，西部伏牛山和南部的桐柏、大别山区。发生季节4月下旬至8月上旬，南部稍早于北部。1984~1988年的5~7月和1993年的8月，我们在济源、鲁山、内乡、桐柏、信阳、罗山和商城等地，采集一批绿色蟌标本，如以翅和翅脉的颜色虽可将河南绿色蟌粗略归分两个类型：黄翅红脉型和烟翅褐脉型，但因翅与翅脉的颜色、翅痣端部外方翅室纵分及翅痣后缘跨翅室数等，无论在个体间或在同一个体的四翅之间变化都很大，这样极不稳定的形态特征，给种间鉴别造成困难。经对河南绿色蟌两型的形态及其变化的观察，河南绿色蟌应为 *Mnais andersori tenuis*（Oguma）一种。

68. 绿色蟌 *Mnais andersoni tenuis*(Oguma,1913)(图 78～图 80)(彩色图版XXXIV)

Mnais andersoni McLachlan,1873,Bull. Acad. Belg.,35(2):472－473.

Mnais tenuis Oguma,1913,Zool. Mag. ,Tokyo,25:307－321.

Mnais andersoni McLachlan,Needham 1930,Zool. Sin.,11(1):206－207

Mnais auripennis Needham,1930,Zool. Sin.,11(1):208.

Mnais andersoni tenuis Oguma,Asahina 1975,Kontyu,Tokyo:43(3):255－262.

Mnais andersoni tenuis Oguma,Zhu et Wu 1983,Jou. Shanxi Uni.,4:80.

Mnais andersoni McLachlan,Sui et Sun 1986,Comm. species Dragon. China,196－197.

Mnais auripennis Needham,Sui et Sun 1986,Comm. species Dragon. China, 197－198.

【形态特征】

雄性腹长 33～47mm，后翅 29～37mm。

雌性腹长 34～40mm，后翅 31～39mm。

1. 头部　下唇黑色。上颚黄色。上唇、唇基深绿色，有紫色闪光，前唇基中央有 1 个长黄斑。额暗绿色，中央凹陷并具 1 个横沟。头顶暗绿色。触角黑色，第 2 节外侧黄色（雄性中部分个体仅基部黄色）。

2. 胸部　前胸暗绿色。合胸背前方未熟时绿色并有金属光泽。合胸脊黑色。合胸侧面，中胸后侧片后角、后胸前侧片下部和后胸后侧片（上端角除外）为鲜黄色，其余部分绿色（图 79）。中胸后侧片后角的黄色区，雌性大于雄性。雌性在第 2 侧缝有 1 条或 1 段黄色细线，其下端多与黄色区相连。气孔周围黑色，位于后胸前侧片下部的黄色区内，常与上方的绿色区连接。足细长，黑色，具长刺。

3. 腹部　暗绿色，随着老熟，绿色减退，黑色加重，自第 4 节以后各节渐成黑色。第 2 节基端侧面有小黄斑，有时向背中延伸成细黄环。雌性还在第 3 节基端和第 9 节侧面下缘各有 1 个细小黄线和较大黄斑。雄交合器前端呈角状 2 分叉弯向两侧。雄肛附器黑色，上肛附器甚长于第 10 腹节，向末端缓弯向内，端半部内侧略膨大；下肛附器端部略膨大，具 1 个指向内的小尖齿。

老熟雄性体着白色粉状物。但两型间在着粉的部位和程度上明显不同。

黄翅红脉型：额、前胸背板后叶、合胸脊两侧、翅基、中后胸背板和胸板、腹部 1～3 和 8～10 节背面均覆有很厚的白粉。

烟翅褐脉型：合胸脊两侧不被白粉。额、胸被粉处微着白粉，腹部第 1、2 节和第8～10 节散着极淡薄白粉。

4. 翅的形态　已如上述，长期来，翅的形态在绿色蟌属分类上起决定意义。但河南绿色蟌的外部形态中翅是变化最多的部分。下面着重讨论 3 个问题。

（1）翅的颜色：

黄翅红脉型：翅透明。雄性金黄色，前缘深于后缘，基部色淡。纵脉红色，横脉橙红色，基部色深，向端部渐淡。北部（济源）的标本翅端部脉带褐色。翅周缘褐-黑褐色，C、Sc、R+M、CuP 脉在翅结前渐成黑色。雌性翅微带黄色，脉色淡于雄性。

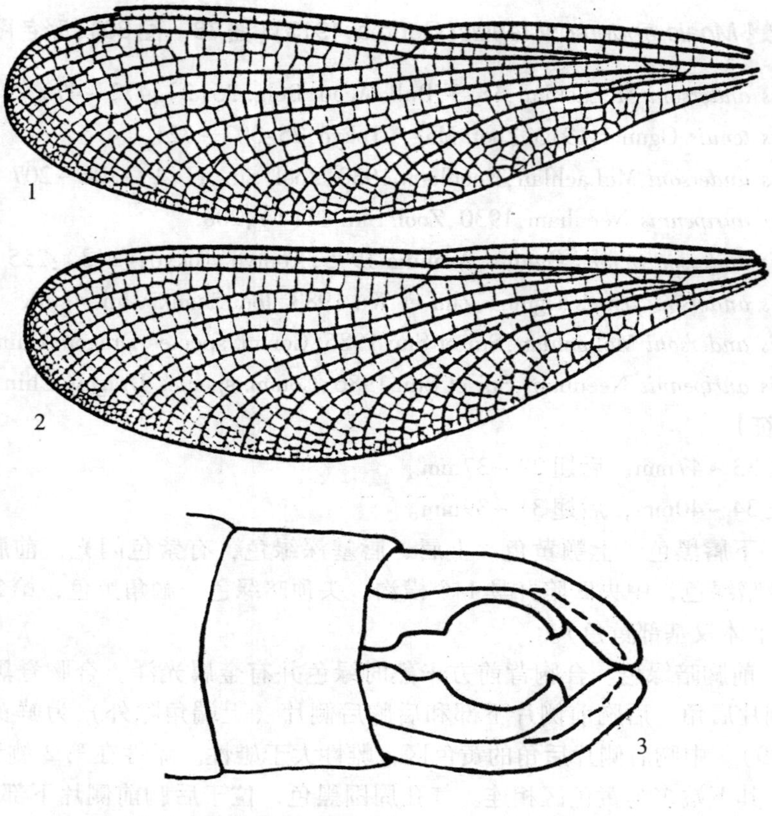

图 78　绿色蟌 *Mnais andersoni tenuis*（Oguma）

1，2. 雌前后翅　3. 雄肛附器背面观

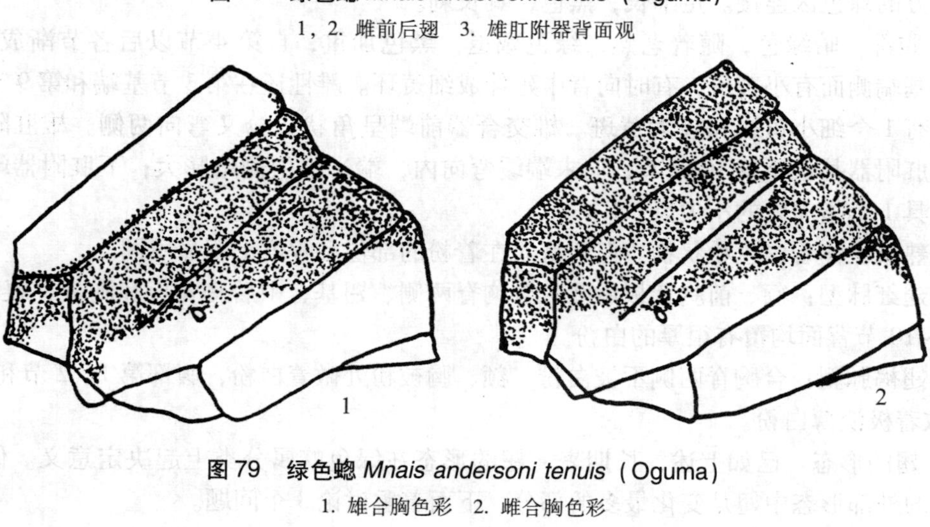

图 79　绿色蟌 *Mnais andersoni tenuis*（Oguma）

1. 雄合胸色彩　2. 雌合胸色彩

表2 黄翅红脉型雄性量度（mm）

地点	腹长			后翅长			翅痣跨翅室数（个）*			
	检查只数	幅度	平均	检查只数	幅度	平均	检查只数	最多	最少	四翅均跨3室只数
济 源	10	41.5~45.0	43.5	10	34.0~37.0	35.4	10	6	4	
鲁 山	1	41.0	41.0	1	32.0	32.0	1	5	4	
内 乡	10	37.0~45.0	40.0	11	30.0~35.0	32.6	11	7	2	
桐 柏	10	39.0~46.0	42.0	10	31.0~36.0	33.5	10	6	3	
鸡公山	3	44.0~47.0	45.3	3	35.0~37.0	35.7	3	5	4	
罗 山	3	40.5~44.0	42.3	3	30.5~35.0	33.0	3	5	3	
商 城	8	39.0~44.0	41.9	8	30.0~35.0	32.0	8	6	3	
总 计	45	39.0~47.0	42.3	46	30.0~37.0	33.6	46	7	2	

*翅痣后缘至少占一个翅室纵脉长的1/3以上（下同）。

表3 黄翅红脉型雌性量度（mm）

地点	腹长			后翅长			翅痣跨翅室数（个）			
	检查只数	幅度	平均	检查只数	幅度	平均	检查只数	最多	最少	四翅均跨3室只数
济 源	10	37.0~40.0	38.3	10	34.0~37.0	35.7	10	5	2	2
鲁 山	1	37.0	37.0	1	33.5	33.5	1	3	2	
内 乡	3	38.0~39.0	38.7	3	32.0~36.0	34.3	3	4	3	
桐 柏	1	37.0	37.0	1	32.0	32	1	4	3	3
鸡公山	3	36.5~39.0	37.8	3	33.0~36.0	34.7	3	4	3	2
罗 山	1	37.0	37.0	2	34.0~34.5	34.3	2	4	3	1
商 城	7	36.0~41.5	37.5	10	30.0~35.0	32.6	10	6	2	3
总 计	26	36.0~41.5	37.6	30	30.0~37.0	33.9	30	6	2	11

烟翅褐脉型：翅透明。淡烟灰色，当双翅相叠呈淡青绿色。翅脉褐色。但翅脉颜色的变化表现出极大的不稳定性。不仅大多数个体的纵脉与横脉的颜色不同，而且颜色的深、浅也有差异。一般的情况是：纵脉全部褐色或部分为橙红色；横脉全部为橙红色或部分为褐色。纵脉与横脉的褐色部分多在翅的端部和下缘，所占区域多少又各不相同。只有少数个体的纵脉与横脉皆褐色，但又常显露出不同程度的橙色或橙红色。

两型翅痣的颜色，雄性皆为红色，雌性皆为白色。

（2）翅痣后缘跨翅室数：河南绿色蟌体型大小在个体间差异较大。在两型之间，黄翅红脉型的雄性稍大，雌性无明显差别。在地区之间，北部的个体（济源）稍大于南部（商城）的个体。河南绿色蟌腹长、后翅长及翅痣后缘跨翅室数等量度列于表2~表5。

翅痣后缘跨翅室数，无论两型之间或地区之间、个体之间或同一个体前后翅和左右翅之间均无规律性。在所检131只标本中，同一个体的四翅翅痣跨翅室数相同的为34只，占总数的26%。其中跨3室的12只，占9.1%；跨4室的19只，占14.5%；跨5室的3只，占2.3%；还有跨6室的1只。而74%即近3/4的个体的四翅翅痣所跨翅室数各不相同，最多的跨7室，最少的仅跨2室。

表4 烟翅褐脉型雄性量度（mm）

地点	腹长			后翅长			翅痣跨翅室数（个）			
	检查只数	幅度	平均	检查只数	幅度	平均	检查只数	最多	最少	四翅均跨3室只数
济 源	8	33.0~45.0	40.6	9	29.0~35.0	33.1	9	6	3	
鲁 山	1	40.0	40.0	1	30.0	30.0	1	4	3	
内 乡	4	36.0~39.0	37.4	4	28.5~31.0	29.6	4	5	2	1
桐 柏	2	38.5~41.0	39.8	4	31.0~33.0	31.6	4	5	2	
鸡公山	1	45.0	45.0	1	34.0	34.0	1	5	4	
商 城	10	38.0~45.0	40.5	10	29.0~35.0	31.3	10	5	3	
总 计	26	33.0~45.0	40.6	29	28.5~35.0	31.6	29	6	2	1

由于翅痣后缘所跨翅室数差别极大，造成翅痣长宽形状各异。因此，对河南绿色蟌中两型的翅痣形状，难以用一个形象的描述来概括。

还应当指出，在河南绿色蟌的标本中还有少数个体的翅痣中有翅脉侵入(图80之14)。

（3）翅痣端部外方的翅室：河南绿色蟌翅痣端部外方前缘翅室，最多有11室，最少仅2室。一般为5~8室。在两个类型中都有部分个体的翅痣端外前缘翅室被横脉纵分而变为双行室。但是，个体间或同一个体的四翅间翅痣端外横脉纵分情况，同上述翅痣后缘跨翅室数一样没有规律性。我们根据每个个体四翅痣后有无横脉纵分和纵分的不同情况，分为单行室、双行室和单双行室三类。

表5 烟翅褐脉型雌性量度（mm）

地点	腹长			后翅长			翅痣跨翅室数（个）			
	检查只数	幅度	平均	检查只数	幅度	平均	检查只数	最多	最少	四翅均跨3室只数
济 源	8	38.0~40.0	38.7	8	35.0~38.5	35.8	8	5	3	
内 乡	3	34.0~38.0	36.3	3	30.5~34.0	32.5	3	4	3	
桐 柏	5	36.0~38.5	37.7	7	33.0~35.0	34.4	7	4	2	
商 城	7	36.0~40.0	38.1	8	32.0~36.0	34.0	8	4	2	
总 计	23	34.0~40.0	37.7	26	30.5~38.5	34.2	26	5	2	

单行室：指四翅中无一翅翅痣外方前缘翅室有横脉纵分。见图80之1、2。

双行室：指四翅中各翅都至少有1个以上的翅室有横脉纵分。不论纵分室连续或间断与否。见图80之3~13。

单双行室：指四翅中分别有单行室和双行室存在。

河南绿色蟌翅痣端部外方翅室类别在两类型中的比例（表6）分别是：单行室在黄翅红脉型为13.5%，在烟翅褐脉型为22.6%，但都在总数的1/4之内。而双行室和单双行室，在黄翅红脉型和烟翅褐脉型的比例相差悬殊，分别为65.4%、21.1%和32.1%、45.3%。

表6　绿色蟌翅痣外翅室纵分类型

类型 / 比较 / 雌雄	黄翅红脉型							烟翅褐脉型						
	只数合计	双行		单行		单双行		只数合计	双行		单行		单双行	
		只数	%	只数	%	只数	%		只数	%	只数	%	只数	%
雄	75	52	69.3	8	10.7	15	20.0	39	9	23.0	13	33.4	17	43.6
雌	29	16	55.2	6	20.7	7	24.1	45	18	40.0	6	13.3	21	46.7
雄+雌	104	68	65.4	14	13.5	22	21.1	84	27	32.1	19	22.6	38	45.3

表7　绿色蟌翅痣外翅室双行室比例

地点	时间	雄、雌	只数合计	双行:其中			单行		单行	
				只数	全双行	占总%	只数	占总%	只数	占总%
济源	1985年6月 1986年7月 1987年5月	雄	39	26	6	15.4	4	10.3	9	23.1
		雌	13	5	1	7.7	4	30.8	4	30.8
商城	1984年6月 1985年7月 1986年5月	雄	9	7	1	11.1			2	22.2
		雌	4	1			1	25.0	2	50.0
小计		雄	48	32	7	14.6	5	10.4	11	22.9
		雌	17	7	1	5.9	4	23.5	6	35.3
总计		雄+雌	65	39	8	12.3	9	13.8	17	26.2

但是，如将双行室的类型作进一步区分，仅以图80之10~13作双行室统计（表7），这里暂称为全双行室，那么具全双行室的个体只有12.3%，约占总数的1/8，与单行室个体约占1/7的比例近等，而3/4的个体翅痣端部外方翅室是单、双行室或仅有1~2个翅室被横脉纵分的所谓“双行室”。

综上所述，河南绿色蟌属 *Mnais* 翅和翅脉的颜色，特别是翅痣端部外方前缘翅室纵分的形态，以及翅痣后缘跨翅室数在个体间或同一个体的四翅间变化极大，难以作为种间区分的特征。但后胸后侧片鲜黄色，上端角有1个三角形绿色斑，腹部第2、3节基端两侧有黄斑，雄交合器前端角状2分叉且弯向两侧以及肛附器较长等特征基本稳定，参照其他外部特征河南绿色蟌应为 *Mnais andersori tenuis*（Oguma）一种。

【分布】　济源、栾川、鲁山、内乡、西峡、桐柏、信阳、罗山、商城；山西、台湾。

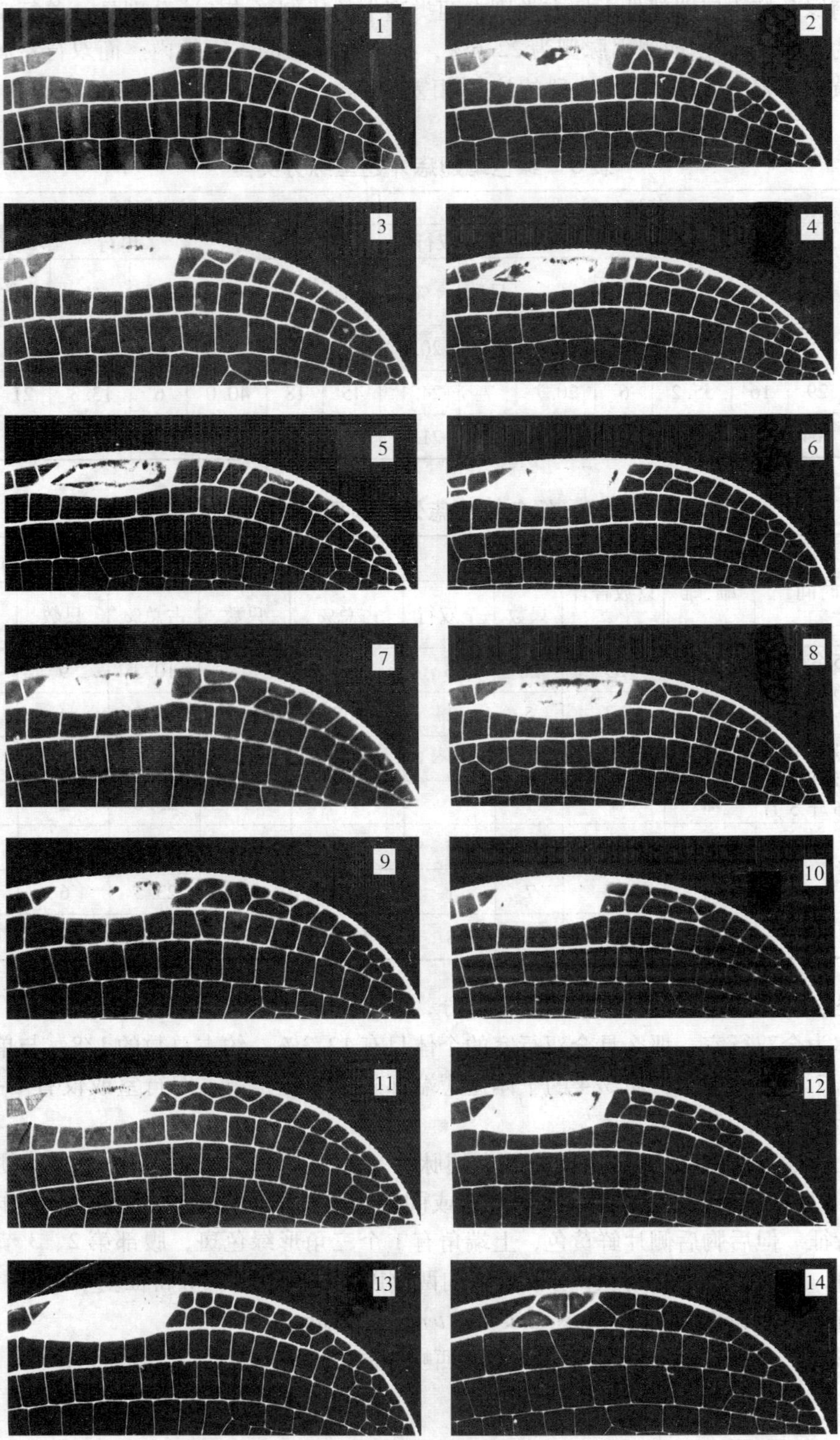

图 80 河南绿色蟌翅痣端外前缘室纵分图例

闪色蟌属 *Caliphaea* Selys, 1859

Caliphaea Selys, 1859, Bull. Acad. Belg., 2(7): 439.

Type - species: *Caliphaea confusa* Selys, 1859.

本属全世界已记载2种，分布在中国、印度和泰国。我国已知2种，分布在河南、浙江、湖北、福建、广西、云南等地。本志记述1种。

69. 紫闪色蟌 *Caliphaea consimilis* McLachlan，1894（图81）（彩色图版XXXV）

Caliphaea consimilis McLachlan, 1894, Ann. Mag. Nat. Hist., 6(13): 434.

【形态特征】

雄性腹长35～37mm，后翅27～30mm。

雌性腹长33mm，后翅30～31mm。

雄性 下唇黑色，中叶有1个白色三角形斑。上唇绿色，具金属光泽。前唇基黑色，有白斑，后唇基、额、头顶绿色，有金属光泽。触角第2节黄色，余黑色。前胸铜绿色，

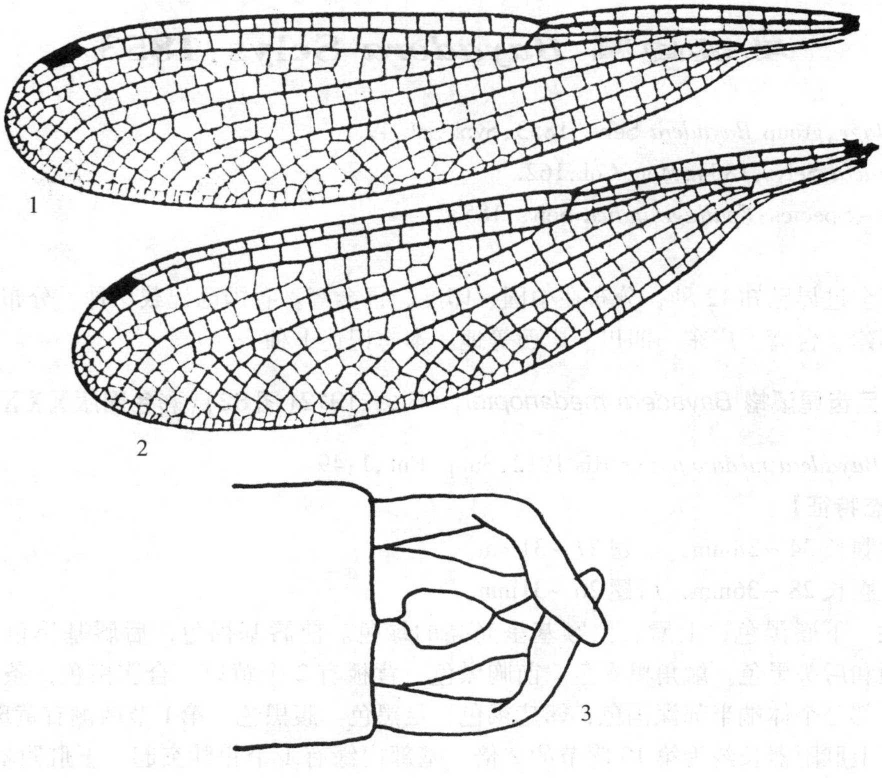

图81 紫闪色蟌 *Caliphaea consimilis* McLachlan

1，2. 雄前后翅 3. 雄肛附器背面观

合胸红铜色具绿色金属光泽。合胸脊黑色，中胸侧板缝和中、后胸间缝黑色，后胸后侧片黄色具铜绿色斑。翅白色透明，稍具烟色。前翅结前横脉12~13条，结后横脉20~23条；后翅结前横脉10~12条，结后横脉18~21条。足黑色，基节和转节黄色。腹部黑绿色，第1节具黄斑。老熟成虫第8至10节背面被粉。胸、腹部的腹面微着白粉。肛附器黑色，上肛附器端半部内弯，下肛附器末端足形，具细齿。

雌性 色泽与雄性基本相同。前翅结前横脉12~25条，结后横脉11~22条。

【生活习性】 成虫7~8月出现。

【分布】 栾川、内乡；湖北、四川、云南、贵州、广西、浙江、福建。

（一〇） 溪蟌科 Euphaeidae

体型较大。头强壮，横长，眼球形，间距宽。翅透明或具色，所有结前横脉都一样，没有特别粗的原始结前横脉。弓脉上下两段近等长，R_{2+3}由R_{4+5}分出后不向前方弯曲，不与R_1接近，M_{1a}脉不与M_2脉平行，稍介于M_1与M_2中间。方室较短，一般比基室短，内无横脉，或具少数横脉。腹部圆柱形，雄长于翅，雌与翅等长或稍短。

本志记述1属1种。

尾溪蟌属 *Bayadera* Selys, 1853

Epallage, group *Bayadera* Selys, 1853, Syn. Cal., 49.

Bayadera Selys, 1854, Mon. Col., 162.

Type - Species: *Epallage indica* Selys, 1853.

本属全世界已知12种，分布在中国、印度、锡金等。我国已记载9种，分布在河南、浙江、福建、台湾、广东、四川、广西等地。本志记述1种。

70. 巨齿尾溪蟌 *Bayadera medanopteryx* Ris, 1912（图82）（彩色图版XXXV）

Bayadera medanopteryx Ris 1912, Supp. Ent., 1: 49.

【形态特征】

雄性腹长34~38mm，后翅27~31mm。

雌性腹长28~36mm，后翅26~31mm。

雄性 下唇黑色，上唇、上颚基呈光亮的绿色。前唇基褐色，后唇基黑色，光亮。额、头顶和后头黑色。触角黑褐色。前胸黑色，背板有2个黄斑。合胸黑色，条纹黄色。翅透明，部分个体端半部深褐色，翅痣褐色。足黑色。腹黑色，第1节两侧有黄斑。肛附器黑色，上肛附器长约为第10腹节的2倍，基部内缘有1个粗壮突起。下肛附器内侧有1个粗大的指向上的齿，端部尖锐。

雌性 头、胸与雄性近同。但腹部具黄色条纹。第1节除两侧黄斑外，背中还有1个黄斑；第2~8节具细背中条纹和侧纵条纹，第3~5节基端有1个小斑，第6~8节黑色；

第9节具2个黄斑；第10节和肛附器黑色。

【生活习性】 成虫于7~8月出现。最高垂直分布达海拔1 700m。

【分布】 辉县、济源、栾川、内乡、桐柏；山西、陕西、江苏、安徽、湖南、四川、贵州、浙江、江西、福建、广东。

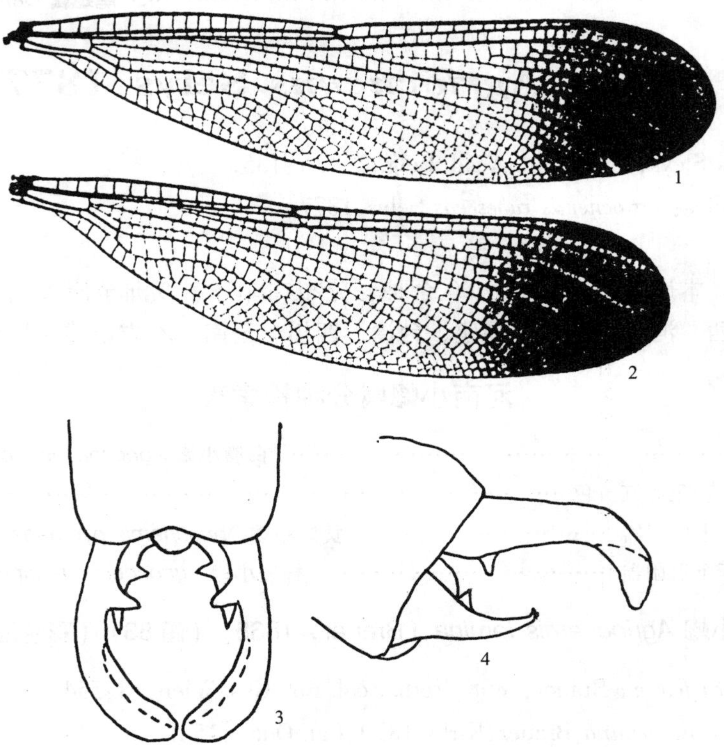

图82 巨齿尾溪蟌 *Bayadera medanopteryx* Ris

1，2. 雄前后翅 3. 雄肛附器背面观 4. 雄肛附器侧面观

（一一）蟌科 Coenagrionidae

体小型，多无金属光泽，翅窄长，端圆，具翅柄。翅痣形状、色彩多变化。有支持脉。方室四边形，外后角甚尖，其前边比后边短得多，内无横脉，五边形翅室较多，翅后缘无闰脉。腹部第8~10节依次较短，肛附器在属、种间变化极大。

本志记述4属13种。

河南蟌科分属检索表

1a. 弓脉位于第2结前横脉之下或甚近第2结前横脉 ………………………………………… 2

1b. 弓脉明显在第2结前横脉之后；翅柄止于肘臀横脉之前；腹长不超过20mm，前翅结后横脉6~8条 ………………………………………………………… **小蟌属** *Agriocnemis* Selys，1877

2a. 翅柄止于肘臀横脉之下或甚近或超过；额上具1条隆线 …………… **黄蟌属** *Ceriagrion* Selys，1876

2b. 翅柄止于肘臀横脉之前 ………………………………………………………………………………………………… 3

3a. 雄性前、后翅翅痣大小和形状不同；第10腹节背面末端具1对并列小结节，雌性第8节腹面后缘具1枚向后的端刺 ……………………………………………… 瘦蟌属 *Ischnura* Charpentier，1840

3b. 雄性前、后翅翅痣颜色和形状相同；雌性第8节腹面无端刺；两性跗爪钩不等长………………………………………………………………………………………………… 尾蟌属 *Cercion* Navas，1907

小蟌属 *Agriocnemis* Selys，1877

Agriocnemis Sleys，1877，Bull. Acad. Belg.，2(43)：135.

Type－species：*Agriocnemis rubescens* Selys，1877.

小型种类。本属全世界已记载40余种，分布在非洲、亚洲至澳大利亚。我国已知9种，分布在陕西、河南、江苏、福建、台湾、四川、云南。本志记述3种。

河南小蟌属分种检索表

1a. 腹部白色……………………………………………… 白腹小蟌 *Agriocnemis lacteola* Selys，1877

1b. 腹部黄色或淡蓝色和红黄色 ……………………………………………………………………… 2

2a. 上肛附器长于下肛附器 ………………………… 黄尾小蟌 *Agriocnemis pygmaea*（Rambur，1842）

2b. 上肛附器短于下肛附器 ……………………………… 杯斑小蟌 *Agriocnemis femina*（Brauer，1868）

71. 杯斑小蟌 *Agriocnemis femina*（Brauer，1868）（图83）（彩色图版XXXVI）

Ischnura femina Brauer，1868，Verh. Zool. Bot. Ges. Wien，18：554.

Agriocnemis femina Brauer，Kirby 1890，Cat. Odon.，158.

【形态特征】

雄性腹长16～17mm，后翅10mm。

雌性腹长19～20mm，后翅12～13mm。

雄性 下唇淡黄色。上唇黑色，与后唇基均具明亮的紫蓝色光泽。上颚、颊、前唇基及额前缘具蓝色横条纹。头部其余部分黑色。单眼后色斑椭圆形，蓝色。前胸背板黑色，前叶淡蓝色，后叶边缘黄色，其后缘中央成1个舌状突起。合胸背前方黑色，侧面淡蓝色，肩前条纹淡蓝色。翅透明，翅痣褐色。弓脉位于第2结前横脉之后。足淡黄色。胸及腿节被白粉。腹部第1～7节淡蓝色，第8～10节红黄色，第1～10节背面具较宽的黑斑纹，侧面具淡黄色缘线。上肛附器黄色，短于下肛附器，下肛附器长约为上肛附器的2倍，端钝，端部内方具一簇硬毛，近端处内面具黑色横隆线，隆线下端有1个短刺。

雌性 前胸后叶舌状突起中央凹陷。腹部第1～5节红色，无背面黑斑纹，第6～10节具背面黑斑纹。

【生活习性】 成虫于7～10月上旬出现。

【分布】 济源、舞钢、信阳、商城；陕西、湖北、湖南、云南、广西、浙江、江西、福建、台湾、香港、海南。

图 83 杯斑小蟌 *Agriocnemis femina* (Brauer)
1. 雄肛附器背面观 2. 雄肛附器侧面观

72. 白腹小蟌 *Agriocnemis lacteola* Selys, 1877 (图 84) (彩色图版 XXXVI)

Agriocnemis lacteola Selys, 1877, Bull. Acad. Belg., 2(43): 144.

【形态特征】

雄性腹长 17 ~ 18mm，后翅 9 ~ 10mm。

雌性腹长 20mm，后翅 11mm。

雄性 下唇黄色。上唇、上颚、颊和前、后唇基淡蓝色。额、头顶和后头黑色。额前缘有 2 个淡蓝色横斑。单眼明亮。触角黑褐色。单眼后色斑横置，中间细缩或中断。后头后缘中央具 1 条淡黄色横纹。前胸背板黑色，前叶白色，后叶黑色，后缘中央成方形突起。合胸背前方黑色，肩条纹窄，淡黄色，合胸侧面白色带蓝，第 3 侧缝上端有 1 个小黑斑。翅透明，翅痣淡黄色。弓脉位于第 2 结前横脉之后。足白色，具黑褐色短刺。腹部白色，但自第 4 节渐呈淡褐色，第 1 节背基部有 1 个黑斑，第 2、3 节背面具黑条纹。肛附器褐色。上肛附器长约等于第 10 腹节，基部下方具 1 个钝齿，下肛附器短宽，具向上向内 2 个刺。

【生活习性】 成虫出现于 5 ~ 9 月。

【分布】 桐柏、商城；江苏、四川、云南、贵州、湖南、浙江、江西、福建、香港、海南。

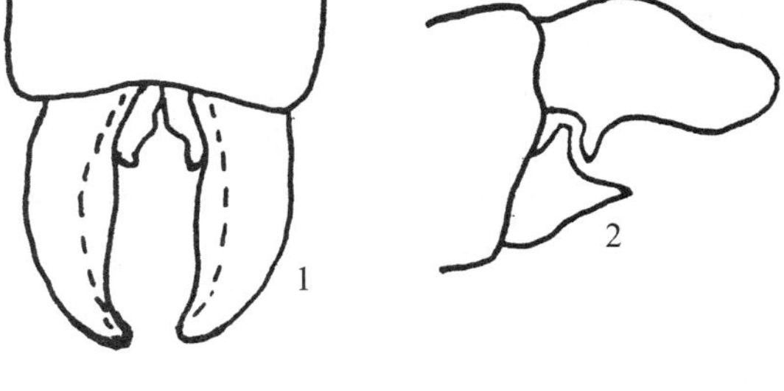

图 84 白腹小蟌 *Agriocnemis lacteola* Selys
1. 雄肛附器背面观 2. 雄肛附器侧面观

73. 黄尾小蟌 *Agriocnemis pygmaea*(Rambur,1842)(图 85)(彩色图版XXXVI)

Agrion pygmaeum Rambur,1842,Ins. Nevrop.,278.

Agriocnemis pygmaea Rambur,Selys 1877,Syn. Agr. Legion,52.

【形态特征】

雄性腹长 19mm，后翅 11mm。

雌性腹长 19～20mm，后翅 12～13mm。

雄性 下唇黄色。上唇黑色，有光泽。颊、上颚基部及后唇基暗蓝色。额、头顶及后头黑色。触角黑色，唯第 2 节黄色。单眼后色斑很小，圆形，淡蓝色。前胸背板黑色，两侧和前叶淡蓝色，后叶黑色，后缘中央成方形突起。合胸背前方黑色，两侧肩前条纹各 1 条，黄色，侧面浅黄蓝色。翅透明。前、后翅痣色彩不同：前翅黄褐色，后翅黑色。弓脉位于第 2 结前横脉之后。足白色，具黑色条纹。腹部黄色，第 1～4 节色淡，中部 3 节带褐色，末 3 节色鲜明，各节具黑色背中条纹，但第 8 节后色减淡，甚或消失。肛附器红黄色。上肛附器端部略凹陷，形成上、下两个角，下角突出如钝刺。下肛附器短小，端部突起具 1 列黑刺。

本种是典型的东洋区种类，栖息于水生植物繁茂的水塘。为我省珍稀种类。

【生活习性】 成虫 9 月出现。

【分布】 桐柏、商城；陕西、四川、江西、福建、广东、香港、台湾。

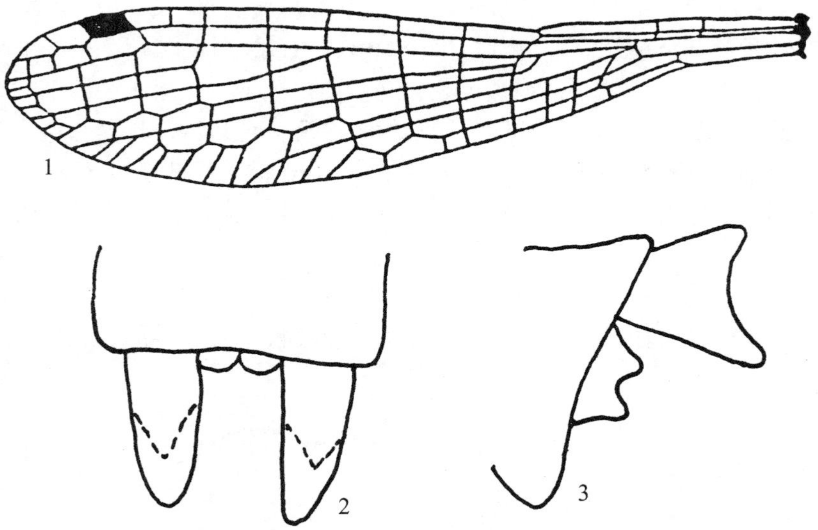

图 85 黄尾小蟌 *Agriocnemis pygmaea*(Rambur)

1. 雄后翅 2. 雄肛附器背面观 3. 雄肛附器侧面观（1. 仿 Fraser；2，3. 仿隋敬之）

黄蟌属 *Ceriagrion* Selys,1876

Ceriagrion Selys,1876,Bull. Acad. Belg.,2(42):525.

Type－species:*Agrion cerinorubellum* Brauer,1865.

全世界已知58种（亚种），分布在非洲、亚洲和欧洲。我国已记载12种（亚种），分布在陕西、河南、湖北、湖南、上海、浙江、江西、福建、台湾、广东、广西、四川等地。本志记述3种。

河南黄蟌属分种检索表

1a. 腹部朱红色 ……………………………… 褐尾黄蟌 *Ceriagrion rubiae* Laidlaw，1916
1b. 腹部淡橘黄色 ……………………………………………………………… 2
2a. 雄性下肛附器短，端部腹节仅背面黑色 ……………… 短尾黄蟌 *Ceriagrion melanurum* Selys，1876
2b. 雌性下肛附器长，端部腹节背面黑色扩展到两侧……………… 长尾黄蟌 *Ceriagrion fallax* Ris，1914

74. 长尾黄蟌 *Ceriagrion fallax* Ris，1914（图86）（彩色图版XXXVI）

Ceriagrion fallax Ris，1914，Ent. Mitteil.，3(2)：47－48.

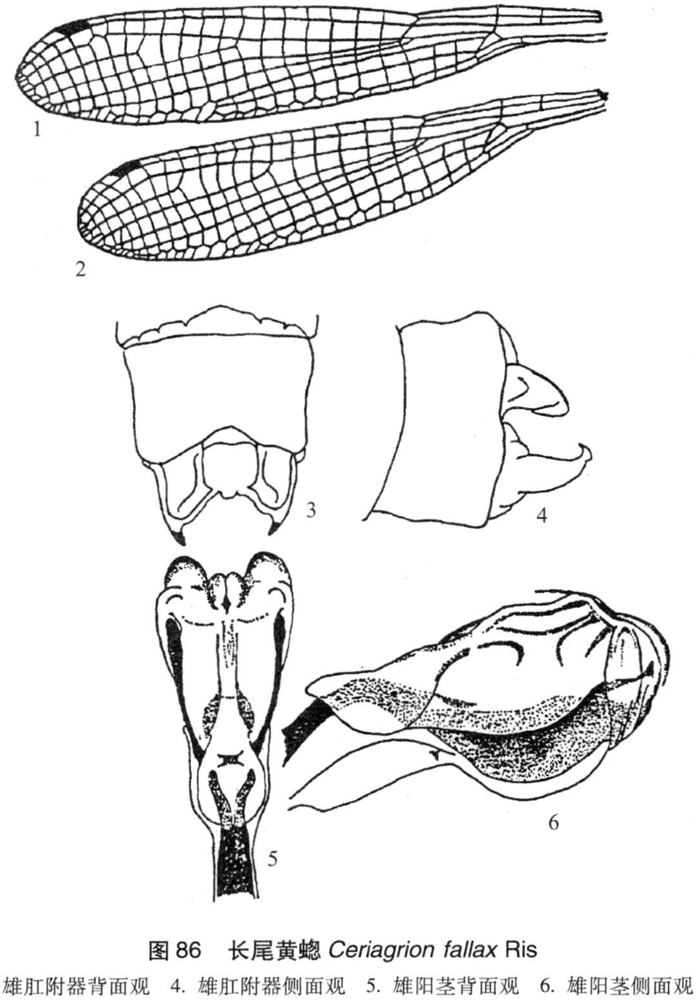

图86 长尾黄蟌 *Ceriagrion fallax* Ris

1，2. 雄前后翅 3. 雄肛附器背面观 4. 雄肛附器侧面观 5. 雄阳茎背面观 6. 雄阳茎侧面观（3～6. 仿杨祖德）

【形态特征】

雄性腹长 33~35mm，后翅 20~23mm。

雌性腹长 34mm，后翅 23mm。

雄性 下唇淡黄色。上唇鲜明的黄色。上颚基部、前唇基、后唇基及额均为柠檬黄色。额具横隆脊。触角基部3节淡黄色，余为黑褐色。头顶暗橄榄色。后头红褐色，与头顶色分界明显。前胸及合胸背面暗绿色，侧面黄色。合胸侧面肩缝与第3缝的上部各有1个小黑斑，肩缝为1条显著的黑色线纹。翅透明，翅痣黄褐色。弓脉位于第2结前横脉下方。足淡黄色，具黑色短刺。腹部第1~6节鲜明的淡黄色；第7~10节背面黑色，腹面黄色，第7节端半部开始，背部的黑色渐向两侧展宽，第9节达侧面的下缘。肛附器黑色。上肛附器稍短于第10腹节，在末端前具1个齿，下肛附器基部黄色，稍长于上肛附器，末端尖，向后上方伸出。

雌性 体粗壮，体褐黄色。

【生活习性】 成虫于5~8月出现。中部地区垂直分布高度为海拔1 100~1 200m。

【分布】 卢氏、栾川、内乡、商城；陕西、四川、西藏、贵州、江西、福建、广东、台湾。

75. 短尾黄蟌 *Ceriagrion melanurum* Selys,1876(图87)(彩色图版XXXVII)

Ceriagrion melanurum Selys,1876,Bull. Acad. Belg.,529.

Ceriagrion melanurum Selys,Needham 1930,Zool. Sin.,11(1):264.

【形态特征】

雄性腹长 32~36mm，后翅 20~23mm。

雌性腹长 32~36mm，后翅 21~26mm。

雄性 下唇淡黄色。上唇黄色。上颚基部，颊，前、后唇基和额的横隆脊前方均为亮黄色。额的横隆基上方、头顶及后头暗绿色，后头后缘黄褐色。触角基部3节淡黄色，余皆黑褐色。前胸背面暗绿色，无斑纹；合胸背前方暗绿色，侧面黄色，肩缝是1条明显的黑线纹，上端具1个小黑斑。翅透明，翅痣金黄色，被由褐色小颗粒组成的褐斑遮盖，翅痣四边形。外边长于内边，上边长于下边。弓脉位于第2结前横脉下方。足淡黄色，具黑色短刺。腹部第1~6节为鲜明的淡黄色，但第6节端部色较暗；第7~10节背面黑色斑纹向两侧扩展，最多仅抵侧面中部。肛附器黄褐色，短小。上肛附器短于第10腹节长的1/2，端部向下具1个黑色小齿；下肛附器基部较宽，端尖锐，呈黑色小钩状向上弯曲。

雌性 色彩似雄性，略带微褐色。体型明显粗壮。

【生活习性】 成虫于6~9月出现。在河南是本属3种中数量最多的一种。

【分布】 辉县、舞钢、桐柏、信阳、商城；陕西、四川、云南、贵州、广西、湖北、湖南、浙江、江西、福建、台湾。

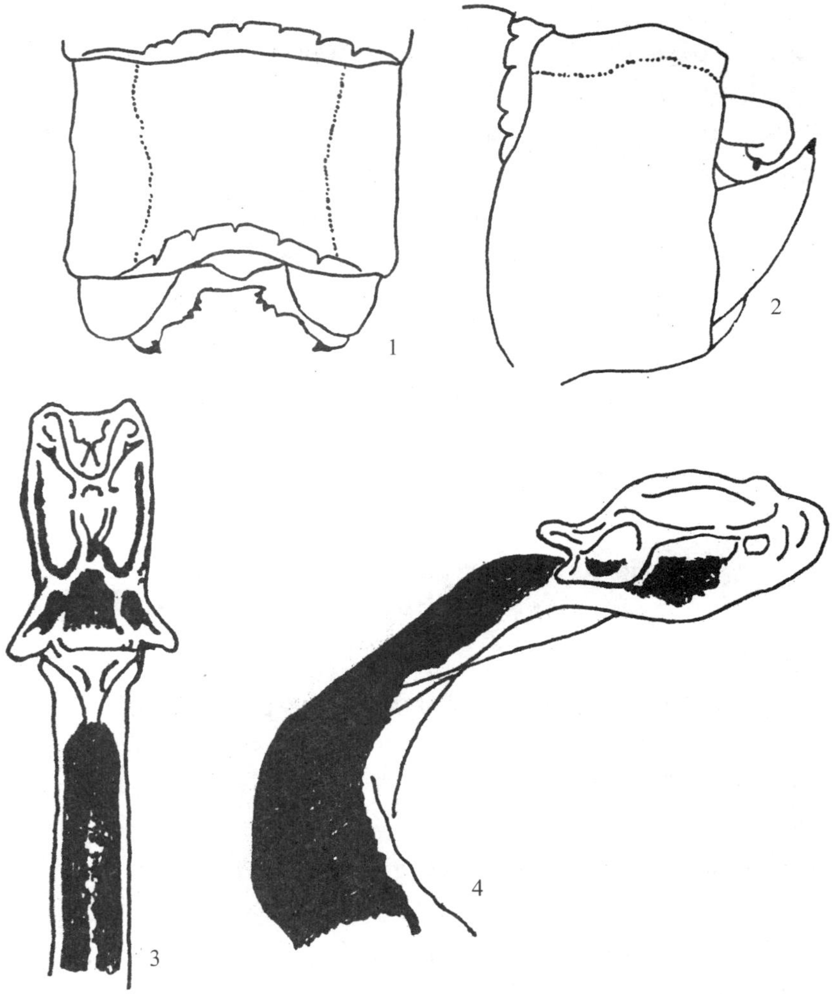

图 87　短尾黄蟌 *Ceriagrion melanurum* Selys

1. 雄肛附器背面观　2. 雄肛附器侧面观　3. 雄阳茎背面观　4. 雄阳茎侧面观（仿杨祖德）

76. 褐尾黄蟌 *Ceriagrion rubiae* Laidlaw,1916(图 88)(彩色图版ⅩⅩⅩⅦ)

Ceriagrion rubiae Laidlaw,1916,Rec. Ind. Mus.,7:132－133.

【形态特征】

雄性腹长 29～34mm，后翅 19～20mm。

雌性腹长 35mm，后翅 22mm。

雄性　下唇淡黄色。上唇、唇基和额的前部红褐色。上颚基部和颊橘黄色。额的后部、头顶及后头红褐色，后头后部色较淡。触角红褐色。眼暗绿色。前胸和合胸皆橘红色，背面及背前方色深，向两侧色渐淡成淡黄色。肩缝为1条黑色线纹，上端具1个黑色小斑，第3缝上端具1个黑色小斑。翅透明，翅痣淡黄色，内有淡褐色斑，四边不与翅脉相连。前翅结后横脉 10～12 条，后翅结后横脉 9～10 条。足淡红褐色，具黑色短刺。腹部朱红色，第 7～9 节色较暗。肛附器短。上肛附器约为第 10 腹节长的 1/2，红褐色，背面观呈三角形，端钝；下肛附器色较淡，尖端黑色，向上弯曲。

雌性 体形似雄性，稍粗壮。腹部黄褐色，第 8～10 节背面具黑斑，但均不达端缘。

【生活习性】 淮南地区成虫于 9 月出现，中部地区 7、8 月。数量甚少。

【分布】 舞钢、桐柏、信阳、商城；浙江、江西、福建。

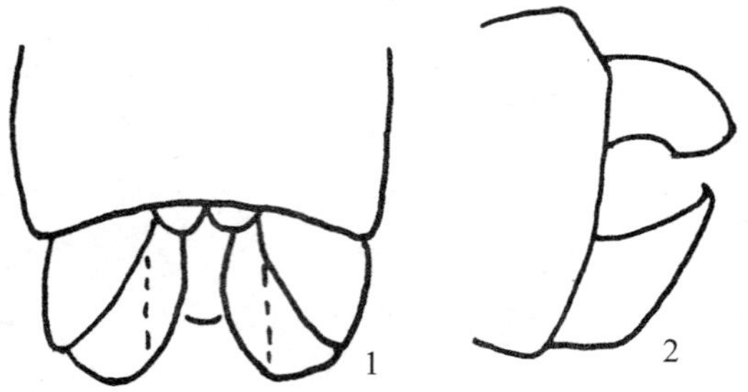

图 88 褐尾黄蟌 *Ceriagrion rubiae* Laidlaw

1. 雄肛附器背面观 2. 雄肛附器侧面观（仿隋敬之）

尾蟌属 *Cercion* Navas, 1907

Agrion Fabricius, 1775, Syst. Ent., 425.

Cercion Navas, 1907.

Type－species: *Agrion lindeni* Selys, 1848.

这个属自 *Coenagrion* 属中分出，已记载 10 余种，我国已记载 6 种，分布在北京、河北、山西、陕西、河南、山东、江苏、台湾、四川等地。本志记述 4 种。

河南尾蟌属分种检索表

1a. 第 2 腹节背面具 1 个杯形黑斑……………………… 显突尾蟌 *Cercion barbatum*（Needham, 1930）

1b. 第 2 腹节背面无杯形斑 …………………………………………………………………… 2

2a. 合胸背前方黑色或具 1 条窄的常不完全的肩前淡色线纹，后头边缘无淡色线纹………………………………………………………………… 黑脊尾蟌 *Cercion calamorum*（Ris, 1916）

2b. 合胸背前方具 1 条较宽、完全的淡色条纹 ……………………………………………… 3

3a. 雌性合胸肩条纹被纵分为 6 条黑纹 ………………… 六纹尾蟌 *Cercion sexlineatum*（Selys, 1883）

3b. 雌性合胸肩条纹被肩缝分开……………………… 蓝纹尾蟌 *Cercion Calamorum dyeri*（Fraser, 1920）

77. 显突尾蟌 *Cercion barbatum*（Needham, 1930）（图 89）（彩色图版 XXXVIII）

Coenagrion barbatum Needham, 1930, Ent. Sin., 11(1): 270－271.

Cercion v－nigrum(Needham), Asahina 1961, Tombo, 4(1/2): 11－12.

Cercion v－nigrum(Needham), Davies et Tobin 1984, Soc. int. Odonatal 1: 58.

【形态特征】

雄性腹长 23 ~ 25mm，后翅 16 ~ 18mm。

这是一种有黑色条纹的蓝色蟌类。

雄性 面部蓝色，上唇基部具黑色横条纹，中央向前突出，后唇基上方黑色，两端各有 1 个较大黄斑。头顶具宽黑色条纹，眼后斑大，黄绿色，楔形。后头缘有 1 条蓝色线纹，中单眼下方有 1 对蓝色小点。前胸黑色，前缘具狭的蓝色，后叶向上掀起，后缘呈圆形；合胸背中条纹宽大，黑色，有绿色闪光；肩前条纹黄色。侧面蓝色，第 1 条纹不完全。足黄色，腿节外侧黑色，胫节前方有 1 条黑色缘线。翅透明，翅痣黄褐色。结后横脉 9 ~ 10 条。腹部第 1 节蓝色，基部有 1 个背中横斑；第 2 节背面有 1 个酒杯状黑斑纵立于端部的黑色横纹上；第 3 ~ 7 节背面黑色纵纹扩展、色深；第 7 节端部和第 8 ~ 10 节蓝色，有的个体第 8、9 节背面端部有三角形黑斑，或第 8 节中部有 2 个小黑点，第 10 节前、后缘有黑色横纹，与背中纵纹连接，端部有“人”字形黑纹。第 8、10 节背面的黑斑个体间变化较大。上肛附器黄褐色，外侧黑色，背面观近三角形，基部向下有 1 个齿突；下肛附器黄白色，向上有 1 个尖齿，被上肛附器覆盖，其外缘不超出第 10 节的侧缘。

雌性 前胸后叶扩大，中部平截，后部下方具 1 个小的黑齿。腹部黑色较雄性少，各节蓝纹宽大，第 10 节蓝色。肛附器黑色。

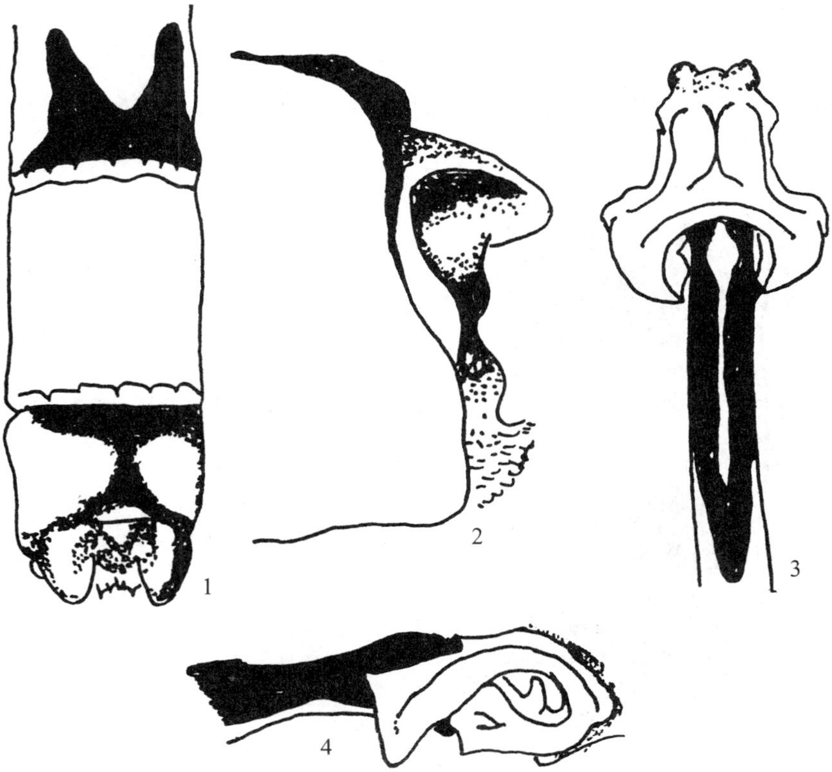

图 89 显突尾蟌 *Cercion barbatum*（Needham）

1. 雄腹末 3 节及肛附器背面观 2. 雄肛附器侧面观 3. 雄阳茎背面观 4. 雄阳茎侧面观（仿杨祖德）

【生活习性】 成虫出现于5月和9~10月。数量不多。

【分布】 内乡、确山、桐柏、商城；河北、山西、陕西、四川、江西、福建。

78. 黑脊尾蟌 *Cercion calamorum calamorum*(Ris,1916)(图90)(彩色图版XXXVIII)

Coenagrion calamorum Ris,1916,Odon. Supp. Ent.,5:32.

Cercion calamorum calamorum(Ris),Asahina 1976,Kontyu,Tokyo,44(1):2.

【形态特征】

雄性腹长21~23mm，后翅16~18mm。

这是本属中黑色部分最发达的1个种。

雄性 下唇黄色。上唇黑色，前、后唇基黑色，后唇基两侧有2个较大黄斑。额、头顶黑色。单眼后色斑小而圆，蓝色。前胸背面黑色。合胸黑色，老熟雄虫被白粉。肩前条纹细狭，有的个体消失。翅透明。翅痣褐色。结后横脉7~11条。腹部黄褐色，第1~7节背面黑纹扩展至侧面中下方，第3~6条基端有细小黄环；第8、9节末端各有1个“山”形黑纹；第10节背面黑色，末端中央凹入。上肛附器黑褐色，约与第10节等长，呈扁片状，“八”字形伸向两侧，基部有1个向下的突起。下肛附器短，外侧具1个小黑齿。

雌性 腹部背面黑纹较雄性宽大。

【生活习性】 成虫5~9月出现，栖息在平原、丘陵的水草地。

【分布】 郑州、西华、桐柏、信阳、商城；河北、江苏、上海、湖北、广西、浙江、江西。

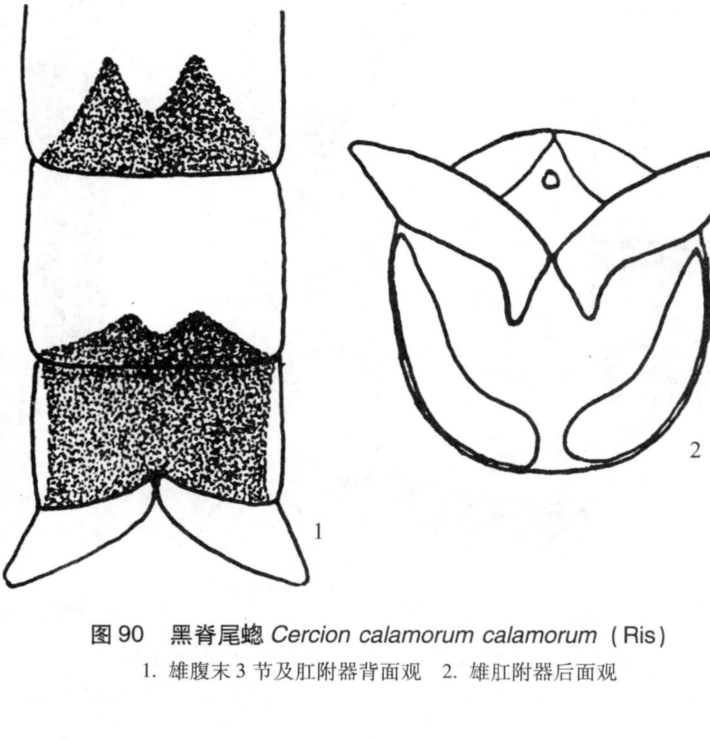

图90 黑脊尾蟌 *Cercion calamorum calamorum*（Ris）

1. 雄腹末3节及肛附器背面观 2. 雄肛附器后面观

79. 蓝纹尾螅 *Cercion calamorum dyeri*(Fraser,1919)(图 91)

Argiocnemis dyeri Fraser,1919. Rec. Ind. Mus.,16:451 –452.

Coenagrion dyeri Fraser,1923,Nat. Hist. Soc.,29:748.

Cercion calamorum dyeri(Fraser),Asahina 1976,Kontyu,Tokyo,44(1):2.

【形态特征】

雄性腹长 20 ~21mm，后翅 14 ~15mm。

雄性 下唇白色。上唇黄色，基部中央具1个黑色小点。上颚、前唇基黄色。后唇基黑色，前缘黄色常与2个黄斑连成一体。颊、额黄色，额顶黑色。头顶黑色，前方具黄色横条纹。单眼后色斑圆，蓝色。后头的后方黄色。前胸黑色，前叶前缘、背板侧缘和后叶后缘黄色或蓝色。合胸背前方黑色，有蓝绿色闪光，具背条纹1对，肩条纹被黑色肩缝分开，但上端相连；侧面黄绿色或蓝色，第2条纹仅上端1/2 ~1/3 具深绿色条纹，第3条纹仅有上端1个短小的黑斑。足黄白色，具黑刺，腿节背面黑色。翅白色透明。翅痣白色。前翅结后横脉8 ~10 条，后翅结后横脉6 ~8 条。腹部背面黑褐色，有绿色闪光，侧面多为黄色。第1节背面黑色纹不抵端部，端部具黑色半环；第2节背条纹宽大，在中部弧形收缩，端部较狭，与端线纹相连；第3 ~7 节背条纹宽，不抵基端；第8 ~10 节蓝色，第9节中部常有2个黑点，第10节具背中条纹，在端部向两侧分叉呈“人”字形。上肛

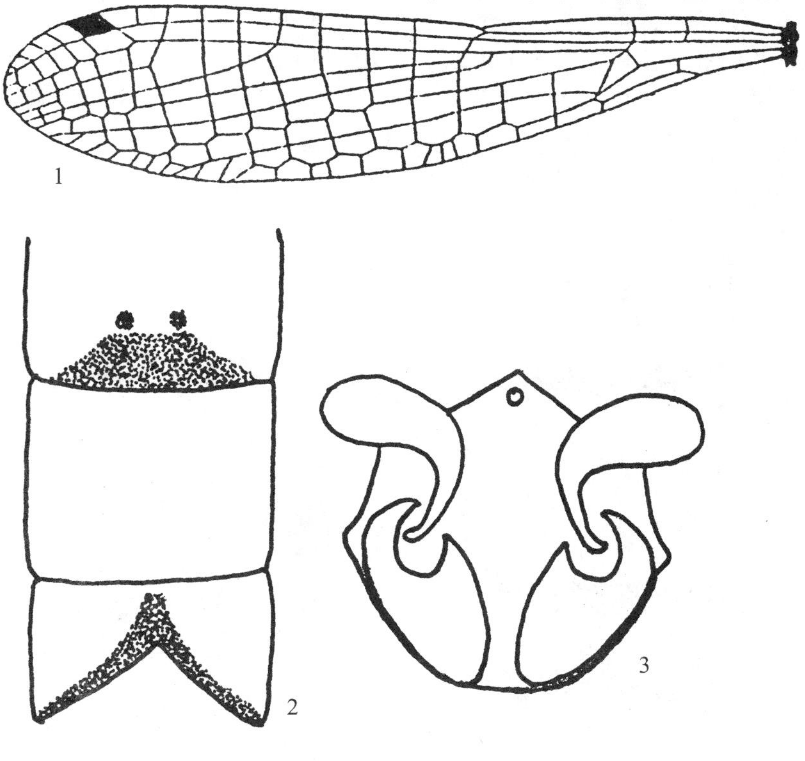

图 91 蓝纹尾螅 *Cercion calamorum* dyeri (Fraser)

1. 雄后翅 2. 雄腹末3节背面观 3. 雄肛附器后面观（1. 仿 Fraser）

附器黑褐色，"八"字形分向两侧，内侧向下具1个长齿，末端钝，黑色；下肛附器白色或黄色，甚短，基部宽，端部弯向外上方，末端尖，黑色。

雌性 与雄性不同的是前胸黄色，背板具不相连的")("黑纹；肩缝条纹细狭；前翅结后横脉9条，后翅结后横脉8条；腹部第1、2节与第8、9节背中条纹宽，其余各节为黑色背中细线；第10节和肛附器淡黄色。

【生活习性】 成虫6月、8~9月可见，数量甚少。

【分布】 西华、桐柏、商城；北京、吉林、湖北、贵州、香港、台湾。

80. 六纹尾蟌 *Cercion sexlineatum*(Selys,1883)(图92)(彩色图版XXXⅧ)

Coenagrion sexlineatum Selys,1883,Ann. Soc. Ent. Belg.,27:135.

Cercion sexlineatum(Selys),Davies et Tobin 1984,Soc. int. Odonatal,1:58.

【形态特征】

雄性腹长21~25mm，后翅14~18mm。

雄性 下唇白色。面部蓝色，后唇基具1条黑色横线，额蓝色，头顶黑色，单眼后色斑小。后头缘蓝色。合胸背中条纹和肩条纹黑褐色，宽大，有蓝绿色闪光。两条纹中间的黄纹平直。侧面蓝色，第2、3条侧缝具细黑线，在第2侧缝仅有上半段，第3侧缝上方有1条短的黑线。翅透明，翅痣黄褐色。前翅结后横脉7~8条，后翅结后横脉6~7条。足灰白色，腿节背面黑色。腹部第1节背面黑斑不抵端部；第2~7节背中条纹黑色，侧面蓝色；第8~10节蓝色，第8节末端有"山"形纹或无，第10节具背中线。上肛附器黄色，端部平截，具黑色尖齿，基部有1个指向下方的齿突。下肛附器黄色，短于上肛附器，基部圆，末端尖向上举起，盖及上肛附器的基齿。

雌性 色泽多黄色。合胸背中条纹、肩条纹分别被两条黄色细线纹纵隔，背中条纹

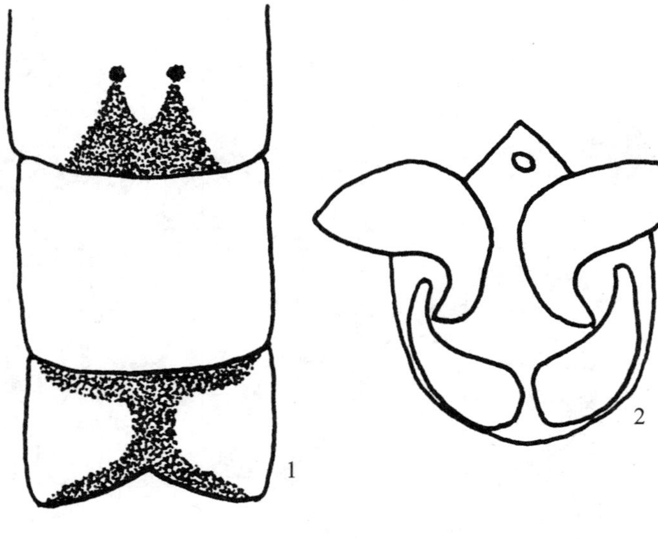

图92 六纹尾蟌 *Cercion sexlineatum* (Selys)

1. 雄腹末3节背面观 2. 雄肛附器后面观

成3条，肩条纹成6条黑纹，故而得名六纹尾蟌。

【生活习性】 成虫6~9月可见。

【分布】 郑州、舞钢、西华、信阳；山西、陕西、广西、山东、上海、浙江、台湾。

瘦蟌属 *Ischnura* Charpentier, 1840

Ischnura Charpentier, 1840, Lib. Europ., 20.

Type-species: *Agrion pumflio* Charpentier, 1825.

这是一个分布于全北区的大属，已记载百余种。我国已知8种，分布在北京、山西、河南、陕西、山东、湖北、湖南、福建、广东、云南等地。本志记述3种。

河南瘦蟌属分种检索表

1a. 前胸后叶后缘的中央延长 ………………………… 长叶瘦蟌 *Ischnura elegans* (Vander Linden, 1823)
1b. 前胸后叶后缘中央不延长 ………………………… 2
2a. 雄性第8腹节背面黑色，第9节蓝色 ………………………… 二色瘦蟌 *Ischnura labata* Needham, 1930
2b. 雄性第8腹节蓝色，第9节背面黑色 ………… 青纹瘦蟌 *Ischnura senegalensis* (Rambur, 1842)

81. 青纹瘦蟌 *Ischnura senegalensis* (Rambur, 1842) (图93、图94) (彩色图版XXXVIII)

Agrion senegalensis Rambur, 1842, Ins, Nevrop., 276.

Ischnura senegalensis Rambur, Selys 1876, Bull. Acad. Belg., 2(41): 273.

Ischnura senegalensis Rambur, Needham 1930, Zool. Sin., 11(1): 278-279.

【形态特征】

雄性腹长20~21mm，后翅14~15mm。

雄性 下唇淡黄色。上唇浅蓝色，基部具黑色窄条纹。颊、上颚基部和前唇基蓝色，额具1条蓝色宽横带，后唇基蓝色带黑。头顶、后头黑色，单眼后色斑蓝色，小而圆。眼的上半部黑色，下部浅黄色。前胸背板黑色，两侧缘浅蓝色，前叶浅蓝色，前缘黑色，后叶黑色。合胸背前方黑色，并扩展至肩缝后方，肩前条纹狭，淡蓝色；侧面蓝色，第2、3侧缝上端各具1个黑色小斑。翅透明。翅痣前翅大，黄褐色；后翅小，黄色。足淡黄色，具黑色短刺，腿节外侧黑色，胫节内侧具细黑纹。腹部第1~7节背面黑色，第2节、第7节的黑色宽；侧面黄绿色，第8节蓝色；第9节背面黑色，侧面蓝色；第10节背面黑色，末端有2个结节，侧面浅黄色。肛附器黑褐色。上肛附器短，内侧端部具1个尖齿指向下方。下肛附器长于上肛附器，末端尖，黑色，向内弯曲。

雌性 成虫有多型现象，即异色型和同色型。河南尚未发现同色型种类。异色型第1、2节背面无黑色，或第2节端部稍许黑色。江尧桦（1994）对我国大陆省区的该种雌性异色型和同色型特征作了详细记述，为便于识别，现摘要于后。

（1）异色型：幼嫩雌虫底色为橙色，下唇淡黄色，上唇淡橙红色，基部具黑色窄的横条纹，颊，上颚基部、前唇基和额部均为淡橙红色，后唇基黑色，头顶具1条宽的黑色横带，触角第2节基部具橙色环，余为黑色。3个单眼明亮，边缘为橙色，中单眼前缘斑

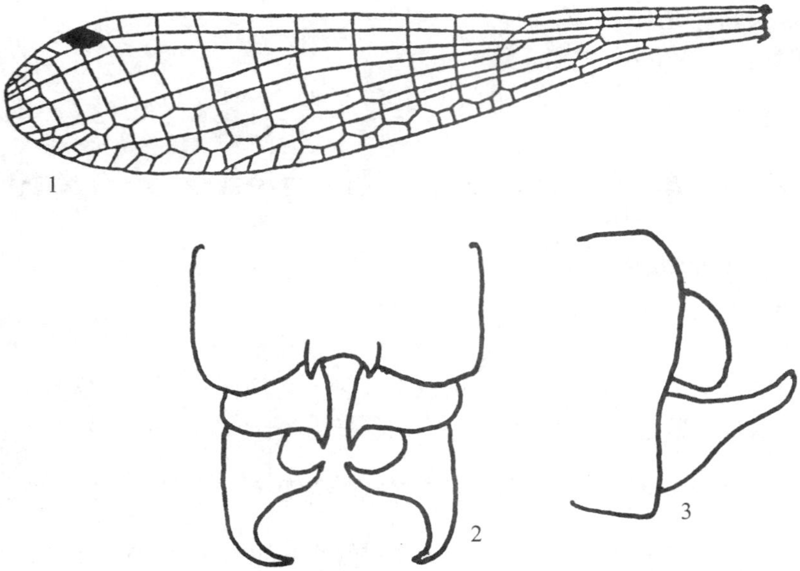

图 93 青纹瘦蟌 *Ischnura senegalensis*（Rambur）

1. 雄后翅 2. 雄肛附器背面观 3. 雄肛附器侧面观（1. 仿 Fraser）

点甚为明显，在中单眼与 2 个侧单眼之间具 2 个橙红色点。后头淡橙色，无单眼后色斑（图 94－1），复眼上半部淡黑色，下半部橙红色。前胸、合胸背部具黑色斑纹，腹面色淡。足具黑色刺，前足、中足腿节近端部 1/3 处或胫节的外侧，残留间断的黑色污迹，头、胸部具白色细毛。腹部第 1、2 节为橙色，第 2 腹节背部在末端 1/3 处有 1 个黑色背斑（图 94－2），其他各腹节背部为黑色，两侧橙色。前、后翅痣黄色具黑色边框，前翅痣大于后翅痣，遮盖不住 1 个翅室。

异色型雌虫的老熟个体底色主要为青色，单眼边缘色淡，中单眼与侧单眼之间的橙红色点较幼嫩时更为明显，单眼后色斑为暗蓝色，略有黑色侵入（图 94－3），复眼上半部黑色，下半部青色。前胸底色为暗橙红色，斑纹与幼嫩雌虫基本一致。合胸背部具黑色斑纹，边缘向肩缝下方扩张，腹部第 1 节背部具黑色纹，仅在两侧呈浅蓝色，第 2 腹节几乎黑色（图 94－4），其外侧具橙褐色斑纹。

（2）同色型：雌虫色彩斑纹与雄虫基本相同，但有以下不同：第一，上唇基部的黑色条纹略宽（图 94－5）；第二，中胸后侧片上方具污黑色痕迹，后胸上前侧片在靠近气门上方具较模糊的黑色斑纹，其形状极不规则；后胸后侧片上方具黑色污迹（图 94－6）；第三，前后翅痣呈黄褐色，不为二色；第四，第 1 腹节具不规则的黑色斑纹，余为蓝色，第 2 腹节前缘有 1 条蓝色斑纹，并向下延伸，其余为黑色。第 8 腹节蓝色，但前缘具黑色斑纹（图 94－7）。

【生活习性】 7～9 月可见成虫活动。

【分布】 信阳、商城；陕西、云南、西藏、广西、山东、湖北、湖南、上海、浙江、福建、广东、台湾、香港。

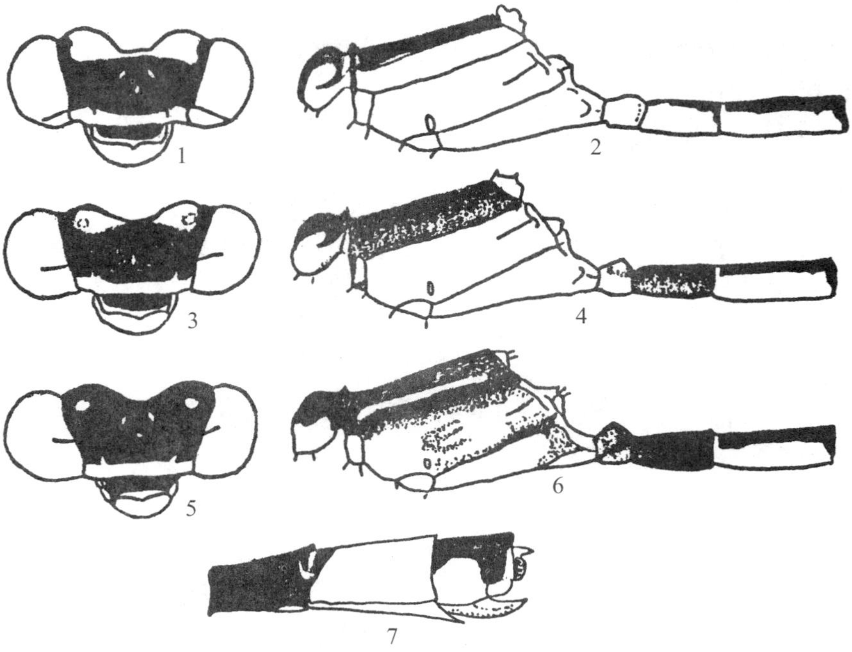

图94 青纹瘦蟌 *Ischnura senegalensis*（Rambur）异色型、同色型部分特征（雌）

1. 异色型头部背面观 2. 异色型胸部、腹部侧面观 3. 异色型老熟个体头部背面观 4. 异色型老熟个体胸部、腹部侧面观 5. 同色型头部背面观 6. 同色型胸部、腹部侧面观 7. 同色型腹部第7～10节侧面观（仿江尧桦）

82. 长叶瘦蟌 *Ischnura elegans*(Vander Linden,1823)(图95)

Agrion elegans Vander Linden,1823,Opusc. Sci.,4:104.

Ischnura elegans Vander Linden,Selys 1876,Bull. Acad. Belg.,2(41):277.

Ischnura elegans Vander Linden,Needham 1930,Zool. Sin.,11(1):282－283.

【形态特征】

雄性腹长22～24mm，后翅15～18mm。

雄性 下唇白色。上唇黄绿色，基部边缘黑色。前唇基黄绿色，后唇基黑色具绿色闪光。上颚、颊、前额黄绿色。额顶、头顶和后头黑色。触角黑色。单眼后色斑黄绿色，圆形。前胸前叶黑色，中间具黄色横带，背板黑色，两侧黄绿色，后叶黑色，后缘中央向后延伸很长并向上翘起，背面中央凹陷，端黄色。合胸背前方黑色，背条纹蓝色。侧面蓝绿色，中胸后侧片前半部黑色。后胸前侧片的上端具1条黑色甚细短纹，第3侧缝黑色，上端有1个小黑斑。翅白色透明。前翅结后横脉8～10条，后翅结后横脉7～8条。前、后翅痣两色：前翅基半部黑色，端半部白色；后翅白色，中间褐色。足黄绿色，腿节、胫节外侧黑色和黑褐色。腹部第1～10节背面黑色；第1、2节侧面蓝色，第3～6节侧面黄色，第7～10节侧面蓝色；第10节背面端部具1对尖突。上肛附器短，黑色，内侧具1个向下的齿突；下肛附器约为上肛附器长的2倍，基部黄色，末端黑色，基部内侧具 1 个黑色齿突。

雌性 色泽与雄性基本相似。

【生活习性】 成虫于 6 ~9 月出现。

【分布】 济源、郑州、西华、桐柏；北京、新疆、山西、陕西、广东。

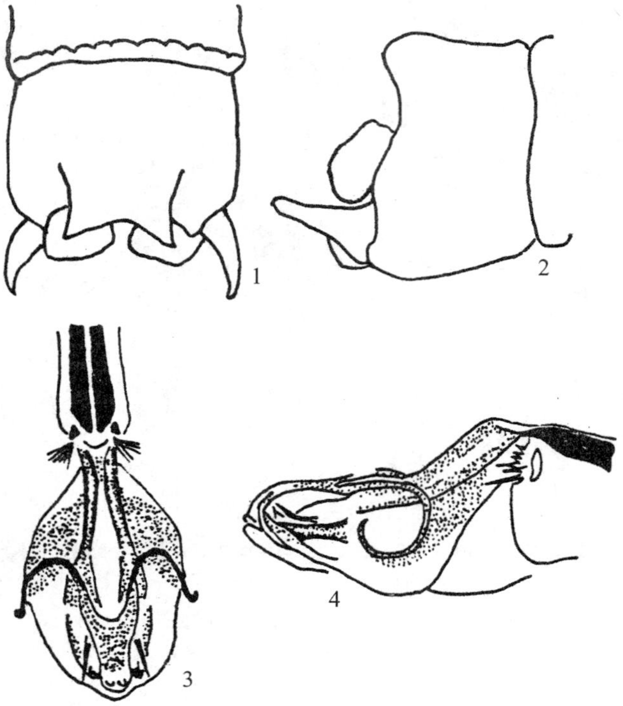

图 95 长叶瘦蟌 *Ischnura elegans* (Vander Linden)

1. 雄肛附器背面观 2. 雄肛附器侧面观 3. 雄阳茎背面观 4. 雄阳茎侧面观（仿杨祖德）

83. 二色瘦蟌 *Ischnura lobata* Needham，1930（图 96）（彩色图版 XXXVIII）

Ischnura lobata Needham,1930,Zool. Sin.,11(1):280 – 281.

【形态特征】

雄性腹长 19 ~21mm，后翅 12 ~13mm。

雄性 下唇淡黄色。上唇基半部黑色，端半部棕色，个体间上唇色彩变化大，前唇苍棕色，后唇基黑色，额棕色，头顶黑色，后头后缘棕色。眼后斑小，圆形，蓝色。前胸背板黑色，前叶前缘黄色，后叶后缘黄色，圆弧形。合胸背面黑色，具绿色肩前条纹；侧面绿色，第 2 侧缝上端具 1 个甚小黑斑，第 3 侧缝为 1 条极细黑线。翅透明。前、后翅翅痣大小、色泽不同。前翅翅痣大，赤褐色；后翅翅痣小，黄色。足淡黄色，具黑色短刺，腿节外侧黑色。腹部第 1 ~7 节背面黑色，具绿色闪光；第 9 节全蓝色；第 8、10 节背面黑色，侧面蓝色，极少数个体第 8 节末端蓝色，但不及节长的 1/3。上肛附器背面黑色，向后有 1 个尖齿，下部扩大成片状，黄白色；下肛附器黄白色，端部伸长弯向上方，末端黑色。

雌性 头顶有 1 条宽的黑色横带，头的其余部分皆棕红色。前胸棕红色，前叶、后叶各具1个黑色斑点；合胸背面棕红色，中央具1条黑色宽带纹，侧面色淡。前、后翅翅痣皆白色。腹部背面黑色，愈向末端愈宽；腹侧1、2节棕红色，中部以后橙黄色，末端3节带蓝色。

【生活习性】 5~9月均可见成虫。最高垂直分布海拔1 400m。本种是河南本属中数量最多的一种。

【分布】 济源、郑州、栾川、西华、桐柏、信阳、商城；北京、河北、山西、陕西、山东、江苏、四川。

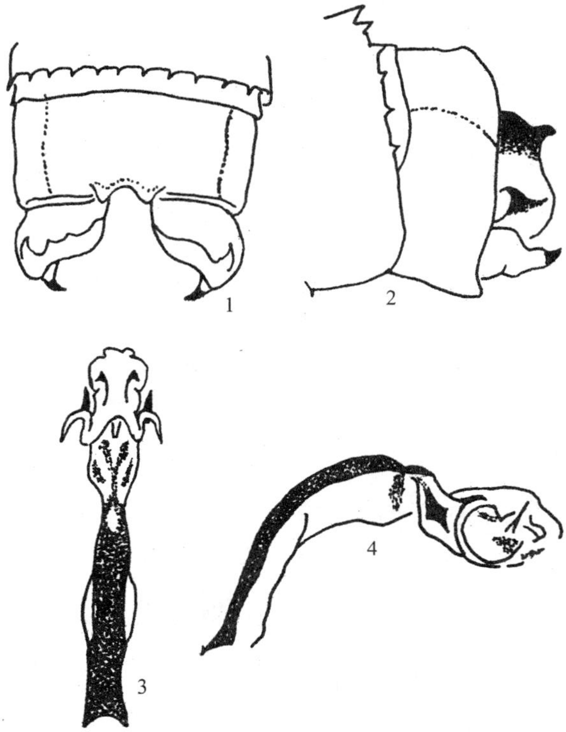

图96 二色瘦蟌 *Ischnura lobata* Needham

1. 雄肛附器背面观 2. 雄肛附器侧面观 3. 雄阳茎背面观 4. 雄阳茎侧面观（仿杨祖德）

（一二）扇蟌科 Platycnemididae

体小型。黑色、蓝色、红色或具黄斑，偶有金属光泽。翅较窄，透明，具翅柄。Ac脉位于两个结前横脉之间。方室近四边形，其前边仅比后边短约1/5，其外后角角度大，主脉直，通常不曲折，呈显著的锯齿状。雄上肛附器通常短于下肛附器。

本志记述4属6种。

河南扇蟌科分属检索表

1a. 前翅中室的前边比后边至少短1/5；翅柄到Ac的水平 …… 2

1b. 前翅中室的前边和后边等长或几等长；翅柄短于Ac …… 3

2a. 雄腹部长为后翅长的1.5倍以上 …… 长腹扇蟌属 *Coeliccia* Kirby，1890
2b. 雄腹部长为后翅长的1.3倍以下 …… 华扇蟌属 *Sinocnemis* Wilson，2000
3a. 触角第2节和第3节等长 …… 狭扇蟌属 *Copera* Kirby，1890
3b. 触角第3节等于第1、2两节长度之和 …… 扇蟌属 *Platycnemis* Charpentier，1840

长腹扇蟌属 *Coeliccia* Kirby，1890

Trichocnemis Selys，1857，Hist. Cuba，Ins.，464.
Coeliccia Kirby，1890，Cat. Odon.，128.
Type－species：*Platycnemis membranipes* Rambur，1842.

本属全世界已记载近50种，分布在中国、印度、缅甸、菲律宾、印度尼西亚、马来西亚、尼泊尔。我国已知11种，分布在河南、浙江、福建、台湾、广西、云南等地。本志记述2种。

河南长腹扇蟌属分种检索表

1a. 雌、雄前胸背板有1对近圆形淡蓝白色斑 …… 六斑长腹扇蟌 *Coeliccia sexmaculatus* Wang，1994
1b. 雌、雄前胸背板无斑纹 …… 四斑长腹扇蟌 *Coeliccia didyma*（Selys，1863）

84. 四斑长腹扇蟌 *Coeliccia didyma*（Selys，1863）（图97）（彩色图版XXXVIII）

Trichocnemis didyma Selys，1863，Bull. Acad. Belg.，2(16)：155.
Coeliccia didyma Selys，Kirby 1890，Laid.，Rec. Ind. Mus.，8：322.

【形态特征】

雄性腹长37～43mm，后翅25～28mm。

雌性腹长32～40mm，后翅27～28mm。

雄性 下唇黄色。上唇呈光亮的黑色，前唇基淡绿色，后唇基黑色，光亮。上颚、颊淡绿色。额、头顶、后头黑色，后头缘两侧各具1个黄斑。前胸、合胸黑色。合胸背前方有2对淡蓝色条纹，下方的1对位于合胸脊两侧，长约为合胸脊的1/2，上方的1对靠近肩缝，中胸后侧片与后胸前侧片之间具淡蓝色宽条纹，后胸后侧片淡蓝色。足黄色。腹部第1节淡蓝色，背面褐色；第2～8节背面黑褐色，侧面淡蓝或黄色；第9、10节蓝色或黄色。上肛附器背面蓝色或黄色，下面中央有1个大三角形齿状突起，基部内侧有1个小齿突；下肛附器长于上肛附器，端部向内弯曲。

【生活习性】 成虫出现于6～7月、9月。数量甚多。

【分布】 辉县、济源、内乡、桐柏、信阳、罗山、商城；西藏、广西、贵州、浙江、江西、福建。

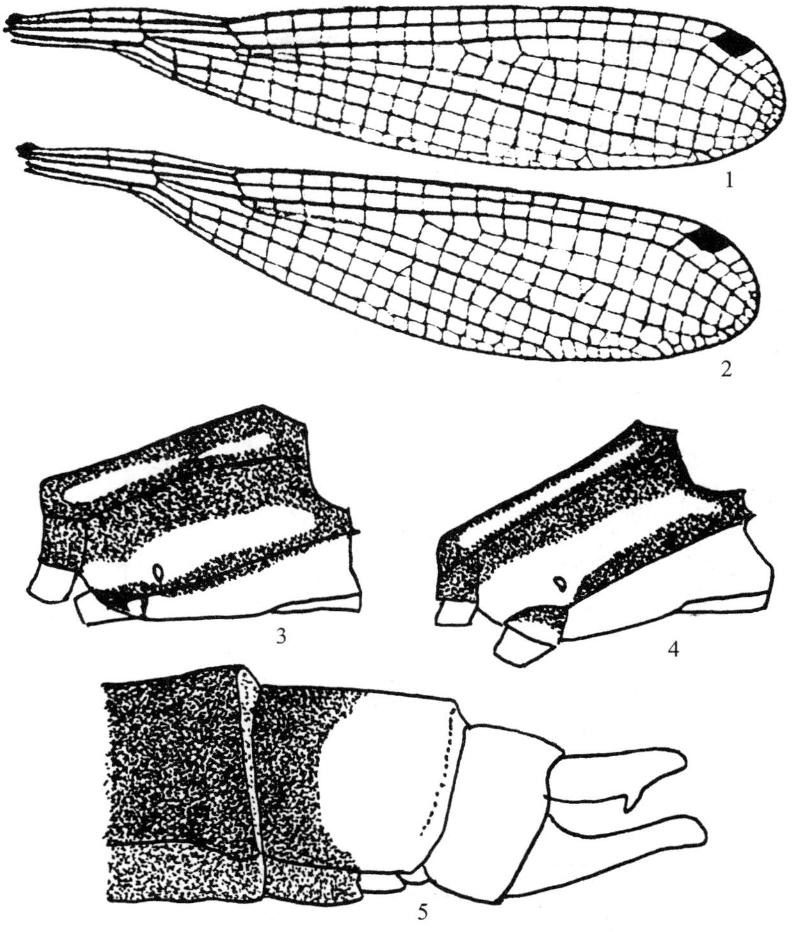

图 97　四斑长腹扇蟌 *Coeliccia didyma* (Selys)

1，2. 雄前后翅　3，4. 雄、雌合胸色彩　5. 雄腹末 3 节及肛附器侧面观

85. 六斑长腹扇蟌 *Coeliccia sexmaculatus* Wang，1994（图 98）（彩色图版 XXXIX）

Coeliccia sexmaculatus Wang，1994，Ento.，16(2)：82～83.

【形态特征】

雄性腹长 40～42mm，后翅 27～28mm。

雌性腹长 37～39.5mm，后翅 25.5～28mm。

雄性　下唇黄色。上唇和后唇基黑色，光亮。前唇基、上颚基部、颊淡黄色。额黑色，前缘两侧的淡黄色斑常相连成一横带。头顶黑色，侧单眼至触角间的斑纹淡黄色，粗大柱状，此斑向内与单眼间的斑纹相连，部分个体（约 1/3）更向外延伸至复眼，形成 1 条横越单眼的非常发达的横条纹。后头黑色，后头缘两侧各有 1 个淡黄色纹。

前胸完全黑色，在背板中央“V”形沟两侧各有 1 个甚大的淡蓝白色近乎圆形斑。合胸黑色，合胸背前方具 2 对淡蓝色条纹：下方的 1 对靠近合胸脊，下端粗大向上渐尖削成楔形，长约为合胸背的 2/3；上方的 1 对靠近肩缝，细狭，长约为合胸背的 1/2。中胸后侧片与后胸前侧片之间具淡蓝色宽条纹，后胸后侧片淡蓝色，第3条纹粗大完整。翅白色透明，翅痣深褐色。前翅结后横脉17条，后翅结后横脉14条。足淡黄色，腿节外侧、胫节内侧黑色，刺和跗节黑褐色。

腹部第1节淡蓝色，背面中央褐色；第2节黑色，背中条纹不达端部，侧面淡蓝白色；第3~6节黑色，各节背面中央均具完全的细条纹（个别标本在第6节中部有中断），侧缘淡蓝白色，基端两侧斑纹细小，末端两侧下缘的斑纹较大，颜色亦较深；第7节无背中线；第8节端半部蓝绿色；第9节蓝绿色，基端两侧下缘有1个褐色斑；第10节蓝绿色，两侧缘黑褐色。上肛附器近三角形，端圆钝，约与第10节等长，背面淡蓝色，腹面黑褐色，在中点之后有1个指向下方的三角形齿状突起，端尖锐，基部内侧另具1个甚小的齿状突起；下肛附器端部向内弯曲，长于上肛附器。

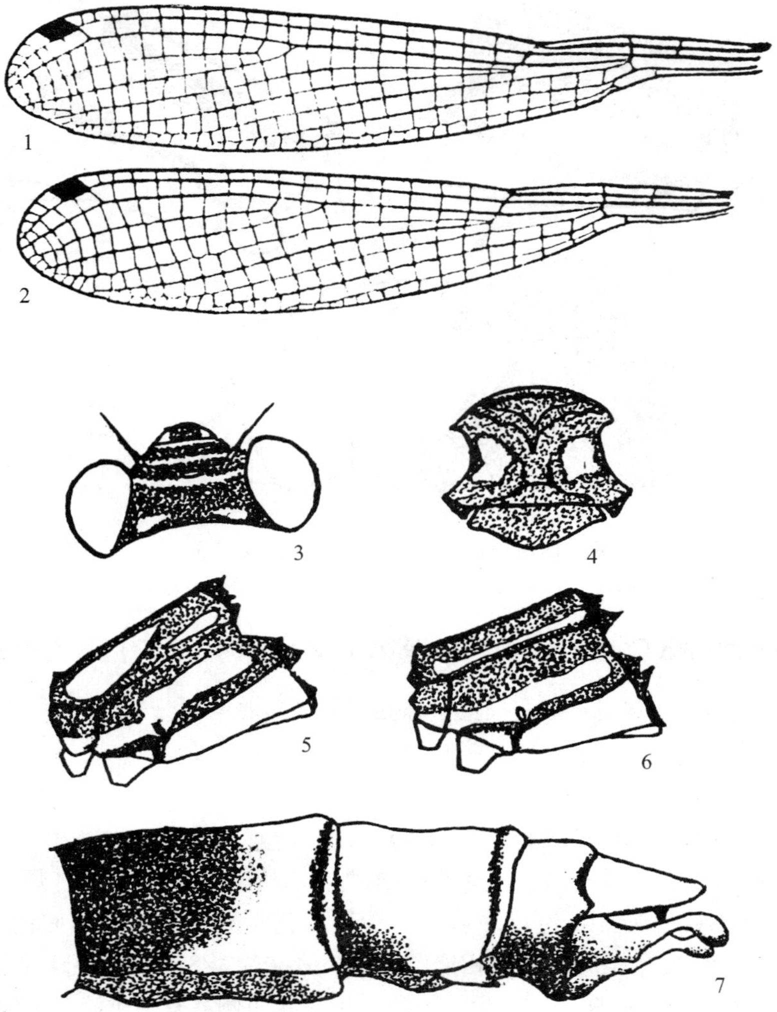

图98　六斑长腹扇蟌 *Coeliccia sexmaculatus* Wang

1，2. 雄前后翅　3. 头部背面观　4. 前胸背面观

5，6. 雄、雌合胸色彩　7. 雄腹部末3节和肛附器侧面观

雌性 与雄性不同的是：斑纹的颜色皆黄色；腹部第8、9节端半部淡蓝色；合胸背前方沿肩缝有1条完整条纹，前翅结后横脉18条，后翅结后横脉16条；腹部3~9节具背中条纹（有的标本8、9节中断或消失），第10节黑褐色；腹部两侧缘的条纹明显较雄性宽大。

本种近似四斑长腹扇蟌 *Coeliccia didyma*（Selys），主要区别是：第一，雌性、雄性的前胸背板有2个近圆形斑，雄性连同合胸背前方的2对条纹，胸部共有6个斑纹；第二，雄性腹部第3~6节、雌性第3~9节具完整的背中细条纹。

【分布】 栾川（老君山，900~1 200m）（本种模式产地）。

华扇蟌属 *Sinocnemis* Wilson & Zhou, 2000

Sinocnemis Wilson & Zhou, 2000, International Jou. Odon., 3(2): 173–177.

Type–species: *Sinocnemis yangbingi* Wilson & Zhou, 2000.

中国特有属。已知3种，分布在河南、四川、贵州。本志记述1种。

86. 河南华扇蟌 *Sinocnemis henanese* Wang, 2003（图99）（彩色图版XXXIX）

Sinocnemis henanese Wang, 2003, Ento., 25(1): 1–3.

【形态特征】

雄性腹长35~38mm，后翅28~32mm。

雌性腹长32~34mm，后翅30~32.5mm。

雄性 体中型，粗壮。下唇黑色。上颚外侧黄色。上唇蓝绿色，前、后唇基黑色，部分个体后唇基两侧基部有1个黄色小圆斑。额、触角、头顶、后头均黑色。在中单眼和侧单眼两侧各有1对黄斑。后头后方有黄色条纹。

前胸黑色。前叶端半部黄色，向上凸起；中叶背面有2个大黄斑，上着稀疏白色长毛，此黄斑在前叶两侧与前叶黄斑相连；后叶中央近后缘具1个黄色小圆斑。合胸黑色，条纹黄色；合胸脊上半段黄色。肩前条纹上端狭，末端尖钩向内侧，向下渐宽，基端圆。肩缝上端有1条短线纹。侧面第2缝具1条宽条纹，覆盖气门。后胸后侧片全部黄色。足黑色，基节、转节腹面黄色，腿节外侧上部黄色，腿节、胫节具黑色长刺。翅透明，翅脉黑色，翅痣黑褐色，覆盖2个翅室。翅柄止于cu–a下面。弓脉位于第2结前横脉下方。翅结位于近翅基部1/3处。IR_3和R_{4+5}起点近翅结。R_{4+5}距翅结前1个翅室，IR_3发自亚翅结。R_3的基部距亚翅结6个翅室。R_3与IR_3间具1条插脉，伸抵翅痣基端，但在个体间变化极大，大多数翅呈断续状且长短各异；少数更没有插入脉。结后横脉上下连成1行。前翅结后横脉15~17条，后翅13~14条。停息时四翅平伸。

腹部黑色，具黄色斑纹。第1节背面黑色，两侧黄色在两端背面相连；第2节两侧具宽的纵条纹；第3~7节基端两侧具半圆形斑，向后依次渐小，个别个体两侧斑相连，第3、4节两侧具纵条纹，但不达末端，与基侧斑相连或分离；第8~10节背面蓝绿色，侧缘黑色。肛附器黑色，长于第10腹节。上肛附器内缘扩展，端部弯向内侧，顶端具1个尖齿，如宽镰刀状。下肛附器短于上肛附器。

雌性 色彩与雄性基本相同，不同的是：前翅结后横脉 13 ~ 16 条，后翅结后横脉 12 ~ 14 条。腹部第 2 ~ 4 节侧面纵条纹狭，第 8 ~ 10 节背面蓝绿色甚窄。

本种与杨兵华扇蟌 *Sinocnemis yangbingi* Wilson et Zhou 非常相似，但有以下区别：第一，前胸背板有 2 个黄色圆斑。第二，合胸侧面中胸后侧片后上角无条斑。第三，腹部 3、4 节侧面有黄色纵条纹。第四，阳茎末节内瓣端缘尖出。

【分布】 济源、嵩县、鲁山。

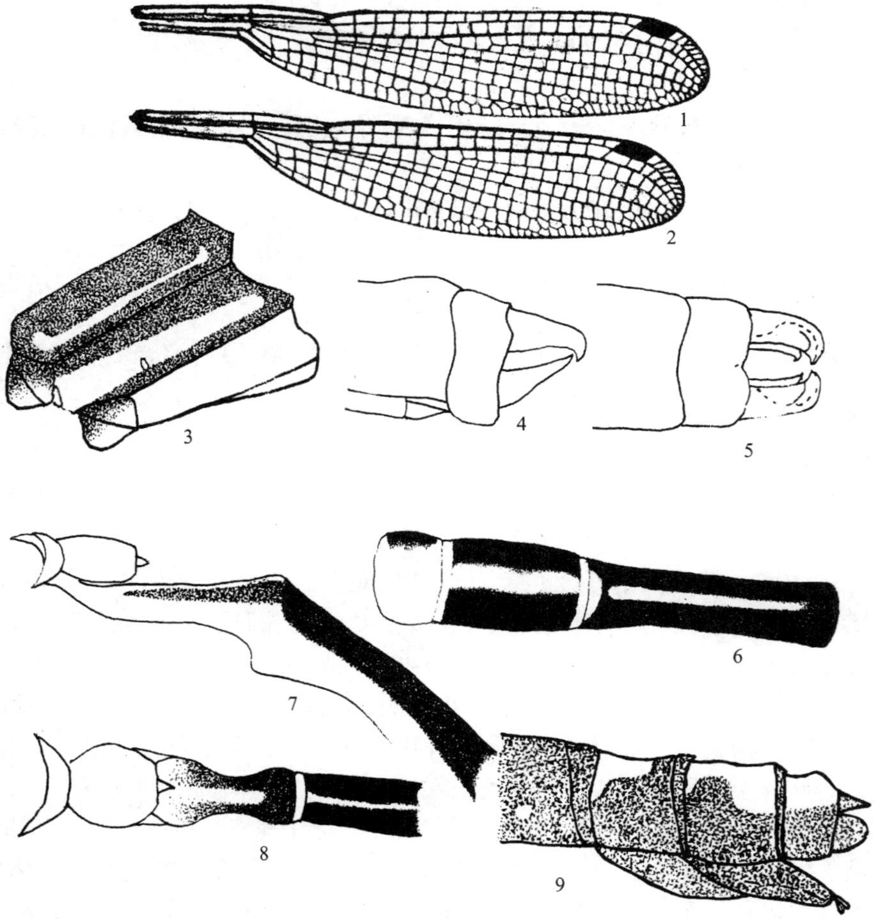

图 99 河南华扇蟌 *Sinocnemis henanese* Wang

1，2. 雄前后翅 3. 合胸色彩 4. 雄肛附器侧面观 5. 雄肛附器背面观 6. 雄腹部基端三节 7. 阳茎侧面观 8. 阳茎背面观 9. 雌腹部末端三节

狭扇蟌属 *Copera* Kirby, 1890

Platycnemis Rambur, 1842, Ins. Nevrop., 240.

Copera Kirby, 1890, Cat. Odon., 120.

Type – species: *Platycnemis marginipes* Rambur, 1842.

本属全世界已记载约20种，分布在中国、日本、印度、印度尼西亚。我国已知6种，分布在北京、河南、陕西、上海、福建、湖南、广东、四川、云南等地。本志记述1种。

87. 白狭扇蟌 *Copera annulata*(Selys,1863)(图100)(彩色图版XXXX)

Psilocnemis annulana Selys,1863,Bull. Acad. Belg.,2(16):172.

Copera annulana Selys,Kirby 1890,Cat. Odon.,129.

【形态特征】

雄性腹长36~41mm，后翅20~25mm。

雌性腹长39~40mm，后翅25~26mm。

雄性 上、下唇及上颚基部白色，上唇基部中央有1个黑斑。前、后唇基黑褐色，后唇基周围黄色。颊黄色。额、头顶、后头黑色，额和后头缘两侧各具1个黄斑。前胸黑色，两侧具黄色条纹。合胸黑色，具1对黄色肩前条纹，此条纹与前胸黄色条纹相连。侧面，中胸后侧片上部具1个短小黄色斑，后胸侧片黄色，在前、后侧片间具细狭黑线纹。翅白色，透明，翅痣黄色。前翅结后横脉14~15条，后翅结后横脉11~12条。足白色，腿节末端、前足胫节背面和中、后足胫节末端、跗节以及刺为黑色，胫节稍扩大成长条形。腹部第1~8节黑色，侧缘黄色，基端具黄色环；第9、10节及肛附器白色。上肛附器约与第10腹节等长，下肛附器长约为上肛附器的2倍，尖端黑色。

雌性 上、下唇黄色，上唇基部中央有1个黑斑。前、后唇基黄色，后唇基前缘有3个小黑点。额、颊黄色，额顶有黑色"工"字形斑纹。头顶、后头黑色。中单眼和侧单

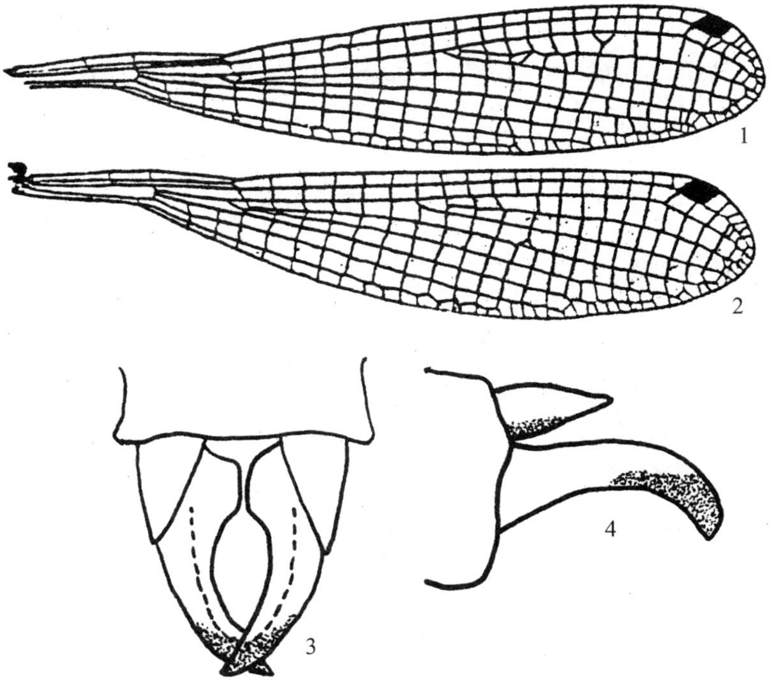

图100 白狭扇蟌 *Copera annulata*(Selys)

1，2. 雄前后翅 3. 雄肛附器背面观 4. 雄肛附器侧面观（3，4. 仿隋敬之）

眼两侧各有1对黄色斑点，后头两侧另有1对小黄斑。胸部和腹部色泽与雄性基本相同。肛附器短于第10腹节。

【生活习性】 成虫出现于6月及8~9月。淮南多于中北部。

【分布】 辉县、郑州、舞钢、桐柏、信阳、商城；北京、陕西、四川、贵州、广西、湖南、浙江、江西、福建、台湾、广东。

扇蟌属 *Platycnemis* Charpentier, 1840

Platycnemis Charpentier, 1840, Lib. Europ., 21.

Type - species: *Libellula pennipes* Pallas, 1771.

本属全世界已记载40多种，分布在非洲、亚洲和欧洲。我国已知4种，分布在北京、东北南部、陕西、河南、山西、上海、江苏、湖南、浙江、江西、广西、四川等地。本志记述2种。

河南扇蟌属分种检索表

1a. 合胸脊黑色；前胸背板背面圆鼓；肛附器白色，上肛附器末端外侧有浅"U"形凹陷…………………………………………………… 粉扇蟌 *platycnemis phyllopoda* Djakonv, 1926

1b. 合胸脊黄色；前胸后叶背面较平；上肛附器背面黑色，端部和腹面黄色，下肛附器黄色……………………………………………… 白扇蟌 *platycnemis foliacea foliacea* Sleys, 1886

88. 白扇蟌 *Platycnemis foliacea foliacea* Selys, 1886（图101）（彩色图版XXXX）

Platycnemis foliacea Selys, 1886, Soc. Ent. Belg. Mem. Cour., 38: 183.

Platycnemis foliacea foliacea Selys, Asahina 1949, Mushi 20(2): 32-34.

【形态特征】

雄性腹长26~29mm，后翅15~18mm。

雌性腹长26~27mm，后翅17~21mm。

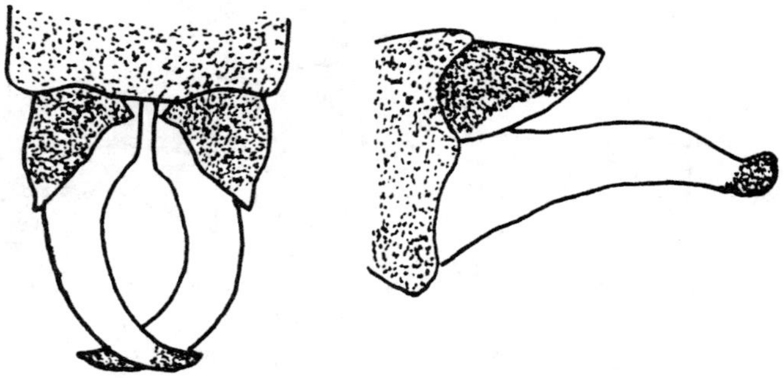

图101 白扇蟌 *Platycnemis foliacea foliacea* Selys

雄肛附器背面观及侧面观（仿隋敬之）

雄性 下唇透明，白色。上唇白色，基部中央具1个黑色小点。前、后唇基黄绿色。颊黄色。额、头顶、后头黑色，具黄斑。头顶黄斑多变化。触角黑色。前胸黑色，两侧具黄色宽带，前胸后叶背面较平。合胸背前方黑色，肩前条纹狭，合胸脊黄色；中胸后侧片黑色，前缘具1条黄色条纹，部分个体在上方断离，后胸侧片黄色，侧缝的上方有1个黑斑。翅透明，翅痣黄褐色，足白色，腿节和前足胫节的背面黑色，中、后足胫节扩大成扇形，白色。腹部黑色或褐色，斑纹黄色。第1节背面黑色，末端中央有1个小黄色点，侧面黄色；第2~8节背面黑色，侧面黄色；第3~7节基端有黄色环；第9节大部分黑色，仅侧缘黄色；第10节黑色，腹面黄白色。上肛附器背面黑色，端部和腹面多为黄色或白色，短于第10腹节；下肛附器黄色，尖端黑色，约为上肛附器长的2倍。

老熟雄性体被白粉。

雌性 面部棕黄色，触角第1、2两节棕黄色，足全部红黄色，胫节不扩大。腹部第1~2节背面无黑纹；第3~7节黑色消退，呈棕黄色。肛附器黄色，短于第10腹节。

【分布】 全省广布；北京、山西、四川、贵州、浙江、江西。

89. 粉扇蟌 *Platycnemis phyllopoda* Djakonov，1926（图102）（彩色图版XXXX）

Platycnemis phyllopoda Djakonov，1926.

Platycnemis phyllopoda Djakonov，Asahina 1949，Mushi 20(2)：32－34.

【形态特征】

雄性腹长29~31mm，后翅18~21mm。

雌性腹长28~30mm，后翅20~23mm。

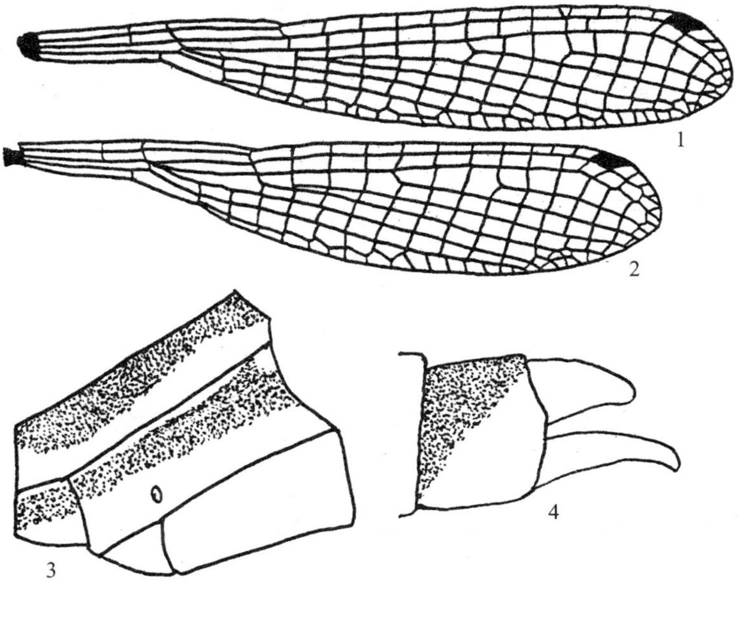

图102 粉扇蟌 *Platycnemis phyllopoda* Djakonov

1，2. 雌前后翅 3. 合胸色彩 4. 雄肛附器侧面观

雄性 下唇黄白色。上唇黄色，中央有1个黑点。前唇基棕黄色，后唇基前缘黑色。颊黄白色。额、头顶、后头黑色。前胸黑色，两侧黄色，前胸后叶背面向上隆鼓。合胸黄棕色，条纹黑色，合胸脊黑色。合胸脊两侧具宽大条纹，肩缝具1条细线纹，上端稍宽；中胸后侧片有1个宽的条纹。翅透明，翅痣褐色，周边黄白色。足黄白色，中、后足胫节扩大成扇形，白色。腹部背面黑色，两侧黄色，第1~7节基端具黄色环；第9节全黑色；第10节背面黑色条纹狭，基端宽，两侧黄色。肛附器白色，上肛附器基部内侧有1个黑点，末端外侧有浅“U”形凹陷，端尖，长于第10腹节；下肛附器长约为上肛附器的2倍，尖端黑色。

胸部、腹部第1~4节被薄白粉。

雌性 色泽与雄性近同。但前胸为黄棕色，前胸后叶前缘中央向前突出成角状，两端向外伸展并钩向后，后部近方形；中、后足胫节不扩大。

【生活习性】 成虫于7~8月出现。

【分布】 济源、确山、灵宝、栾川、卢氏、内乡；江苏、上海、浙江、湖南。

（一三）山蟌科 Megapodagriidae

大型种类。翅端部具副分脉，向翅基伸展，超过翅痣水平。R_3 与 IR_3 之间无斜脉相接，方室端部尖或钝，翅结位于近翅基的1/3或1/4处。本志记述2属2种。

河南山蟌科分属检索表

1a. 翅柄不超过 cu－a，翅结位于近翅基的1/3处，中叉近翅结，IA与翅后缘之间仅1行翅室，雄第9腹节背面无齿状突起 ······································ 藏山蟌属 *Mesopodagrion* McLachlan，1896

1b. 翅柄超过 cu－a，翅结位于近翅基的1/4处，中叉近弓脉，IA与翅后缘之间3行翅室，雄第9腹节背面具齿状突起 ·· 齿山蟌属 *Rhipidolestes* Ris，1912

藏山蟌属 *Mesopodagrion* McLachlan，1896

Mesopodagrion McLachlan，1896，Ann. Mag. Nat. Hist.，6(17)：372.

Type－species：*Mesopodagrion tibetana* McLachlan，1896.

本属原包含1种，原模产地为我国四川（宝兴），印度、缅甸有其分布。国内分布在山西、陕西、河南、四川、浙江、福建、西藏、云南。本志记述1种。

90. 藏山蟌 *Mesopodagrion tibetanum* McLachlan，1896（图103）（彩色图版XXXXI）

Mesopodagrion tibetanum McLachlan，1896，Ann. Mag. Nat. Hist.，6(17)：372.

【形态特征】

雄性腹长38~41mm，后翅31~33mm。

雌性腹长36~37mm，后翅32~34mm。

雄性 下唇黄褐色，上唇、上颚基及前唇基黄绿色。颊黄绿色。后唇基、额、触角、头顶黑色，侧单眼两侧各具 1 个黄斑。前胸黑色，两侧缘黄色。合胸黑色，具蓝绿色光泽，合胸背前方有 1 对黄色肩前条纹，后胸前侧片黄色，仅在上方与后胸后侧片之间有 1 个黑斑，后胸后侧片黄色，下端黑色。翅白色，透明，翅柄不超过 cu－a，翅结位于近翅基 1/3 处，中叉偏于翅结，方室外下角呈尖三角形，前翅结后横脉 20～24 条，后翅 18～21 条，A_1 脉与翅后缘之间只有 1 行翅室。翅痣黄褐色。足黑色，基节、转节、腿节腹面大部皆黄绿色。腹部黑色，具蓝绿色光泽。第 1～8 节两侧黄色或具纵条纹、黄斑，第 9、10 节黑色，第 10 节端缘中央突起为黄色。肛附器黑色，上肛附器长于第 10 腹节，末端内弯；下肛附器短。

雌性 色泽与雄性近同。

【生活习性】 成虫出现于 6～8 月，8 月最多。垂直分布偏高：在南部 为海拔 500～1 400m，中、北部为海拔 1 000～1 700m。

【分布】 济源、灵宝、卢氏、栾川、内乡、商城；陕西、四川、云南、贵州、西藏、浙江。

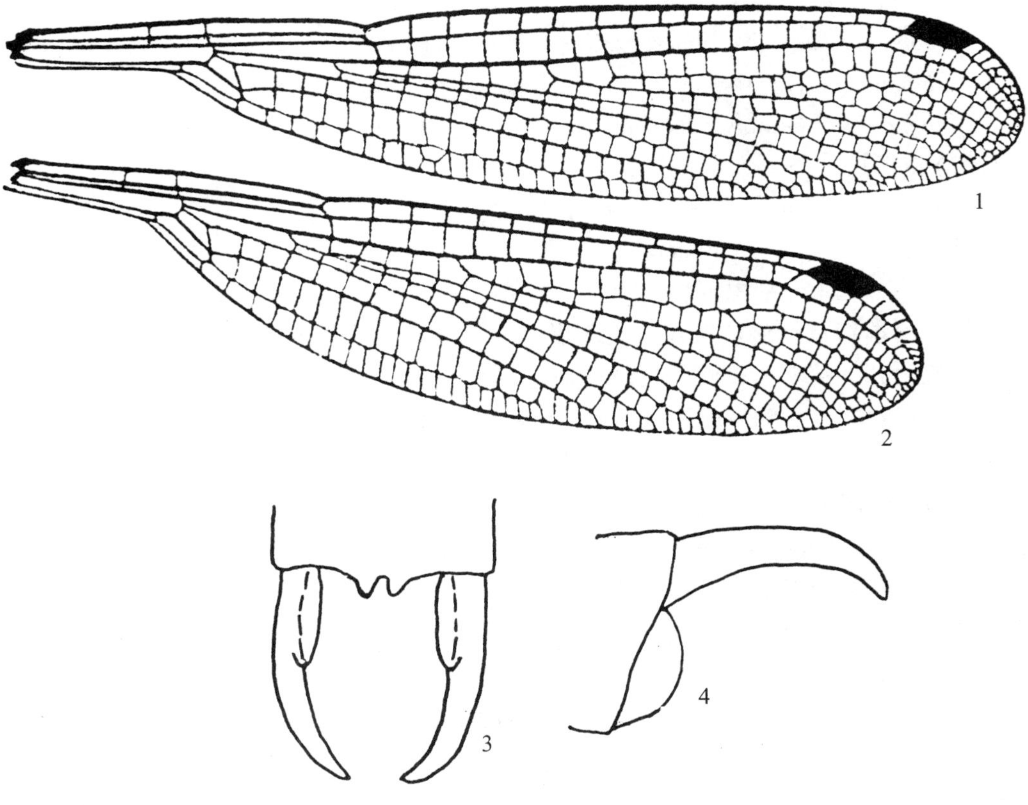

图 103 藏山蟌 *Mesopodagrion tibetanum* McLachlan

1，2. 雄前后翅 3. 雄肛附器背面观 4. 雄肛附器侧面观

齿山蟌属 *Rhipidolestes* Ris, 1912

Taolestes Needham, 1930, Zool. Sin., 11(1): 227.

Rhipidolestes Ris, Chao 1995, Wuyi Sci. Jou., 12: 57 – 59.

Type – species: *Rhipidolestes aculeatus* Ris, 1912.

本属全世界已知8种1亚种，分布在中国、缅甸、日本。我国已记载8种，分布在河南、浙江、福建、台湾、广东等地。本志记述1种。

作者1990年将*Rhipidolestes*属的中文属名称为齿山蟌属，以突出本属雄性第9腹节背面有齿状突起的特有特征。现仍使用这个中文属名。本属的分类位置与下述《中国蜻蜓的种类与分布》中的分类位置并未对应。

91. 二星齿山蟌 *Rhipidolestes nectans*(Needham, 1928)(图104)(彩色图版XXXXI)

Taolestes nectans Needham, 1928, Bull. Peking Nat. Hist. Soc., 2(4): 12.

Taolestes nectans Needham, 1930, Zool. Sin., 11(1): 227.

Rhipidolestes bidens Sehmidt, 1931, Konowia, 10: 180.

Rhipidolestes nectans Needham, Davis et Tobin 1984, 1: 47.

【形态特征】

雄性腹长49~51mm，后翅40~42mm。

雌性腹长49mm，后翅39mm。

雄性 头部几乎全部黑色，仅触角（基节黑色）赤色，侧单眼外方有不规则棕色斑，部分个体上唇端部具红色横条纹。前胸黑色，两侧具宽的黄色条纹。合胸黑色，肩前条纹宽，黄褐色，上端断离；侧面后胸前侧片具更宽的黄褐色条纹，该条纹覆盖气门，两条纹内侧界线模糊，后胸后侧片为细狭的黄褐色。翅透明，翅柄超过cu – a，翅结位于近翅基的1/4处，R_3与IR_3之间无斜脉，R_3、IR_3的基部距亚翅结分别为7个、3个翅室，R_{4+5}距翅结4个翅室，IA与翅后缘之间具3行翅室。前翅结后横脉32~35条，后翅结后横脉29~33条。翅端部具褐色斑，但不超过翅痣端缘水平。基半部翅脉赤橙色，向端部为褐橙色。翅痣淡红色，前缘与翅痣同色或黑色，但内缘、外缘和后缘黑色，特别粗，后下角圆，前下角尖锐。足基节、转节黑色，其余皆红色，具同色长刺。腹部第1、2节、第6节中后部和第7~10节黑色；第3~5节和第6节前部色淡，黑褐色；第3~7节很长，第7节长大于8~10节长的和；第9节背面基端中央具斜向后方的齿状突起，该齿突末端中央“V”形凹陷呈2个角状齿，由此得中名“二星”种名。肛附器黑色，上肛附器长约为第10腹节长的2.5倍，上肛附器末端弯向内，交叉成圆形，基部内侧具1个粗大钝齿，近端部外侧有1个小尖齿，末端外侧长于内侧。下肛附器甚小，后面观似长菱角形，下方具1个短小尖齿，上方尖齿长，齿尖钩向内方。

雌性 与雄性不同的是，上唇黑色，端半部黄褐色。前唇基黑褐色，后唇基黄色。额黄色，头顶、后头黑色。触角全部黄褐色。前胸、合胸条纹内侧界线清晰。翅脉褐色，翅痣黄白色，前翅结后横脉 30～31 条，后翅结后横脉 27～28 条。足黄褐色。腹部中节色深。

【生活习性】 成虫 7 月可见。为我省珍稀种类。

【分布】 内乡、桐柏；江苏、浙江、福建。

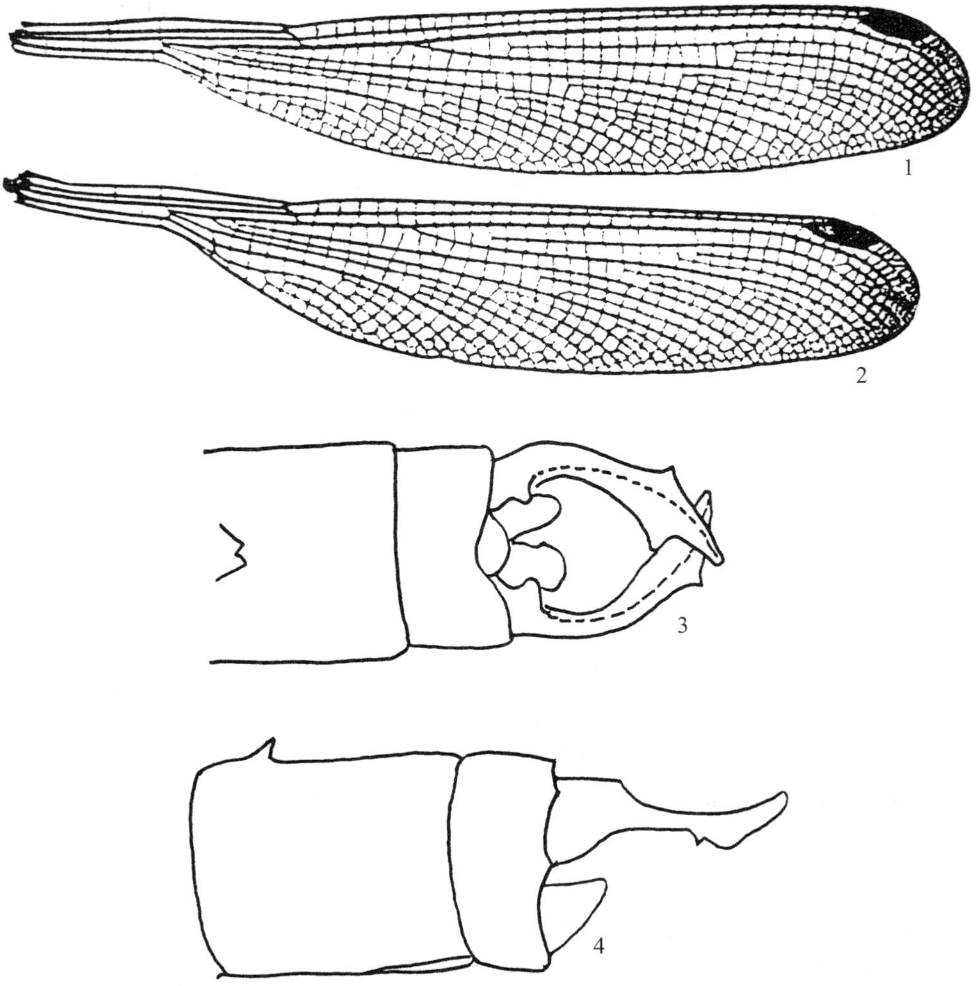

图 104 二星齿山蟌 *Rhipidolestes nectans*（Needham）

1，2. 雄前后翅 3. 雄腹末 2 节及肛附器背面观 4. 雄腹末 2 节及肛附器侧面观

（一四）丝蟌科 Lestidae

体小型。翅透明，中叉近于弓脉，远于翅结，方室外端甚尖，IR_3、R_{4+5}及 MA 之间有副分脉。腹细长，雄具 1 对长的上肛附器。

本志记述 2 属 3 种。

河南丝蟌科分属检索表

1a. 后翅中室比前翅的长；前胸后叶不分叶；Ac 超过基部结前横脉；体天蓝色 ………………………………………………………………………… 蓝丝蟌属 *Ceylonolestes* Kennedy，1920

2b. 后翅中室形状与前翅的相同 ……………………………………… 丝蟌属 *Lestes* Leach，1815

蓝丝蟌属 *Ceylonolestes* Kennedy，1920

Ceylonolestes Kennedy，1920，Ohio Journ，Sci.，21(2)：84.

Type – species：*Lestes gracilis* Selys，1862，Bull. Acad. Belg.，2(13)：327.

本属全世界已记载 30 余种，分布在非洲、亚洲和澳大利亚。我国已记录 8 种，分布在河南、江苏、浙江、湖北、云南。本志记述 2 种。

本属在下述《中国蜻蜓种类与分布》中为赭丝蟌属 *Indolestes* Fraser，1922。

河南蓝丝蟌属分种检索表

1a. 肩前条纹土黄带绿色，近合胸脊的一侧中央凹陷；合胸侧土黄带绿色。中胸后侧片前缘具 2 个黑点；腹部背面具黑色斑点 ……………………… 蓝丝蟌 *Ceylonolestes gracilis extraneus* Needham，1930

1b. 肩前条纹绿色，中央无凹陷；合胸侧绿色，具黑绿色宽带；腹部背面具黑色宽条纹 ……………………………………………………… 黑脊蓝丝蟌 *Ceylonolestes birmana* (Selys 1891)

92. 蓝丝蟌 *Ceylonlestes gracilis extraneus* (Needham，1930)（图 105）

Lestes gracilis Selys，1862，Bull. Acad. Belg.，2(13)：327.

Ceylonlestes gracilis Selys，Ris 1916，Suppl. Ent.，5：13 – 15.

Lestes extraneus Needham，1930，Zool. Sin.，11(1)：233 – 234.

【形态特征】

雄性腹长 32 ~ 34mm，后翅 21 ~ 22mm。

雌性腹长 31 ~ 33mm，后翅 22 ~ 23mm。

雄性 体土黄色具黑斑。下唇、上唇、上颚基、颊黄绿色或黄褐色。额、头顶、后头黑色。前胸前叶具 1 对小斑，后叶具 1 对甚大近圆形斑，背面具 1 对相背的“┘”形斑；合胸脊两侧条纹粗大，形如一个中间外凸的花瓶状，有金属光泽。合胸侧有几个黑点：中胸后侧片前缘中间 2 个，下部 1 个，中、后胸侧缝上方有 1 条短线和 1 个黑点，后胸侧板缝上方 1 个。后翅中室比前翅的长。腹部第 1 节基端有 1 条横纹；第 2 节基端有 1 个大的近三角形斑，端部有 1 对相向的“L”形斑，两端斑纹均以背中线相隔；在第 3 ~ 6 节两端的斑纹边缘渐模糊，端斑向下扩展至侧缘；第 7 ~ 10 节背面黑色，但第 9 节不达端部。上肛附器黄白色，细长，端弯曲，黑色，中段内侧展宽，顶端有一黑色指向下方的尖刺，下肛附器短小，近三角形。

雌性 色泽与雄性近同，区别是腹部第 8、9 节背面黑色，第 9 节不达端部，第 10 节无斑纹，肛附器黄白色。

【生活习性】 7月和9~10月可见成虫。稀少。

【分布】 内乡、桐柏、信阳、商城；江苏、湖北、广西、浙江、江西。

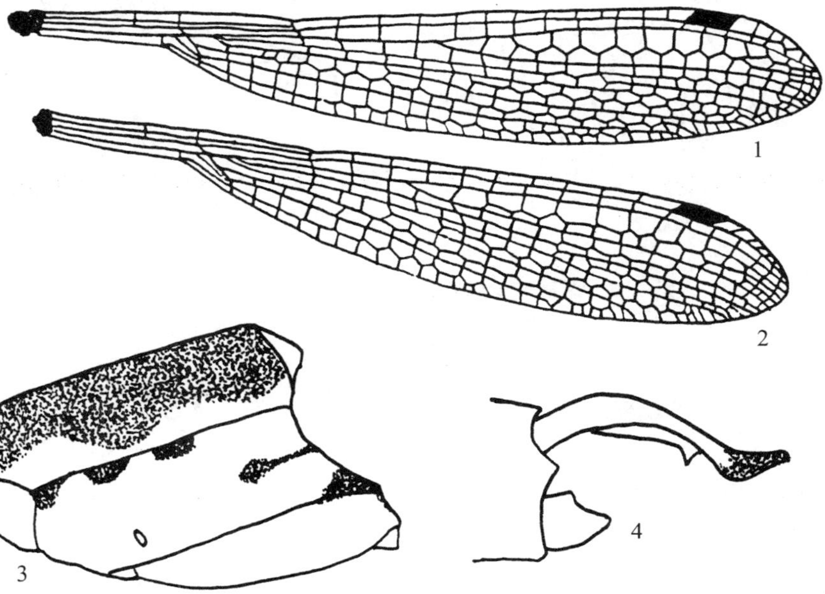

图105 蓝丝蟌 *Ceylonlestes gracilis extraneus* Needham

1，2. 雄前后翅 3. 合胸色彩 4. 雄肛附器侧面观

93. 黑脊蓝丝蟌 *Ceylonlestes birmanus*(Selys,1891)(图106)

Lestes birmana Selys,1891,Ann. Mus. Civ. Genova,2(30):495.

Ceylonlestes birmanus Selys,Fraser 1930,Nat. Hist. Soc.,34:97-98.

【形态特征】

雄性腹长31mm，后翅20mm。

雌性腹长30mm，后翅21mm。

雄性 下唇黄色。上颚基、颊红黄色。上唇黄绿色。后唇基、额、头顶、后头及触角黑色。前胸黄绿色，背板和后叶各具2个黑斑。合胸背前方黑色，具1对肩前条纹，合胸侧方绿色，中胸后侧片沿肩缝具1条黑绿色条纹。翅白色，翅痣褐色。腹部第1、2节黄绿色，分别具1个和2个黑绿色斑纹，有金属闪光；第3~8节背面黑色；第9节黑色；第10节黄绿色。上肛附器长约为第10腹节的2倍，黄白色，端部黑色，内缘中央有1个半圆形突起，端部具1个长齿。下肛附器甚短。

雌性 色彩与雄性基本相同。

【生活习性】 7月可见成虫。极稀少。

【分布】 内乡；云南。

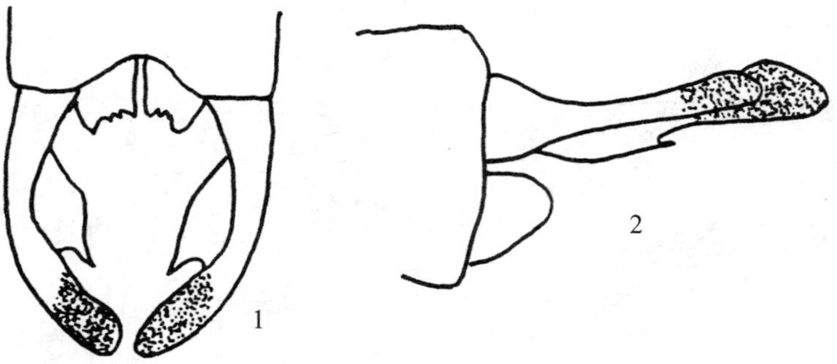

图 106 黑脊蓝丝蟌 *Ceylonlestes birmanus* (Selys)
1. 雄肛附器背面观 2. 雄肛附器侧面观（仿隋敬之）

丝蟌属 *Lestes* Leach, 1815

Lestes Leach, 1815, Edinb. Encycl., 9: 137.

Type – species: *Lestes sponsa* Hansemann, 1823.

这是一个世界广布的大属，已知 110 余种，我国已记录 11 种，分布在新疆、陕西、广东、福建、云南和河南等地。本志记述 1 种。

94. 蕾尾丝蟌 *Lestes nodalis* Selys，1891（图 107）（彩色图版 XXXXII）

Lestes nodalis Selys, 1891, Ann. Mus. Civ. Genova, 2(30): 496.

【形态特征】

雄性腹长 30mm，后翅 20mm。

雄性 下唇黄色，透明。上唇、上颚基部淡绿色。前唇基双色：端半部淡绿色，基半部黑色。后唇基黑色。颊淡绿色。额、头顶、后头和触角黑色。前胸黄褐色，两侧淡绿色。合胸背前方暗褐色，肩前条纹淡绿色。侧面黄绿色，中胸后侧片前方具 1 条狭褐色条纹。翅透明，着烟色。翅痣黑褐色。前翅结后横脉 13 条，后翅结后横脉 11 条。足黄褐色。腹部第 1～5 节暗绿色，第 6～8 节黑褐色，第 9、10 节暗绿色，侧面黑褐色。上肛附器黄白色，长于第 10 腹节，末端黑色，内侧中部扩展成叶状。下肛附器甚短。

【生活习性】 成虫出现于 8 月。极稀少。

【分布】 内乡；云南、广西、香港、台湾；印度。

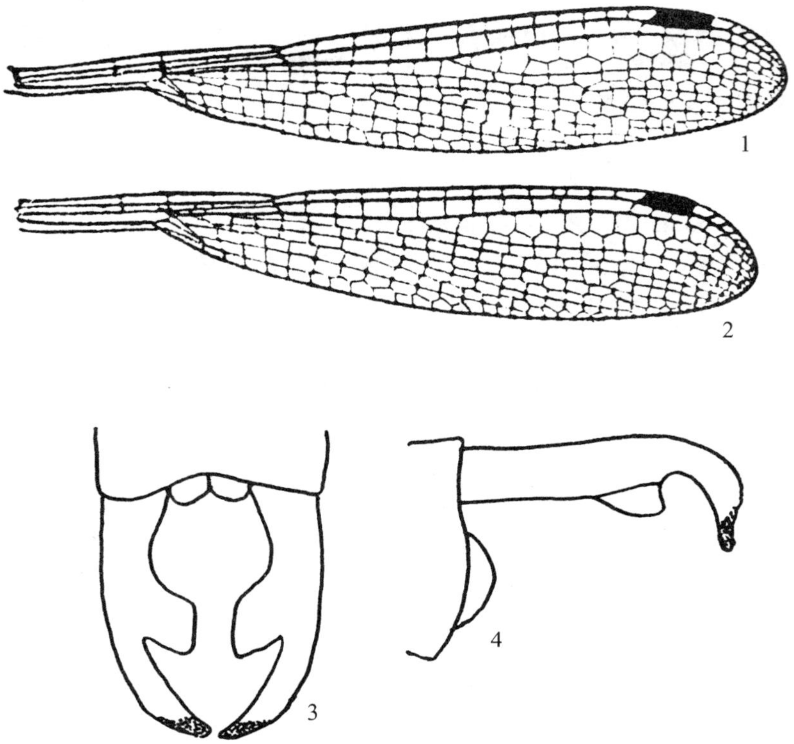

图 107 蕾尾丝蟌 *Lestes nodalis* Selys

1，2. 雄前后翅 3. 雄肛附器背面观 4. 雄肛附器侧面观（3，4. 仿隋敬之）

（一五）综蟌科 Chlorolestidae

体大型。静止时翅在背面平伸。翅透明，柄长，CuP 脉在离中室处强烈向前拱起，腹部很长，比翅长得多。

本志记述 1 属 2 种。

绿综蟌属 *Megalestes* Selys，1862

Megalestes Selys，1862，Bull. Acad. Belg.，2(13)：293.

Type - species：*Megalestes major* Selys，1862.

本属全世界已记载 10 余种，分布在中国和印度。我国已知 8 种，分布在陕西、河南、山西、福建、台湾、四川、广西、云南等地。本志记述 2 种。

河南绿综蟌属分种检索表

1a. 后胸后侧片约 1/3 黑色 ………………………… 褐尾绿综蟌 *Megalestes distans* Needham，1930

1b. 后胸后侧片黄色 ………………………………… 褐腹绿综蟌 *Megalestes chengi* Chao，1947

95. 褐腹绿综蟌 *Megalestes chengi* Chao，1947(图 108)(彩色图版XXXXII)

Megalestes chengi Chao，1947，Biol. Bull. Fukien Christ. Univ.，6：15－25.

【形态特征】

雄性腹长 51～52mm，后翅 33～37mm。

雌性腹长 48～53mm，后翅 34～35mm。

雄性 下唇黄色。上唇具蓝绿色光泽。颊黄色。前唇基褐色。后唇基、额及头顶具蓝绿色光泽。后头暗绿色。前胸前叶黄色，两侧角黑色，背板暗绿色，后叶后缘黄色。合胸背前方绿色，中胸三角、合胸脊和肩缝黑色，中胸后侧片绿色，后胸前侧片黄色与绿色间半，后胸后侧片黄色。前翅结后横脉 18～19 条，后翅结后横脉 15～16 条。足、刺褐色，基节、转节和腿节、胫节背面黄色。腹部第 1、2 节背面具绿色光泽，两侧黄色；第 3～7 节褐黑色；第 8～10 节蓝绿色；第 10 节端部背中央有 1 个小圆突。上肛附器黑色，基部内侧具 1 个大齿突，下肛附器短，端尖锐，钩向上方。老熟成虫前胸两侧，合胸侧面后胸后侧片和足部基节被粉。

雌性 与雄性不同的是中胸三角黄色，合胸脊中上部黑色，下部黄色，两侧各具 1 条黄色条纹，在下部与合胸脊黄色部分和合胸三角相连。

【生活习性】 成虫 7～8 月出现。数量稀少。垂直分布高度在海拔 1 000～1 700m。

【分布】 栾川、内乡；浙江、福建。

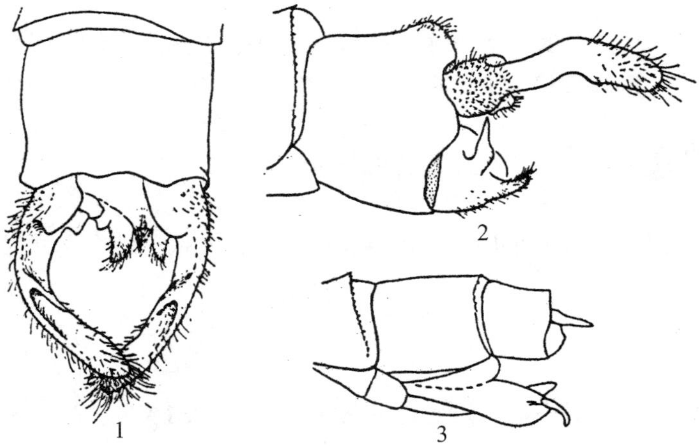

图 108 褐腹绿综蟌 *Megalestes chengi* Chao

1. 雄肛附器背面观 2. 雄肛附器侧面观 3. 雌腹部末端（仿赵修复）

96. 褐尾绿综蟌 *Megalestes distans* Needham，1930(图 109)(彩色图版XXXXIII)

Megalestes distans Needham，1930，Zool. Sin.，11(1)：231－232.

【形态特征】

雄性腹长 51～57mm，后翅 33～36mm。

雌性腹长 46～49mm，后翅 36～37mm。

雄性 下唇黄色。上颚基部具 1 个大黄斑。上唇黑色，具蓝绿色光泽。前唇基墨绿色，两侧和中央黄色。后唇基、额、头顶黑色，具蓝绿色光泽。后头墨绿色。触角黑色，第 2 节端部具细黄环。前胸墨绿色，前叶前缘和后叶后缘黄色。合胸绿褐色，中胸三角、合胸脊、肩缝黑色，合胸背前方具蓝绿色光泽；胸侧，后胸前侧片前具 1 条黄色条纹，上方狭，下方宽，后胸后侧片大部分黄色。翅透明，微着烟色。翅痣黑褐色。前翅结后横脉 18 ~23 条，后翅结后横脉 16 ~23 条。足黑褐色，基节、转节黄色，腿节、胫节腹面黄褐色。老熟成虫前胸两侧，合胸侧面后胸侧片和足部基节被粉。腹部黑褐色，第 1、2 节背面具蓝绿色闪光，侧面黄色；第 3 ~9 节侧面绿黄色；第 9、10 节背面具蓝绿色光泽，第 10 节背面具圆形凸起，腹面黄色。上肛附器黑色，基部内侧具 1 个大的圆柱形突起，末端平截内凹，端半部内侧扩展并弯向内，两者相互交叉。下肛附器短，仅达上肛附器突起处，末端尖钩状弯向上方，着淡黄色长毛，基部外缘具 1 个指向上方的齿突，末端平截内凹。

雌性 色彩与雄性基本相同。中胸三角为黄褐色。前翅结后横脉 16 ~21 条，后翅结后横脉 13 ~15 条。

【生活习性】 成虫 7 ~8 月可见。数量甚多。南部（商城）个体明显大于北中部个体。垂直分布在北中部，海拔为 1 000 ~1 300m。

【分布】 济源、栾川、内乡、商城；山西、湖北、四川、贵州、广西。

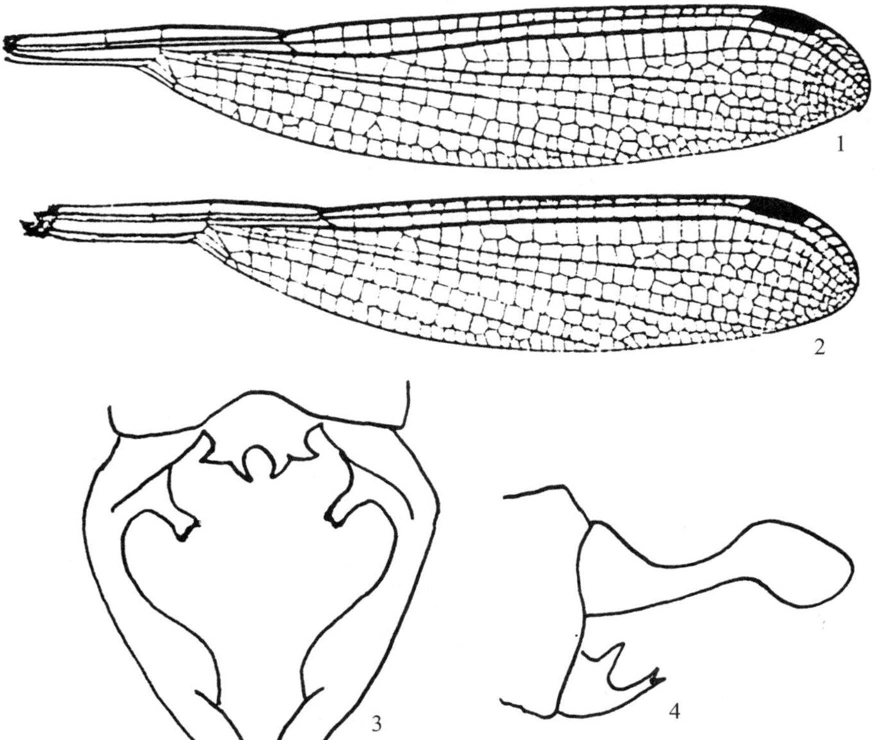

图 109 褐尾绿综蟌 *Megalestes distans* Needham

1，2. 雄前后翅 3. 雄肛附器背面观 4. 雄肛附器侧面观（3，4. 仿隋敬之）

三、中国蜻蜓种类与分布

蜻蜓是一类重要的天敌昆虫，在农业和环境生态系统中也有着重要作用，对蜻蜓的研究越来越受到人们的重视。蜻蜓是昆虫纲中种类较少的类群。一般认为全世界约有5 000种。中国蜻蜓的种类有多少？Needham（1930～1932）在《中国蜻蜓手册》（A Manual of the Dragonflies of China）及其后增订共记录我国蜻蜓目昆虫 283 种。胡经甫（1935）在《中国蜻蜓名录》（Catologus Insectorum Sinensium）巨著中，辑录中国蜻蜓目计 87 属 308 种。隋敬之、孙洪国（1986）在《中国习见蜻蜓》一书，以中国科学院动物研究所当时收藏的中国蜻蜓标本，记述了中国蜻蜓 208 种。Davies 等人（1984～1985）的《世界蜻蜓种类名录》（The Dragonflies of the World，a Systematic List of the Extant Species of Odonata）被认为是现今有关全世界蜻蜓种类最完备的名录，共收录全世界已知蜻蜓 5 600 余种。其中，中国的已知种类仅有 250 多种。我国蜻蜓研究奠基人、著名昆虫学家赵修复（1917—2001）教授在 1990 年出版的《中国春蜓分类》专著中记述了中国春蜓科 33 属 145 种。因此，中国蜻蜓的种类在国内诸多文献中先后沿用"我国已知有 300 多种"和"中国已知 400 余种"的意见。

近年来，我国有关蜻蜓的研究有了很大发展。一些省区开展了蜻蜓目昆虫的调查研究，发表了本地区的蜻蜓名录，新属、新种和新记录种被不断发现。中国的已知蜻蜓种类似应有更多增加。为了方便查考，促进我国蜻蜓研究水平的提高，作者将后列文献中有关中国蜻蜓种类汇集一表，计收录 659 种，隶 19 科，154 属。这个结果表明我国蜻蜓目昆虫资源很丰富，同时证明了赵修复（1978）中国蜻蜓"估计至少在 600 种以上"的科学推论。由于分类学家之间对蜻蜓一些科、属和不少种的分类位置意见很矛盾，并没有一致的意见，本表对相关问题做如下处置：分类系统采用 Davies 等的"名录"吸纳新的研究成果编写；对有分歧的种，如绿色蟌属 *Mnais* 的种类等仍一并收录，期待蜻蜓分类有新技术、新方法化解分歧；对文献记载中国有分布的属如 *Disparoineura*，*Platysticta*，虽无种的记录亦予录入，期待补充、完善；关于中文名称，原则上采用现用名称，一个种如有多个中名者选其一，无中名的试拟中名以供修正。关于分布，据文献记载编录，少数种因缺文献暂空缺，国外分布暂略。

拙文《中国蜻蜓名录》刊出后，作者又得到朱慧倩和杨祖德先生惠赠的中、外文献多种，增补后（未定种未收录）"名录"中的中国蜻蜓种类达到 700 种，161 属，使"名录"更加接近目前中国蜻蜓已知种类的实际又前进一大步。

均翅亚目 Zygoptera

色蟌总科 Calopterygoidea

丽蟌科 Amphipterygidae

丽蟌亚科 Amphipteryginae

德丽蟌属 *Devadatta* Kirby,1890

银德丽蟌 *Devadatta argyoides argyoides*(Selys,1859)(港)

杜德丽蟌 *Devadatta ducatrix* Lieftinck,1969(中国)

大丽蟌亚科 Philoganginae

大丽蟌属 *Philoganga* Kirby,1890

粗壮大丽蟌 *Philoganga robusta robusta* Navas,1936(豫、川、黔、桂、浙、赣、闽、粤、琼)

瑛凤大丽蟌 *Philoganga robusta infantua* Yang et Li,1994(陕)

古老大丽蟌 *Philoganga vestusta*(Ris,1912)(川、黔、浙、赣、闽、湘、粤、港、琼)

色蟌科 Calopterygidae

闪色蟌亚科 Caliphainae

闪色蟌属 *Caliphaea* Selys,1859

绿闪色蟌 *Caliphaea confuse* Selys,1859(滇)

紫闪色蟌 *Caliphaea consimilis* McLachlan,1894(豫、鄂、川、滇、黔、桂、浙、闽)

丽色蟌属 *Archineura* Kirby,1894

赤基丽色蟌 *Archineura incarnata*(Karsch,1892)(鄂、川、黔、桂、浙、赣、闽)

色蟌亚科 Calopteryginae

色蟌属 *Calopteryx* Leach,1815

黑色蟌 *Calopteryx atratum* Selys,1853(京、吉、晋、豫、鲁、苏及江南诸省)

青色蟌 *Calopteryx atrocyana* Fraser,1935(中国)

科氏色蟌 *Calopteryx coomani* Fraser,1935(中国)

透顶色蟌 *Calopteryx grahami* Needham,1930(川)

奥氏色蟌 *Calopteryx oberthuri* (McLachlan,1928)(川、滇)

金腹色蟌 *Calopteryx grandaeva* Selys,1853(鲁、川、浙、台)

老挝色蟌 *Calopteryx laosica* Fraser,1933(滇)

宽翅色蟌 *Calopteryx melli*(Ris,1912)(浙、闽、粤、琼、桂)

条纹色蟌 *Calopteryx virgo*(Linnaeus,1758)(苏)

华丽色蟌 *Calopteryx splendena* (Harris,1782)(新)

赤基色蟌属 *Echo* Selys,1853

双带赤基色蟌 *Echo margarita* Selys,1853(藏)

大赤基色蟌 *Echo maxima* Martin,1914(中国)

眉色蟌属 *Matrona* Selys,1853

晕翅眉色蟌 *Matrona basilaris basilaris* Selys,1853(京、冀、晋、陕、豫、苏、鄂、湘、川、滇、黔、桂、浙、赣、闽、台、琼)

褐翅眉色蟌 *Matrona basilaris nigipectus* Selys,1879(陕、豫、鄂、湘、浙、闽、粤、琼)

白痣眉色蟌 *Matrona basilaris* subsp. (台)

柯氏眉色蟌 *Matrona kricheldorffi* Karsch,1892(中国)

蓝翅眉色蟌 *Matrona oberthuri* McLachlan,1894(陕、川、滇、桂)

绿色蟌属 *Mnais* Selys,1853

透翅绿色蟌 *Mnais andersoni andersoni* McLachlan,1873(滇、浙、赣、琼)

绿色蟌 *Mnais andersoni tenuis*(Oguma,1913)(晋、豫、台)

云南绿色蟌 *Mnais gregoryi* Fraser,1923(滇)

黄翅绿色蟌 *Mnais auripennis* Needham,1930(皖、川、滇、浙、赣、闽、台)

伊氏绿色蟌 *Mnais earnshawi earnshawi* Williamson,1904(京、滇、浙、赣、台、粤、琼)

桑拉绿色蟌 *Mnais earnshawi thoracica* May,1935(中国)

亮翅绿色蟌 *Mnais maclachlani* Fraser,1924(陕、川、滇、黔、浙、赣)

烟翅绿色蟌 *Mnais mneme* Ris,1916(京、川、滇、闽、赣、港、粤、琼)

红痣绿色蟌 *Mnais icteroptera* Fraser,1929(滇、浙、闽、粤)

比利绿色蟌 *Mnais pieli* Navas,1936(赣)

棱脊绿色蟌 *Mnais costalis* Selys,1936(台)

柳条绿色蟌 *Mnais strigata* Selys,1853(中国)

艳色蟌属 *Neurobasis* Selys,1853

安艳色蟌 *Neurobasis anderssoni* Sjoestedt,1926(川、桂、浙、闽)

华艳色蟌 *Neurobasis chinensis chinensis*(Linnaeus,1758)(滇、桂、黔、闽、粤、港、琼)

褐顶色蟌属 *Psolodesmus* McLachlan,1870

褐顶色蟌 *Psolodesmus mandarinus mandarinus* McLachlan,1870(赣、闽、台)

台褐顶色蟌 *Psolodesmus mandarinus dorothea* Williamson,1904(台)

细色蟌属 *Vestalis* Selys,1853

黄角细色蟌 *Vestalis amoena* Selys,1853(赣)

多横细色蟌 *Vestalis gracilis* Rambus,1842(藏、滇)

黑角细色蟌 *Vestalis smaragdina smaragdina* Selys,1897(浙、闽、台)

维拉细色蟌 *Vestalis smaragdina velata* Ris,1912(川、桂、黔、闽、浙)

台湾细色蟌 *Vestalis luctuosa*(Burmeister,1839)(台)

褐翅细色蟌 *Vestalis virens* Needham,1930(浙、闽)

苗地细色蟌 *Vestalis miao* Wilson et Reels,2001(琼)

犀蟌科 Chlorocyphidae

爱犀蟌属 *Aristocypha* Laidlaw,1950

喜来爱犀蟌 *Aristocypha hilaryao*(Fraser,1927)(滇)
克尔爱犀蟌 *Aristocypha kerri*(Fraser,1933)(中国)
黄条爱犀蟌 *Aristocypha iridea*(Selys,1891)(滇)
蓝脊爱犀蟌 *Aristocypha spuria*(Selys,1878)(琼)

斑犀蟌属 *Heliocypha* Fraser,1949

目斑犀蟌 *Heliocypha biforata delimbata* Selys,1879(滇)
三斑犀蟌 *Heliocypha perforata perforate*(Percheron,1835)(滇、赣、闽、台)
多斑犀蟌 *Heliocypha perforate limbata* Selys,1897(滇)
黄脊斑犀蟌 *Heliocypha fenestrate* Burmeister,1839(滇)
华氏斑犀蟌 *Heliocypha huai* Zhou et Zhou,2006(琼)
茂兰斑犀蟌 *Heliocypha maolanensis* Zhou et Bao,2002(黔)

印犀蟌属 *Indocypha* Laidlaw,1939

斯氏印犀蟌 *Indocypha svenhedini* Sjoestedt,1933(黔)
茂兰印犀蟌 *Indocypha maolanensis* Zhou et Bao,1998(黔)
赤水印犀蟌 *Indocypha chishuisnsis* Zhou et Zhou,2006(黔)

犀蟌属 *Libellago* Selys,1840

点斑犀蟌 *Libellago lineate lineate* (Burmeister,1939)(桂、台、琼)

鼻犀蟌属 *Rhinocypha* Rambur,1842

楔形鼻犀蟌 *Rhinocypha cuneata*(Selys,1853)(藏、桂)
线纹鼻犀蟌 *Rhinocypha drusilla* Needham,1930(黔、浙、赣、闽)
台湾鼻犀蟌 *Rhinocypha fenestrella baibarana* Matsumura,1931(台)
小孔鼻犀蟌 *Rhinocypha fenestrella fenestrella*(Rambur,1842)(滇、琼)
双孔鼻犀蟌 *Rhinocypha biforata biforata* Selys,1859(琼)
黄线鼻犀蟌 *Rhinocypha katharina* Needham,1930(川、琼)
高鼻犀蟌 *Rhinocypha ogasawarensis* Oguma,1913(桂)
有孔鼻犀蟌 *Rhinocypha perforate perforate*(Percheron,1835)(闽、港、台、琼)
象鼻犀蟌 *Rhinocypha uenoi* Asahina,1964(桂)

溪蟌科 Euphaeidae

黄翅溪蟌属 *Allophaea* Fraser,1929

黄翅溪蟌 *Allophaea ochracea*(Selys,1859)(滇、赣、琼)

暗溪蟌属 *Anisophaea* Fraser,1934

方带暗溪蟌 *Anisophaea decorate*(Selys,1853)(桂、黔、滇、浙、赣、闽、粤)

异翅溪蟌属 *Anisopleura* Selys,1853

蓝斑异翅溪蟌 *Anisopleura furcata* Selys,1891(川、桂)
庆元异翅溪蟌 *Anisopleura qingyuanensis* Zhou,1982(黔、浙)
郑氏异翅溪蟌 *Anisopleura zhengi* Yang,1996(陕)
云南异翅溪蟌 *Anisopleura yunnanensis* Zhu et Zhou,1999(滇)

Anivopleura comes Hagen,1880(滇)

Anisopleura subplatystyla Fraser,1927(滇)

尾溪蟌属 *Bayadera* Selys,1853

彩云尾溪蟌 *Bayadera nephelopennis* Davies et Yang,1996(鄂、川、浙、粤)

吉氏尾溪蟌 *Bayadera kirbyi* Wilson et Reels,2001(琼)

二齿尾溪蟌 *Bayadera bidentata* Needham,1930(黔、桂、浙、赣、闽)

台湾尾溪蟌 *Bayadera brevicauda brevicauda* Fraser,1928(台)

大陆尾溪蟌 *Bayadera brevicauda continentalis* Asahina,1973(浙、闽)

带尾溪蟌 *Bayadera fasciata* Sjoestedt,1933(赣)

钳尾溪蟌 *Bayadera forcipata* Needham,1930(川、浙)

玻尾溪蟌 *Bayadera hyaline* Selys,1879(台)

印尾溪蟌 *Bayadera indica* Selys,1853(滇)

黑尾溪蟌 *Bayadera melania* Navas,1934(浙)

巨齿尾溪蟌 *Bayadera melanopteryx* Ris,1912(晋、陕、豫、皖、苏、湘、川、黔、浙、赣、闽、粤)

戴溪蟌属 *Dysphaea* Selys,1853

基色戴溪蟌 *Dysphaea basitincta* Martin,1904(桂、琼)

光轮戴溪蟌 *Dysphaea gloriosa* Fraser,1938(滇)

溪蟌属 *Euphaea* Selys,1840

台湾溪蟌 *Euphaea formosa formosa* Selys,1869(台)

闽台溪蟌 *Euphaea formosa compar* McLachlan,1870(闽)

华美溪蟌 *Euphaea decorate* Selys,1853(桂、港)

透顶溪蟌 *Euphaea masoni* Selys,1879(滇)

褐翅溪蟌 *Euphaea opaca* (Selys,1853)(滇、皖、浙、闽、港)

宽带溪蟌 *Euphaea ornate* (Campion,1924)(滇、琼)

华丽溪蟌 *Euphaea superba* Kimmins,1936(闽)

丝蟌总科 Lestoidea

综蟌科 Chlorolestinae

综蟌亚科 Chlorolestinae

华综蟌属 *Sinolestes* Needham,1930

赤条华综蟌 *Sinolestes editus* Needham,1930(浙、台)

杜仑华综蟌 *Sinolestes truncate* Needham,1930(浙)

白条华综蟌 *Sinolestes ornate* Needham,1930(黔、桂、浙、赣)

硕综蟌亚科 Chorismagrioninae

绿综蟌属 *Megalestes* Selys,1862

褐腹绿综蟌 *Megalestes chengi* Chao,1947(豫、浙、闽)

褐尾绿综蟌 *Megalestes distans* Needham,1930(豫、晋、川、桂、鄂、黔)

黄腹绿综蟌 *Megalestes heros* Needham,1930(川、浙、闽)
马氏绿综蟌 *Megalestes maai* Chen,1947(黔、台)
大绿综蟌 *Megalestes major* Selys,1862(陕)
细腹绿综蟌 *Megalestes micans* Needham,1930(川、滇、黔)
莱斯绿综蟌 *Megalestes riccii* Navas,1935(浙、赣)
峨眉绿综蟌 *Megalestes omeiensis* Chao,1965(川)

丝蟌科 Lestidae

丝蟌亚科 Lestinae

丝蟌属 *Lestes* Leach,1815

刀尾丝蟌 *Lestes barbarus*(Fabricius,1798)(新、赣?)
黑顶丝蟌 *Lestes dorothea* Fraser,1924(藏)
蕾尾丝蟌 *Lestes nodalis* Selys,1891(豫、滇、桂、港、台)
舟尾丝蟌 *Lestes praemorsus praemorus* Hagen et Selys,1862(川、滇、浙、闽、港、台)
锯尾丝蟌 *Lestes umbrina* Selys,1892(琼)
巧结丝蟌 *Lestes concinnus* Hagen et Selys,1892(桂、闽、台、粤、琼)
蓝线丝蟌 *Lestes japonicus* Selys,1883(鄂、桂)
大痣丝蟌 *Lestes macrostigma* Evesmann,1836(新)
处女丝蟌 *Lestes sponsa* Hansemann,1823(吉、新)
翠绿丝蟌 *Lestes viridis* Linden,1825(新)
Lestes dryas Kirby,1890(吉、新)

山丝蟌属 *Orolestes* McLachlan,1895

长痣山丝蟌 *Orolestes selysi* McLachlan,1895(桂、台、琼)

赭丝蟌属 *Indolestes* Fraser,1922

黄面赭丝蟌 *Indolestes assamicus* Fraser,1930(滇)
黑脊赭丝蟌 *Indolestes birmanus* Selys,1891(滇)
斑脊赭丝蟌 *Indolestes gracilis* Hagen et Selys,1862(滇)
蓝腹赭丝蟌 *Indolestes coerulea* Fraser,1924(滇)
外齿赭丝蟌 *Indolestes extraneus* (Needham,1930)(苏? 鄂、桂? 浙、赣)
青文赭丝蟌 *Indolestes cyaneus* Selys,1862(台)
奇异赭丝蟌 *Indolestes peregrinus*(Ris,1916)(鄂、浙、赣、闽)
印度赭丝蟌 *Indolestes indicus* Fraser,1922(陕)

色丝蟌亚科 Sympecmatinae

色丝蟌属 *Sympecma* Selys,1840

三叶色丝蟌 *Sympecma annulata* Selys,1887(新、晋、藏)
钩纹色丝蟌 *Sympecma paedisca* Eversmann,1836(吉、晋)

山蟌科 Megapodagrionidae

艾山蟌亚科 Argiolestinae

艾山蟌属 *Agriomorpha* May,1933

棕艾山蟌 *Agriomorgha fusca* May,1933(粤、港、琼)

卡山蟌属 *Calilestes* Fraser,1926

淡痣卡山蟌 *Calilestes pallidistigma* Fraser(中国)

缅山蟌属 *Burmargiolestes* Kennedy,1936

兴隆缅山蟌 *Burmargiolester xinglongensis* Wilson et Reels,2001(琼)

鼻山蟌属 *Rhinagrion* Calvert,1913

海南鼻山蟌 *Rhinagrion hainanensis* Wilson et Reels,2001(琼)

足山蟌属 *Podolestes* Selys,1862

潘丹足山蟌 *Podolestes pandanus* Wilson et Reels,2001(琼)

山蟌亚科 Megapodagrioninae

藏山蟌属 *Mesopodagrion* McLachlan,1896

藏山蟌 *Mesopodagrion tibetanum* McLachlan,1896(豫、陕、川、滇、黔、藏、浙)

黑山蟌亚科 Philosininae

黑山蟌属 *Philosina* Ris,1917

黄条黑山蟌 *Philosina buchi* Ris,1917(川、黔、桂、闽、粤)

被粉黑山蟌 *Philosina alba* Wilson,1999(粤、琼)

伪丝蟌科 Pseudolestidae

莱伪丝蟌属 *Lestomima* May,1933

黄痔莱伪丝蟌 *Lestomima flavostigma* May,1933(中国)

伪丝蟌属 *Pseudolestes* Kirby,1900

丽伪丝蟌 *Pseudolestes mirabilis* Kirby,1900(琼)

拟丝蟌属 *Rhipidolestes* Ris,1912

尖齿拟丝蟌 *Rhipidolestes aculeatus aculealus* Ris,1912(桂、闽、台)

圆齿拟丝蟌 *Rhipidolestes okinawanus* Asahina,1951(中国)

顶齿拟丝蟌 *Rhipidolestes apicatus* Navas,1934(沪)

黑拟丝蟌 *Rhipidolestes nectans*(Needham,1928)(豫、苏、浙、闽)

红面拟丝蟌 *Rhipidolestes jucunda* Lieftinck,1948(闽、浙)

裂尾拟丝蟌 *Rhipidolestes truncatidens* Schmidt,1931(苏、粤)

红拟丝蟌 *Rhipidolestes rubripes* Navas,1936(赣)

二星拟丝蟌 *Rhipidolestes bidens* Schmidt,1931(浙)

巴氏拟丝蟌 *Rhipidolestes bastiaani* Zhu et Yang,1998(陕)

蟌总科 Coenagrionoidea

蟌科 Coenagrionidae

小蟌亚科 Agriocnemidinae

小螅属 *Agriocnemis* Selys,1877

眼纹小螅 *Agriocnemis dabreui* Fraser,1919(滇、赣)

杯纹小螅 *Agriocnemis femina*(Brauer,1868)(陕、豫、鄂、桂、湘、滇、浙、赣、闽、台、港、琼)

白粉小螅 *Agriocnemis femina oryzae* (Lieftinck,1962)(黔、浙、闽、港、台)

白腹小螅 *Agriocnemis lacteola*(Selys,1877)(豫、苏、川、滇、黔、湘、浙、赣、闽、港、琼)

黑尾小螅 *Agriocnemis naia* Fraser,1923(滇)

黄尾小螅 *Agriocnemis pygmaea*(Rambur,1842)(豫、陕、川、赣、闽、港、台、粤、琼)

土黄小螅 *Agriocnemis luteola* Navas,1936(浙)

喜鹊小螅 *Agriocnemis pielis* Navas,1933(浙)

Agriocnemis amelia Needham,1930(琼)

莫螅属 *Mortonagrion* Fraser,1920

月斑莫螅 *Mortonagrion selenion*(Ris,1916)(陕、台)

英雄莫螅 *Mortonagrion hirosei*(Asahina,1972)(港)

爱螅亚科 Argiinae

同痣螅属 *Onychargia* Selys,1865

毛面同痣螅 *Onychargia atrocyana* Selys,1865(滇、港)

螅亚科 Coenagrioninae

尾螅属 *Cercion* Navas,1907

海洛尾螅 *Cercion hieroglyphicum*(Brauer,1865)(吉、冀、晋、陕、桂、鲁、苏、鄂、湘、沪、浙、赣、港)

显突尾螅 *Cercion barbatum*(Needham,1930)(冀、晋、陕、豫、川、闽、赣)

六纹尾螅 *Cercion sexlineatum*(Selys,1833)(晋、豫、陕、桂、鲁、沪、浙、台)

七纹尾螅 *Cercion plagiosum*(Needham,1930)(京、吉、冀、晋、鄂、浙)

黑脊尾螅 *Cercion calamorum calamorum*(Ris,1916)(冀、豫、桂、苏、沪、鄂、浙、赣)

蓝纹尾螅 *Cercion calamorum dyeri*(Fraser,1920)(京、吉、豫、鄂、黔、港、台、琼)

台湾尾螅 *Cercion sieboldi*(Selys,1876)(台、赣)

Ceriln v – nigrum(Needham,1930)(川)

螅属 *Coenagrion* Kirby,1890

黄腹螅 *Coenagrion convalescens* Bartenef,1944(东北、新)

奇特螅 *Coenagrion impar* Needham,1930(川、浙)

多萝螅 *Coenagrion dorothea* Fraser,1924(滇)

台湾螅 *Coenagrion kagiensi* Matsumura,1911(台)

朱桑螅 *Coenagrion chusanicum* Navas,1933(浙)

三线螅 *Coenagrion trilineatum* Navas,1933(浙)

分叉螅 *Coenagrion bifurcatum* Zhu et Yang,2000(黑)

欧螅属 *Erythromma* Charpentier,1840

纳欧螅 *Erythromma najas*(Hansemann,1823)(新)

尼螅属 *Nehalennia* Selys,1850

上海尼蟌 *Nehalennia atrinuchalis* Selys,1876(沪)

红蟌属 *Pyrrhosoma* Charpentier,1840

华西红蟌 *Pyrhosoma tinctipennis*(McLachlan,1894)(川、藏、桂)

瘦蟌亚科 Ischnurinae

细蟌属 ***Aciagrion*** **Selys,1892**

提细蟌 *Aciagrion tillyardi*(Laidlaw,1919)(琼)

赭细蟌 *Aciagrion hisopa*(Selys,1876)(川、陕、鄂、桂、黔、滇、赣、浙、闽、台)

奥细蟌 *Aciagrion olympicum* Laidlaw,1919(藏、湘、赣)

帕细蟌 *Aciagrion pallidum* Selys,1892(滇)

针尾细蟌 *Aciagrion migratum*(Selys,1876)(黔、台)

绿蟌属 ***Enallagma*** **Charpentier,1840**

疑绿蟌 *Enallagma ambiguum* Navas,1936(赣)

心斑绿蟌 *Enallagma cyathigerum* Charpentier,1840(吉、陕、新、川、藏)

黑绿蟌 *Enallagma melanotum* Selys,1876(中国)

瘦蟌属 ***Ischnura*** **Charpentier,1840**

朝霞瘦蟌 *Ischnura aurora aurora*(Brauer,1865)(台)

黄腹瘦蟌 *Ischnura delicate* Hagen,1876(粤)

亚洲瘦蟌 *Ischnura asiatica*(Brauer,1865)(京、吉、冀、陕、豫、鲁、苏、沪、鄂、川、桂、黔、赣、港、台)

长叶瘦蟌 *Ischnura elegans* (Vander Linden,1823)(京、冀、新、晋、陕、豫、粤)

二色瘦蟌 *Ischnura labata* Needham,1930(京、冀、豫、晋、陕、鲁、苏、川)

东方瘦蟌 *Ischnura orientalis* Selys,1876(晋、陕、赣)

波瘦蟌 *Ischnura pumilio* Charpentier,1825(晋、台)

赤斑瘦蟌 *Ischnura miidredae* Fraser,1927(黔、滇、闽、湘、浙)

红痣瘦蟌 *Ischnura rufostigma* Selys,1876(陕、川、闽)

Ischnura rufostigma mildredae Fraser,1927(港)

青纹瘦蟌 *Ischnura senegalensis*(Rambur,1842)(豫、陕、滇、藏、桂、鲁、鄂、湘、沪、浙、闽、台、港、粤、琼)

尼氏瘦蟌 *Ishnura needhami* Navas,1933(浙)

曙光瘦蟌 *Ischnura aurora* Brauer,1865(琼)

伪蟌亚科 Pseudagrioninae

黄蟌属 ***Ceriagrion*** **Selys,1876**

蓝绿黄蟌 *Ceriagrion aeruginosum*(Brauer,1869)(台)

截尾黄蟌 *Ceriagrion erubescens* Selys,1891(陕、黔、浙、闽、台)

圆尾黄蟌 *Ceriagrion coromandelianum* (Fabricius,1798)(陕、赣、闽、琼)

长尾黄蟌 *Ceriagrion fallax fallax* Ris,1914(豫、陕、川、黔、藏、赣、闽、粤、台)

塞利黄蟌 *Ceriagrion fallax cerinomelas* Lieftinck,1927(滇)

短尾黄蟌 *Ceriagrion melanurum* Selys,1876(豫、陕、川、滇、黔、桂、鄂、湘、赣、浙、闽、台)

日本黄蟌 *Ceriagrion nipponicum* Asahina,1967(苏、鄂、川、沪、闽)
钩尾黄蟌 *Ceriagrion olivaceum* Laidlaw,1914(黔、滇、闽)
褐尾黄蟌 *Ceriagrion rubiae* Laidlaw,1916(豫、浙、闽、赣)
红腹黄蟌 *Ceriagrion latericium ryukyuanum* Asahina,1967(桂、闽、港、台、琼)
琉球黄蟌 *Ceriagrion auranticum ryukyuanum* (Asahina,1967)(琼)
亚洲黄蟌 *Ceriagrion indochinense* Asahina,1967(琼)
中华黄蟌 *Ceriagrion sinense* Asahina,1967(中国)
Ceriagrion azureum Selys,1891(中国)

斑蟌属 *Pseudagrion* Selys,1876

大斑蟌 *Pseudagrion decorum* Rambur,1842(滇、赣)
长斑蟌 *Pseudagrion elongatum* Needham,1936(桂)
小斑蟌 *Pseudagrion microcephalum*(Rambur,1842)(黔、闽、台、琼)
台斑蟌 *Pseudagrion pilidorsum pilidorsum*(Brauer,1868)(桂、台)
褐斑蟌 *Pseudagrion spencei* Fraser,1922(滇、赣、港)
赤斑蟌 *Pseudagrion pruinosum* Burmeister,1839(滇、赣)
红斑蟌 *Pseudagrion rubriseps rubriseps* Selys,1876(港、琼)
澳斑蟌 *Pseudagrion australasiae* Selys,1876(琼)
弗氏斑蟌 *Pseudagrion pruinosum fraseri* Schmidt,1934(琼)
大磐山斑蟌 *Pseudagrion daponshanensis* Zhou et Zhou,2007(浙)

扇蟌科 Platycnemididae

丽扇蟌亚科 Calicnemidinae

长腹扇蟌属 *Coeliccia* Kirby,1890

黄脊长腹扇蟌 *Coeliccia chromothorax* Selys,1892(滇、闽、赣)
青黑长腹扇蟌 *Coeliccia cyanomelas* Ris,1912(川、黔、桂、浙、闽、赣、台、粤、琼)
四斑长腹扇蟌 *Coeliccia didyma*(Selys,1863)(豫、藏、桂、黔、浙、赣、闽)
六斑长腹扇蟌 *Coeliccia sexmaculatus* Wang,1994(豫)
蓝斑长腹扇蟌 *Coeliccia loogali* Laidlaw,1932(滇、黔)
蓝脊长腹扇蟌 *Coeliccia poungyi* Fraser,1924(滇、赣)
黄尾长腹扇蟌 *Coeliccia flavicauda flavcauda* Ris,1912(台)
海南长腹扇蟌 *Coeliccia scutellum hainanensis* Laidlaw,1932(琼)
梨纹长腹扇蟌 *Coeliccia pyriformis* Laidlaw,1932(中国)
卵纹长腹扇蟌 *Coeliccia oorang* Foerster,1907(粤)
青纹长腹扇蟌 *Coeliccia ryukyuensis* Asahina,1951(桂)

丽扇蟌属 *Calicnemia* Strand,1926

赭腹丽扇蟌 *Calicnemia exythromelas*(Selys,1892)(滇、黔)
朱红丽扇蟌 *Calicnemia eximia*(Selys,1863)(藏、滇、川、桂、黔、台)
红腹丽扇蟌 *Calicnemia miniata*(Selys,1866)(黔、川、闽)

中华丽扇蟌 *Calicnemia sinensis* Lieftinck,1984(浙、闽、粤、港)

扇蟌亚科 Platycnemidinae

狭扇蟌属 *Copera* Kirby,1890

白狭扇蟌 *Copera annulata*(Selys,1863)(京、陕、豫、川、桂、黔、湘、浙、赣、闽、粤、台)

黄狭扇蟌 *Copera marginipes*(Rambur,1842)(陕、桂、黔、滇、赣、闽、粤、港、台、琼)

红狭扇蟌 *Copera rubripes*(Navas,1934)(沪)

褐狭扇蟌 *Copera vittata*(Selys,1863)(滇)

Copera ciliate(Selys,1863)(港、琼)

Copera tokyoensis Asahina,1948(苏、沪)

华扇蟌属 *Sinocnemis* Wilson et Zhou,2000

扬氏华扇蟌 *Sinocnemis yangbingi* Wilson et Zhou,2000(川)

习水华扇蟌 *Sinocnemis dumonti* Wilson et Zhou,2000(黔)

河南华扇蟌 *Sinocnemis henansis* Wang,2003(豫)

印扇蟌属 *Indocnemis* Laidlaw,1917

橙印扇蟌 *Indocnemis orang*(Foerster,1907)(闽)

扇蟌属 *Platycnemis* Charpentier,1840

白扇蟌 *Platycnemis foliacea foliacea* Selys,1886(京、冀、晋、豫、浙、川、黔、赣)

粉扇蟌 *Platycnemis phyllopoda* Djakonov,1926(豫、苏、沪、浙、湘)

Platycnemis pierrati Navas,1935(粤)

Platycnemis foliosa Navas,1932(京、苏、浙)

扁蟌科 Platystictidae

扁蟌亚科 Platystictinae

镰扁蟌属 *Drepanosticta* Laidlaw,1917

香港镰扁蟌 *Drepanosticta hongkongensis* Wilson,1997(港)

周氏镰扁蟌 *Drepanosticta zhoui* Wilson et Reels,2001(琼)

长腹镰扁蟌 *Drepanosticta elongate* Wilson et Reels,2001(琼)

包氏镰扁蟌 *Drepanosticta brownelli* (Tinknam,1938)(粤)

原扁蟌属 *Protosticta* Selys,1885

泰原扁蟌 *Protosticta taipokauensis* Asahina et Dudgeon,1987(粤、港)

华扁蟌属 *Sinosticta* Wilson,1977

奥氏华扁蟌 *Sinosticta ogatai*(Matsuki et Saito,1996)(港)

海南华扁蟌 *Sinosticta hainanensis* Wilson et Reels,2001(琼)

扁蟌属 *Platysticta* Selys,1870

原蟌科 Protoneuridae

凯原蟌亚科 Caconeurinae

凯原蟌属 *Caconeura* Kirby,1890

龙井凯原蟌 *Caconeura longjingensis* Zhou,1981(浙)

原蟌亚科 Protoneurinae

前原蟌属 *Prodasineura* Cowley,1934

乌前原蟌 *Prodasineura autumnalis*(Fraser,1922)(滇、浙、闽、港、琼)

朱背前原蟌 *Prodasineura croconota*(Ris,1916)(台、粤、港、琼)

黄前原蟌 *Prodasineura sita*(Kirby,1894)(滇、浙、粤)

汉中前原蟌 *Prodasineura hanzhongensis* Yang et Li,1996(陕)

华氏前原蟌 *Prodasineura huai* Zhou et Zhou,2007(粤)

异原蟌亚科 Disparoneurinae

埃原蟌属 *Elattoneura* Cowley,1935

黑埃原蟌 *Elattoneura nigra* Kimmins,1938(滇)

金埃原蟌 *Elattoneura dorsalis auricolor* Fraser,1927(滇)

异原蟌属 *Disparoneura* Selys,1860

差翅亚目 Anisoptera

蜓总科 Aeschnoidea

蜓科 Aeschnidae

蜓亚科 Aeschninae

蜓属 *Aeschna* Fabricius,1775

绿面蜓 *Aeschna athalia* Needham,1930(浙)

黄面蜓 *Aeschna ornithocephala*,McLachlan,1896(川、藏、黔)

福罗蜓 *Aeschna frontalis* Navas,1936(赣)

T 斑蜓 *Aeschna lucia* Needham,1930(冀)

台湾蜓 *Aeschna taiyal* Asahina,1938(台)

克莱蜓 *Aeschna clepsydra* Say,1938(中国)

天蓝蜓 *Aeschna juncea*(Linnaeus,1758)(晋、藏)

杂色蜓 *Aeschna mixta* Latreille,1805(吉、新)

亲近蜓 *Aeschna affinis* Linden,1823(新)

似伟蜓属 *Anaciaeschna* Selys,1878

乌基似伟蜓 *Anaciaeschna martini* Selys,1897(台)

碧翠似伟蜓 *Anaciaeschna jaspidea*(Burmeister,1839)(桂、台、港)

伟蜓属 *Anax* Leach,1815

麻斑伟蜓 *Anax panybeus* Hagen,1867(台)

黄额伟蜓 *Anax guttatus*(Burmeister,1839)(川、滇、桂、黔、闽、港、台、琼)

碧伟蜓 *Anax parthenope julius*(Brauer,1865)(京、吉、冀、晋、豫、新、陕、鲁、沪、苏、鄂、湘、川、滇、桂、黔、藏、浙、赣、闽、台、港)

黑纹伟蜓 *Anax nigrofasciatus nigrofasciatus* Oguma,1915(京、冀、豫、晋、陕、藏、川、桂、鄂、苏、浙、闽、台)

无斑伟蜓 *Anax immaculifrons* Rambur,1842(桂、粤、琼、港)

赭蜓属 *Hemianax* Selys,1883

艾赫蜓 *Hemianax ephippiger*(Burmeister,1839)(中国)

长尾蜓属 *Gynacantha* Rambur,1842

细腰长尾蜓 *Gynacantha subinterrupta* Rambur,1842(黔、桂、闽、港、台、琼、粤)

工纹长尾蜓 *Gynacantha bayadera* Selys,1892(豫、苏、台)

T 斑长尾蜓 *Gynacantha hyaline* Selys,1882(港、台)

日本长尾蜓 *Gynacantha japonica* Bartenef,1909(桂、滇、闽、港、台)

西藏长尾蜓 *Gynacantha nigripes* McLachlan,1883(藏)

罗氏长尾蜓 *Gynacantha rosenbergi* Brauer,1867(川、闽)

萨尔长尾蜓 *Grnacantha saltatrix* Martin,1909(闽、台、港、粤、琼、川)

基凹长尾蜓 *Gynacantha incisura* Fraser,1935(黔、滇)

四斑蜓属 *Tetracanthagyna* Selys,1883

华氏四斑蜓 *Tetracanthagyna waterhousei* McLachlan,1898(港、粤、琼)

多棘蜓属 *Polycanthagyna* Fraser,1933

黑多棘蜓 *Polycanthagyna melanictera*(Selys,1883)(豫、川、浙、台)

红褐多棘蜓 *Polycanthagyna erythromelas*(McLachlan,1896)(桂、粤、台、琼、港)

台湾多棘蜓 *Polycanthagyna erythromelas paiwan* Asehina,1951(台)

赵氏多棘蜓 *Polycanthagyna chaoi* Yang et Li,1994(川)

全中脉蜓亚科 Brachytroninae

绿蜓属 *Aeschnophlebia* Selys,1883

黑纹绿蜓 *Aeschnophlebia anisoptera* Selys,1883(京、鲁、浙)

长痣绿蜓 *Aeschnophlebia longistigma* Selys,1883(京、冀、鲁、苏)

克氏绿蜓 *Aeschnophlebia kolthoffi* Sioestedt,1925(2002 年,江尧桦指出 *kolthoffi* 是 *longistigma* 的异名)

头蜓属 *Cephalaeschna* Selys,1883

宽痣头蜓 *Cephalaeschna acutifrons* Martin,1909(川、闽)

赵氏头蜓 *Cephalaeschna chaoi* Asahina,1982(闽)

柯氏头蜓 *Cephalaeschna klotsi* Asahina,1982(闽)

尼氏头蜓 *Cephalaeschna needhami* Asahina,1981(赣、闽)

李氏头蜓 *Cephalaeschna yisi* Asahina,1981(闽、台、粤)

黄额头蜓 *Cephalaeschna obverse* Needham,1930(川)

淡绿头蜓 *Cephalaeschna patrorum* Needham,1930(青、晋、豫、陕、川)

邵武头蜓 *Cephalaeschna shaowuensis* Xu,2006(闽)

叶蜓属 *Petaliaeschna* Fraser,1927

科氏叶蜓 *Petaliaeschna corneliae* Asahina,1982(浙、闽)

黎氏叶蜓 *Petaliaeschna lieftincki* Asahina,1982(陕)

吉蜓属 *Gynacanthaeschna* Fraser,1922

锡金吉蜓 *Gynacanthaeschna sikkima*(Karsch,1891)(川、闽)

佩蜓属 *Periaeschna* Martin,1906

狭痣佩蜓 *Periaeschna magdalena* Martin,1909(川、桂、苏、浙、赣、闽、台、琼)

奇异佩蜓 *Periaeschna mira* Navas,1936(赣)

福临佩蜓 *Periaeschna flinti flinti* Asahina,1978(赣、闽、粤、川、桂)

普蜓属 *Planaeschna* McLachlan,1895

米普蜓 *Planaeschna milnei*(Selys,1883)(京、豫、晋、台、浙)

遂昌普蜓 *Planaeschna suichangensis* Zhou et Wei,1980(浙)

台湾普蜓 *Planaeschna taiwana* Asahina,1951(台)

东方普蜓 *Planaeschna orientalis* Kobayashi,1941(黑、吉、辽)

李氏普蜓 *Planaeschna risi risi* Asahina,1964(台)

茂兰普蜓 *Planaeschna maolansis* Zhou et Bao,1998(黔)

海南普蜓 *Planaeschna celia* Wilson et Reels,2001(琼)

博蜓属 *Boyeria* McLachlan,1896

中华博蜓 *Boyeria sinensis* Asahina,1978(川)

小蜓属 *Oligoaeschna* Selys,1889

琼小蜓 *Oligoaeschna petalura* Lieftinck,1968(琼)

台小蜓 *Oligoaeschna pyanan* Asahina,1951(台)

林氏小蜓 *Oligoaeschna lieni* Yeh et Chen,2000(台)

沙坪小蜓 *Oligoaeschna tsaopiensis* Yeh et Chen,2000(台)

军刀小蜓 *Oligoaeschna sabre* Wilson et Reels,2001(琼)

春蜓科 Gomphidae

春蜓亚科 Gomphinae

亚春蜓属 *Asiagomphus* Asahina,1985

长角亚春蜓 *Asiagomphus cuneatus*(Needham,1930)(浙、赣、闽)

贡山亚春蜓 *Asiagomphus gongshanensis* Yang,Mao et Zhang,2006(滇)

海南亚春蜓 *Asiagomphus hainanensis*(Chao,1953)(闽、台、港、粤、琼)

西南亚春蜓 *Asiagomphus hesperius*(Chao,1953)(陕、川)

墨脱亚春蜓 *Asiagomphus motuoensis* Liu et Chao,1990(藏)

安定亚春蜓 *Asiagomphus pacatus*(Chao,1953)(川)

和平亚春蜓 *Asiagomphus pacificus*(Chao,1953)(豫、浙、闽、台)

三角亚春蜓 *Asiagomphus perlaetus*(Chao,1953)(豫、闽、台)

凹缘亚春蜓 *Asiagomphus septimus*(Needham,1930)(闽、浙、粤、台、赣、港、琼)

卧佛亚春蜓 *Asiagomphus somnolens* Needham,1929(京)

扩腹春蜓属 *Stylurus* Needham,1897

长节扩腹春蜓 *Stylurus amicus*(Needham,1930)(黔、川、闽、琼)
黑面扩腹春蜓 *Stylurus clathratus*(Needham,1930)(川、鄂、闽、粤)
恩迪扩腹春蜓 *Stylurus endicotti*(Needham,1930)(川)
竖角扩腹春蜓 *Stylurus erectocornis* Liu et Chao,1990(桂)
黄角扩腹春蜓 *Stylurus flavicornis*(Needham,1931)(京、闽)
黄足扩腹春蜓 *Stylurus flavipes*(Charpentier,1825)(东北、陕)
愉快扩腹春蜓 *Stylurus gandens*(Chao,1953)(川)
双斑扩腹春蜓 *Stylurus gideon*(Needham,1941)(鄂、川)
克雷扩腹春蜓 *Stylurus kreyenbergi*(Ris,1928)(鲁、川、赣、闽)
南宁扩腹春蜓 *Stylurus nanningensis* Liu,1985(桂)
高尚扩腹春蜓 *Stylurus nobilis* Liu et Chao,1990(宁)
奇特扩腹春蜓 *Stylurus occultus* (Selys,1878)(东北、津、甘、豫、赣)
文雅扩腹春蜓 *Stylurus placidus* Liu et Chao,1990(川)
深山扩腹春蜓 *Stylurus takaskii*(Asahina,1966)(台)
铜仁扩腹春蜓 *Stylurus tongrenensis* Liu,1991(黔)

长腹春蜓属 *Gastrogomphus* Needham,1941

长腹春蜓 *Gastrogomphus abdominalis*(McLachlan,1884)(吉、冀、豫、鲁、苏、鄂、湘、浙、闽)

邵春蜓属 *Shaogomphus* Chao,1984

黎氏邵春蜓 *Shaogomphus lieftincki* Chao,1984(闽)
寒冷邵春蜓 *Shaogomphus postocularis epophthalmus*(Selys,1872)(黑)
施氏邵春蜓 *Shaogomphus schmidti*(Asahina,1956)(黑)

猛春蜓属 *Labrogomphus* Needham,1931

凶猛春蜓 *Labrogomphus torvus* Needham,1931(闽、粤、港、琼)

大春蜓属 *Macrogomphus* Selys,1854

桂林大春蜓 *Macrogomphus guilinensis* Chao,1982(桂)
粗壮大春蜓 *Macrogomphus robustus*(Selys,1854)(藏)

缅春蜓属 *Burmagomphus* Williamson,1907

林间缅春蜓 *Burmagomphus arboreus* Lieftinck,1907(滇)
双纹缅春蜓 *Burmagomphus arvalis*(Needham,1930)(苏)
领纹缅春蜓 *Burmagomphus collaris*(Needham 1929)(冀、豫、鲁、鄂、苏、浙)
云南缅春蜓 *Burmagomphus corniger*(Morton,1928)(滇)
欢乐缅春蜓 *Burmagomphus gratiosus* Chao,1954(闽)
溪居缅春蜓 *Burmagomphus intinctus*(Needham,1930)(浙、闽)
索氏缅春蜓 *Burmagomphus sowerbyi*(Needham,1930)(豫、苏、桂、黔、湘、闽)
联纹缅春蜓 *Burmagomphus vermicularis*(Martin,1904)(闽、粤、港、台、琼)
巴山缅春蜓 *Burmagomphus bashanensis* Yang et Li,1994(川)

曦春蜓属 *Heliogomphus* Laidlaw,1922

扭尾曦春蜓 *Heliogomphus retroflexus*(Ris,1912)(浙、闽、粤、琼、台)

独角曦春蜓 *Heliogomphus scorpio*(Ris,1912)(桂、浙、闽、粤、港、琼)

异春蜓属 *Anisogomphus* Selys,1854

安氏异春蜓 *Anisogomphus anderi* Lieftinck,1948(湘、滇、浙、闽)

双条异春蜓黄脸亚种 *Anisogomphus bivittatus flavifacies*(Klots,1947)(滇)

福氏异春蜓 *Anisogomphus forresti*(Morton,1928)(滇)

国姓异春蜓 *Anisogomphus koxingai* Chao,1954(豫、滇、台、港、琼)

长唇异春蜓 *Anisogomphus* sp.(台)

马奇异春蜓 *Anisogomphus maacki*(Selys,1872)(辽、内蒙古、冀、豫、宁、陕、鄂、川、滇、黔)

五指异春蜓 *Anisogomphus wuzhishanus* Chao,1982(琼)

赵氏异春蜓 *Anisogomphus chaoi* Liu,1991(闽)

井冈山异春蜓 *Anisogomphus jinggangshanus* Liu,1991(赣)

长足春蜓属 *Merogomphus* Martin,1904

马丁长足春蜓 *Merogomphus martini*(Fraser,1922)(滇)

窄胸长足春蜓 *Merogomphus paviei* Martin,1904(苏、浙、台、粤、琼)

小长足春蜓 *Merogomphus torpens* Needham,1930(川)

范氏长足春蜓 *Merogomphus vandykei* Needham,1930(豫、苏、浙)

暮出长足春蜓 *Merogomphus vespertinus* Chao,1999(川)

闽春蜓属 *Fukienogomphus* Chao,1945

深山闽春蜓 *Fukienogomphus prometheus*(Lieftinck,1939)(浙、闽、台、粤、港、琼)

显著闽春蜓 *Fukienogomphus promineus* Chao,1954(闽)

棘尾春蜓属 *Trigomphus* Bartenef,1912

野居棘尾春蜓 *Trigomphus agricola*(Ris,1916)(豫、鲁、苏、浙 、沪、闽)

黄唇棘尾春蜓 *Trigomphus beatus* Chao,1954(鄂、湘、桂、闽)

亲棘尾春蜓 *Trigomphus carus* Chao,1954(浙、闽)

吉林棘尾春蜓 *Trigomphus citimus*(Needham,1931)(吉)

净棘尾春蜓 *Trigomphus lautus*(Needham 1931)(闽)

黑足棘尾春蜓 *Trigomphus nigripes*(Selys,1887)(吉、辽)

斜纹棘尾春蜓 *Trigomphus succumbens*(Needham,1931)(吉)

斯氏棘尾春蜓 *Trigomphus svenhedini*(Sjoestedt,1933)(川)

华春蜓属 *Sinogomphus* May,1935

朝比奈华春蜓 *Sinogomphus asahinai* Chao,1984(桂)

台湾华春蜓 *Sinogomphus formosanus* Asahina,1951(台)

细尾华春蜓 *Sinogomphus leptocercus* Chao,1983(藏)

三尖华春蜓 *Sinogomphus orestes*(Lieftinck,1939)(闽)

黄侧华春蜓 *Sinogomphus peleus*(Lieftinck,1939)(浙、闽)

无裂华春蜓 *Sinogomphus pylades*(Lieftinck,1939)(闽)

长角华春蜓 *Sinogomphus scissus*(McLachlan,1896)(豫、鄂、川)

修氏华春蜓 *Sinogomphus suensoni*(Lieftinck,1939)(晋、陕)

双纹华春蜓 *Sinogomphus telamon*(Lieftinck,1939)(闽)

尖尾春蜓属 *Stylogomphus* Fraser,1922

张氏尖尾春蜓 *Stylogomphus changi* Asahina,1968(台)

纯鎏尖尾春蜓 *Stylogomphus chunliuae* Chao,1954(闽、港、琼)

肖小尖尾春蜓 *Stylogomphus lutantus* Chao,1983(藏)

台湾尖尾春蜓 *Stylogomhus shirozui* Asahina,1954(台)

小尖尾春蜓 *Stylogomphus tantulus* Chao,1954(豫、浙、闽)

戴春蜓属 *Davidius* Selys,1878

双角戴春蜓 *Davidius bicornutus* Selys,1878(京、陕、豫)

赵氏戴春蜓 *Davidius chaoi* Cao et Zhou,1988(陕)

戴氏戴春蜓指名亚种 *Davidius davidi davidi* Selys,1878(川)

戴氏戴春蜓陕西亚种 *Davidius davidi shaanxiensis* Zhu,Yan et Li,1988(陕)

平截戴春蜓 *Davidius truncas* Chao,1995(豫、浙、闽)

弗氏戴春蜓 *Davidius fruhstorferi* Martin,1904(豫、苏、鄂、川、桂、黔、赣、浙、闽)

新月戴春蜓 *Davidius lunatus*(Bartenef),1914(东北)

黑尾戴春蜓 *Davidius trox* Needham,1931(川)

元坝戴春蜓 *Davidius yuanbaensis* Zhu,Yan et Li,1988(陕)

扎洛戴春蜓细纹亚种 *Davidius zallorensis delineatus* Fraser,1926(滇)

周氏戴春蜓 *Davidius zhoui* Chao,1995(滇)

方钩戴春蜓 *Davidius squarrosus* Zhu,1991(陕)

三角戴春蜓 *Davidius triangulus* Chao et Yang,1995(陕)

秦岭戴春蜓 *Davidius qinlingensis* Cao et Zhen,1988(陕)

纤春蜓属 *Leptogomphus* Selys,1878

欢庆纤春蜓 *Leptogomphus celebratus* Chao,1982(琼)

歧角纤春蜓 *Leptogomphus divaricatus* Chao,1983(闽)

优美纤春蜓 *Leptogomphus elegans elegans* Lieftinck,1948(桂、浙、闽)

香港纤春蜓 *Leptogomphus elegans hongkongensis* Asahina,1965(港)

居间纤春蜓 *Leptogomphus intermedius* Chao,1954(粤)

圆腔纤春蜓 *Leptogomphus perforatus* Ris 1912(粤)

苏氏纤春蜓 *Leptogomphus sauteri sauteri* Ris,1912(台湾南部)

台湾纤春蜓 *Leptogomphus sauteri formosanus* Matsumura,1926(台湾中北部)

Leptogomphus unicornis(Needham,1930)(桂)

曙春蜓属 *Eogomphus* Needham,1930

忽视曙春蜓 *Eogomphus neglectus*(Needham,1930)(川)

钩尾春蜓亚科 Onychogomphinae

奈春蜓属 *Nychogomphus* Carle,1986

基齿奈春蜓 *Nychogomphus duaricus*(Fraser,1924)(滇)

黄尾奈春蜓 *Nychogomphus flavicaudus*(Chao,1982)(琼)

双条奈春蜓 *Nychogomphus striatus*(Fraser,1922)(滇)
卢氏奈春蜓 *Nychogomphus lui* Zhou,Zhou et Lu,2005(滇)

副春蜓属 *Paragomphus* Cowley,1906

贺副春蜓 *Paragomphus hoffmanni*(Needham,1931)(琼)
羊角副春蜓 *Paragomphus capricornis*(Foerster,1914(闽、港)
豹纹副春蜓 *Paragomphus pardalinus* Needham,1942(桂、粤、琼)
五指山副春蜓 *Paragomphus wuzhishanensis* Liu,1988(琼)

日春蜓属 *Nihonogomphus* Oguma,1926

日春蜓亚属 *Nihonogomphus* Oguma,1926

凰山日春蜓 *Nihonogomphus*(*N.*)*huangshaensis* Chao et Zhu,1999(桂)
贝氏日春蜓 *Nihonogomphus*(*N.*)*beguaerti* Chao,1954(闽)
黎氏日春蜓 *Nihonogomphus*(*N.*)*lieftineki* Chao,1954(湘、闽)
长钩日春蜓 *Nihonogomphus*(*N.*)*semanticus* Chao,1954(浙、闽、粤)
相似日春蜓 *Nihonogomphus*(*N.*)*simillimus* Chao,1982(闽)
汤氏日春蜓 *Nihonogomphus*(*N.*)*thomassoni*(Kirby,1900)(桂、琼)
Nihonogomphus montanus(*N.*)Zhou et Wu,1992(浙)
Nihonogomphus silvanus(*N.*)Zhou et Wu,1992(浙)

叶日春蜓亚属 *Lobogomphus* Chao,1995

短翅日春蜓 *Nihonogmphus*(*L.*)*brevipennis*(Needham,1930)(鲁、苏、鄂、川)
赵氏日春蜓 *Nihonogmphus*(*L.*)*chaoi* Zhou et Wu,1992(浙)
刀日春蜓 *Nihonogmphus*(*L.*)*cultratus* Chao et Wang,1990(豫、鄂)
邵武日春蜓 *Nihonogmphus*(*L.*)*shaowuensis* Chao,1954(浙、闽)
臼齿日春蜓 *Nihonogmphus*(*L.*)*ruptus*(Selys,1857)(黑)

亚属位置未定

浅黄日春蜓 *Nibogomphus gilous* Chao,1954(闽)
黄侧日春蜓 *Nibogomphus luteolatus* Chao et Liu,1987(闽)

东方春蜓属 *Orientogomphus* Chao,1987

具突东方春蜓 *Orientogomphus armatus* Chao et Xu,1987(闽、琼)

安春蜓属 *Amphigomphus* Chao,1954

汉森安春蜓 *Amphigomphus hansoni* Chao,1954(闽、琼)

硕春蜓属 *Megalogomphus* Campion,1923

萨默硕春蜓 *Megalogomphus sommeri*(Selys,1854)(赣、闽、港、琼)

环尾春蜓属 *Lamelligomphus* Fraser,1922

驼峰环春蜓 *Lamelligomphus camelus*(Martin,1904)(闽、琼)
周氏环尾春蜓 *Lamelligomphus choui* Chao et Liu,1989(皖)
天府环尾春蜓 *Lamelligomphus choui tienfuensis* Chao,1995(川)
台湾环尾春蜓 *Lamelligomphus formosanus*(Matsumura,1926)(黔、桂、浙、闽、台)
海南环尾春蜓 *Lamelligomphus hainanensis*(Chao,1954)(琼)

墨脱环尾春蜓 *Lamelligomphus motuoensis*(Chao,1983)(藏)

环纹环尾春蜓 *Lamelligomphus ringens*(Needham,1930)(吉、冀、晋、陕、豫、鲁、黔、川、闽)

脊纹环尾春蜓 *Lamelligomphus trinus*(Navas,1936)(赣)

双髻环尾春蜓 *Lamelligomphus tutulus* Liu et Chao,1990(黔)

环尾春蜓稚虫 *Lamelligomphus* sp.(港)

九曲环尾春蜓 *Lamelligomphus jiuquensis* Liu,1993(鲁、闽)

汉中环尾春蜓 *Lamelligomphus hanzhongensis* Yang et Zhu,2001(陕)

赵氏环尾春蜓 *Lamelligomphus chaoi* Zhu,1999(滇)

Lamelligomphus forcipatys(Linnaeus,1785)(新)

弯尾春蜓属 *Melligomphus* Chao,1990

双峰弯尾春蜓 *Melligomphus ardens* (Needham,1930)(黔、桂、浙、闽)

瀑布弯尾春蜓 *Melligomphus cataractus* Chao et Liu,1990(黔)

罗城弯尾春蜓 *Melligomphus dolus*(Needham,1930)(桂)

无峰弯尾春蜓 *Melligomphus ludens*(Needham,1930)(浙、闽)

内春蜓属 *Nepogomphus* Fraser,1854

优雅内春蜓 *Nepogomphus modestus*(Selys,1878)(藏)

沃尔内春蜓 *Nepogomphus walli*(Fraser,1924)(滇)

蛇纹春蜓属 *Ophiogomphus* Selys,1854

蛇纹春蜓亚属 *Ophiogomphus* Selys,1854

暗色蛇纹春蜓 *Ophiogomphus obscurus* Bartenef,1909(黑、吉、冀)

棘角蛇纹春蜓 *Ophiogomphus spinicornis* Selys,1878(内蒙古、青、甘、晋、冀)

长钩春蜓亚属 *Ophionurus* Carle,1986

中华长钩春蜓 *Ophionurus sinicus* (Chao,1954)(赣、浙、闽、港)

显春蜓属 *Phaenandrogomphus* Lieftinck,1964

赵氏显春蜓 *Phaenandrogomphus chaoi* Zhu et Liang,1994(粤)

海南显春蜓 *Phaenandrogomphus tonkinicus*(Fraser,1926)(粤)

金黄显春蜓 *Phaenandrogomphus aureus*(Laidlaw,1922)(滇)

丁格显春蜓 *Phaenandrogomphus dingavani*(Fraser,1924)(滇)

云南显春蜓 *Phaenandrogomphus yunnanensis* Zhou,1999(滇)

奇春蜓属 *Perissogomphus* Laidlaw,1922

朝氏奇春蜓 *Perissogomphus asahinai* Zhu,Yang et Wu,2007(滇)

刀春蜓属 *Scalmogomphus* Chao,1990

镰状刀春蜓 *Scalmogomphus falcatus* Chao,1990(川)

文山刀春蜓 *Scalmogomphus wenshanensis* Zhou,Zhou et Lu,2005(滇)

哈春蜓亚科 Hageniinae

施春蜓属 *Sieboldius* Selys,1854

折尾施春蜓 *Sieboldius deflexux*(Chao,1955)(浙、闽、台)

艾氏施春蜓 *Sieboldius albardae* Selys,1886(京、东北)

亚力施春蜓 *Sieboldius alexanderi*(Chao,1955)(闽)

马氏施春蜓 *Sieboldius maai* Chao,1990(浙、闽)

环纹施春蜓 *Sieboldius herculeus* Needham,1930(闽)

施春蜓稚虫 *Sieboldius* sp.(闽)

林春蜓亚科 Lindeniinae

叶春蜓属 *Ictinogomphus* Cowley,1934

小团扇春蜓 *Ictinogomphus rapax*(Rambur,1842)(陕、豫、鲁、鄂、苏、川、桂、黔、浙、赣、闽、台、粤、琼)

粗钩叶春蜓 *Ictinogomphus pertinax*(Selys,1854)(闽、粤、港、台、琼)

新叶春蜓属 *Sinictinogomphus* Fraser,1939

大团扇春蜓 *Sinictinogomphus clavatus*(Fabricius,1775)(京、冀、吉、陕、豫、鲁、鄂、苏、湘、川、滇、黔、桂、赣、闽、台、港)

小叶春蜓属 *Gomphidia* Selys,1854

艾氏小叶春蜓 *Gomphidia abbotti abbotti* Williamson,1907(琼)

联纹小叶春蜓 *Gomphidia confluens*(Selys,1878)(京、冀、晋、豫、苏、桂、浙、闽、台)

克氏小叶春蜓 *Gomphidia kelloggi*(Needham,1930)(闽、港)

并纹小叶春蜓指名亚种 *Gomphidia kruegeri kruegeri*(Martin,1904)(滇、黔、闽、琼)

并纹小叶春蜓福建亚种 *Gomphidia kruegeri fukienensis* Chao,1955(闽、台)

间纹小叶春蜓 *Gomphidia interruptistria* Zha,Zhang et Zheng,2005(滇)

大蜓总科 Cordulegastvoidea

裂唇蜓科 Chlorogomphidae

华裂唇蜓属 *Sinorogomphus* Carle,1995

纤美华裂唇蜓 *Sinorogomphus gracilis*(Wilson et Reels,2001)(琼)

山岳华裂唇蜓 *Sinorogomphus shanicus* Wilson,2002(粤)

英弗华裂唇蜓 *Sinorogomphus infuscatus infuscatus*(Needham,1930)(川)

深色华裂唇蜓 *Sinorogomphus infuscatus holophaea*(Navas,1936)(赣、台?)

金氏华裂唇蜓 *Sinorogomphus kitawakii*(Karube,1955)(桂)

武夷山华裂唇蜓 *Sinorogomphus montanus* Chao,1990(闽)

光额华裂唇蜓 *Sinorogomphus nasutas*(Needham,1930)(川、桂、苏、闽)

斯氏华裂唇蜓 *Sinorogomphus suzukii*(Oguma,1926)(陕、浙)

侗乡华裂唇蜓 *Sinorogomphus tanti*(Needham,1930)(豫、陕、川、滇、湘)

Sinorogomphus urolobatus(Chen,1950)(闽)

奥裂唇蜓属 *Orogomphus* Selys,1878

短痣奥裂唇蜓 *Orogomphus brevistigma brevitigma*(Oguma,1926)(台)

布鲁奥裂唇蜓 *Orogomphus bruneus*(Oguma,1926)(台)

广东奥裂唇蜓 *Orogomphus brevistigma okinawensis*(Ishida,1964)(粤)(据杨祖德先生通信)

希神奥裂唇蜓 *Orogomphus icarus*(Wilson et Reels,2001)(琼)
褐翅奥裂唇蜓 *Orogomphus risi*(Chen,1950)(台)
阔翅奥裂唇蜓 *Orogomphus splendidus*(Selys,1878)(台)

晨曦裂唇蜓属 *Aurorachlorus* Carle,1995

蝶形晨曦裂唇蜓 *Aurorachlorus papilio*(Ris,1927)(川、滇、黔、桂、闽、粤)
尤氏晨曦裂唇蜓 *Aurorachlorus usudai*(Ishida,1996)(琼)

裂唇蜓属 *Chloropetalia* Carle,1995

U 纹裂唇蜓 *Chloropetalia usignata* Chao,1999(陕、川)
翱翔裂唇蜓*Chloropetalia soarer* Wilson,2002(粤)
Chlorogomphus daviesi Karube,2001(滇)(据杨祖德先生通信,无文献,属的位置本处未变更)

大蜓科 Cordulegastridae

圆臀大蜓属 *Anotogaster* Selys,1854

清六圆臀大蜓 *Anotogaster sakaii* Zhou,Yang et Li,1988(浙)
双斑圆臀大蜓 *Anotogaster kuchenbeiseri* Foerster,1899(京、冀、晋、陕、豫、鲁、川、浙、闽)
巨圆臀大蜓 *Anotogaster sieboldii* Selys,1854(苏、湘、黔、闽、浙、赣)
台湾圆臀大蜓 *Anotogaster sieboldii* subsp.(台)
格氏圆臀大蜓 *Anotogaster gregoryi* Fraser,1923(滇)
四川圆臀大蜓 *Anotogaster myosa* Needham,1930(川)

大蜓属 *Cordulegaster* Leach,1815

月纹大蜓 *Cordulegaster lunifera* Selys,1878(陕、川)
北京大蜓 *Cordulegaster lunifera pekinensis* Selys,1886(京)
短痣大蜓 *Cordulegaster brevistigma brevistigma* Selys,1854(藏)
晋大蜓 *Cordulegaster jinensis* Zhu et Ham,1992(晋、豫)
东方大蜓 *Cordulegaster orientalis* Pelt,1994(鲁)

角臀大蜓属 *Neallogaster* Cowley,1934

云南角臀大蜓 *Neallogaster annandalei*(Fraser,1924)(陕、滇)
周氏角臀大蜓 *Neallogaster choui* Yang et Li,1994(陕)

蜻总科 Libelluloidea

伪蜻科 Corduliidae

伪蜻亚科 Corduliinae

毛伪蜻属 *Epitheca* Burmeister,1839

缘斑毛伪蜻 *Epitheca marginata*(Selys,1883)(京、豫、鲁、苏、川、闽、浙、赣)

金光伪蜻属 *Somatochlora* Selys,1871

绿金光伪蜻 *Somatochlora dido* Needham,1930(黑、豫、川)

北极金光伪蜻 *Somatochlora arctica* Zetterstedt,1840(新)
灵隐金光伪蜻 *Somatochlora lingyiensis* Zhou,1979(浙)
维利金光伪蜻 *Somatochlora viridaena*(Uhler,1858)(东北)
台湾金光伪蜻 *Somatochlora taiwana* Inoue et Yokota,2001(台)
Somatochlora japonica Matsumura,1991(吉)

半伪蜻属 *Hemicordulia* Selys,1870

岷峨半伪蜻 *Hemicordulia mindana nipponica* Asahina,1980(台)

异蜻亚科 Idionychinae

异蜻属 *Idionyx* Selys,1871

突胸异蜻 *Idionyx carinata* Fraser,1926(桂)
闭室异蜻 *Idionyx claudia* Ris,1912(桂、粤、港)
黎氏异蜻 *Idionyx lieftincki* Zhou,1984(浙)
斯氏异蜻 *Idionyx steveni* Fraser,1924(滇)
维多异蜻 *Idionyx victor* Hämäläinen,1911(港、粤、琼)
云南异蜻 *Idionyx yunnaensis* Zhou et al. ,1994(滇)

大异蜻属 *Macromidia* Martin,1907

杭州大异蜻 *Macromidia hangzhouensis* Zhou,1979(浙)
凯氏大异蜻 *Macromidia kelloggi* Asahina,1978
Macromidia rapida Maritin,1906(港、粤、琼)

大蜻科 Macromiidae

丽大蜻属 *Epophthalmia* Burmeister,1839

闪蓝丽大蜻 *Epophthalmia elegans*(Brauer,1865)(京、吉、冀、晋、豫、鲁、鄂、湘、川、桂、黔、赣、闽、粤、港、台、琼)

弓蜻属 *Macromia* Rambur,1842

北京弓蜻 *Macromia beijingensis* Zhu et Chen,2005(京)
臀凹弓蜻 *Macromia amphigena fraenata* Martin,1907(黑)
伯氏弓蜻 *Macromia berlandi* Lieftinck,1941(桂、滇、闽、琼)
广州弓蜻 *Macromia cantonensis* Tinkham,1936(粤)
邱氏弓蜻 *Macromia chui* Asahina,1968(台)
海神弓蜻 *Macromia clio* Ris,1916(台、闽、桂、琼)
黄斑弓蜻 *Macromia flavocolorata* Fraser,1922(滇)
汉密弓蜻 *Macromia hamifera* Lieftinck,1955(闽)
云南弓蜻 *Macromia yunnanensis* Zhou,1993(滇、浙)
斑点弓蜻 *Macromia macula* Zhou et al,1994(浙)
伊特弓蜻 *Macromia icterica* Lieftinck,1929(中国)
东北弓蜻 *Macromia manchuica* Asahina,1964(黑)
摩氏弓蜻 *Macromia moorei moorei* Selys,1874(豫、川)

马来弓蜻 *Macromia moorei malayana* Laidlaw,1928(川、桂、琼)
锤弓蜻 *Macromia malleifera* Lieftinck,1955(闽、浙)
天王弓蜻 *Macromia urania* Ris,1916(黔、桂、浙、闽、港、台、琼)
凯达弓蜻 *Macromia katae* Wilson,1993(港、粤、琼)
凯氏弓蜻 *Macromia kiautai* Zhou et al,1994(滇)
Macromia fulgidifrons Wilson,1998(桂)
Macromia calliope Ris,1916(滇、琼)
Macromia hamata Zhou,2003(黔)

蜻科 Libellulidae

小蜻亚科 Tetrathemistinae

小蜻属 *Tetrathemis* Brauer,1869

宽翅小蜻 *Tetrathemis platyptera* Selys,1878(滇、粤、琼)

疏脉蜻亚科 Brachydiplacinae

疏脉蜻属 *Brachydiplax* Brauer,1868

蓝额疏脉蜻 *Brachydiplax chalybea chalybea* Brauer,1868(豫、滇、沪、浙、赣、闽)
黄疏脉蜻 *Brachydiplax chalybea flavovittata* Ris,1911(鄂、台、琼)
云南疏脉蜻 *Brachydiplax yunnanensis* Fraser,1924(滇)
短腹疏脉蜻 *Brachydiplax farinose* Krueger,1902(滇)

红小蜻属 *Nannophya* Rambur,1842

侏红小蜻 *Nannophya pygmaea* Rambur,1842(桂、苏、皖、湘、浙、赣、闽、港、台)

斑小蜻属 *Nannophyopsis* Lieftinck,1935

膨腹斑小蜻 *Nannophyopsis clara*(Needham,1930)(苏、浙、闽、港、台、琼)

白蜻亚科 Leucorrhiniinae

白蜻属 *Leucorrhinia* Brittingei,1850

中白蜻 *Leucorrhinia inteimedia* Bartenef,1912(浙、闽)
红白蜻 *Leucorrhinia rubicunda*(Linnaeus,1758)(新)

蜻亚科 Libellulinae

壮蜻属 *Cratilla* Kirby,1900

线纹壮蜻 *Cratilla lineate*(Brauer,1878)(琼)
台湾壮蜻 *Cratilla lineate assidua* Lieftinck,1953(台)

蜻属 *Libellula* Linnaeus,1758

低斑蜻 *Libellula angelina* Selys,1883(京、鲁、苏、浙)
高斑蜻 *Libellula basilinea* McLachlan,1894(川、藏)
基斑蜻 *Libellula depressa* Linnaeus,1758(豫、陕、新、川、黔)
小斑蜻 *Libellula quadrimaculata* Linnaeus,1758(京、吉、新、内蒙古、晋、陕、藏)
迷尔蜻 *Libellula melli* Schmidt,1948(川)

阿蜻属 *Agrionoptera* Brauer,1864

绿岛阿蜻 *Agrionoptera insignis similis* Selys,1879(台)

宽腹蜻属 *Lyriothemis* Brauer,1868

西藏宽腹蜻 *Lyriothemis acigastra* Selys,1878(藏)

台湾宽腹蜻 *Lyriothemis tricolor* Ris,1919(台、琼)

闪绿宽腹蜻 *Lyriothemis pachygastra*(Selys,1878)(吉、陕、豫、鲁、苏、川、桂、滇、浙、赣、闽)

华美宽腹蜻 *Lyriothemis elegantissima* Selys,1883(港、台)

黄宽腹蜻 *Lyriothemis flava* Oguma,1915(台)

秘蜻属 *Lathrecista* Kirby,1889

亚洲秘蜻 *Lathrecista asiatica asiatica*(Fabricius,1798)(台)

灰蜻属 *Orthetrum* Newman,1833

白尾灰蜻 *Orthetrum albistylum spectosum*(Uhler,1858)(京、吉、冀、晋、豫、陕、新、鲁、川、桂、黔、滇、浙、赣、闽、粤、台、琼)

黄灰蜻 *Orthetrum brunneum brunneum*(Fonscolombe,1837)(晋、川)

青灰蜻 *Orthetrum triangulare triangulare*(Selys,1878)(冀、晋、豫、陕、川、藏、琼)

异色灰蜻 *Orthetrum triangulare melanium*(Selys,1883)(京、冀、豫、鲁、鄂、湘、黔、川、滇、桂、浙、赣、闽、粤、琼)

鼎脉灰蜻 *Orthetrum triangulare* subsp.(台)

齿背灰蜻 *Orthetrum devium* Needham,1930([illegible]粤)

褐肩灰蜻 *Orthetrum japonicum interim* McLa[illegible]、川、滇、黔、藏、桂、苏、浙、赣、闽、粤、台)

线痣灰蜻 *Orthetrum lineostigma* Selys,1887([illegible]浙、闽)

西里灰蜻 *Orthetrum pruinosum clelia*(Selys [illegible]

赤褐灰蜻 *Orthetrum pruinosum neglectum*([illegible]、桂、浙、赣、闽、粤、港、琼、台)

狭腹灰蜻 *Orthetrum sabinum sabinum*(Drury,1770)(豫、苏、黔、桂、川、滇、浙、赣、闽、粤、港、台、琼)

介壳灰蜻 *Orthetrum testaceum testaceum*(Burmeister,1839)(陕、滇、浙、闽、台、琼)

粗灰蜻 *Orthetrum cancellatum* Linnaeus,1758(晋、新)

黑尾灰蜻 *Orthetrum glaucum* Brauer,1865(陕、川、滇、闽、港、台)

杂色灰蜻 *Orthetrum poecilops poecilops* Ris,1919(闽、港、台)

金灰蜻 *Orthetrum chrysis*(Selys,1891)(陕、藏、闽、港、琼)

吕宋灰蜻 *Orthetrum luzonicum*(Brauer,1868)(闽、港、台、琼)

碧色灰蜻 *Orthetrum coerulescens*(Fabricius,1798)(新)

黑灰蜻 *Orthetrum nigra* Linden,1823(新)

Orthetrum ramburi Martin,1910(新)

狭翅蜻属 *Potamarcha* Karsch,1890

黄面狭翅蜻 *Potamarcha puella* Needham,1930(苏、浙)

暗色狭翅蜻 *Potamarcha obscura*(Rambur,1842)(豫、藏、滇、台、琼)

溪神狭翅蜻 *Potamarcha congener*(Rambur,1842)(港、台、琼)

赤蜻亚科 Sympetrinae

锥腹蜻属 *Acisoma* Rambur,1842

锥腹蜻 *Acisoma panorpoides panorpoides* Rambur,1842(陕、豫、鲁、苏、桂、滇、藏、黔、湘、赣、浙、闽、台、粤、港、琼)

黄翅蜻属 *Brachythemis* Brauer,1868

黄翅蜻 *Brachythemis contaminate*(Fabricius,1793)(豫、陕、苏、鄂、湘、滇、桂、浙、闽、粤、赣、港、琼、台)

红蜻属 *Crocothemis* Brauer,1868

红蜻 *Crocothemis servilia servilia*(Drury,1770)(全国广布)

Crocothemis erythraea(Brulle,1832)(新、滇、藏、浙、粤、港)

多纹蜻属 *Deielia* Kirby,1889

异色多纹蜻 *Deielia phaon*(Selys,1883)(京、吉、津、冀、豫、晋、陕、桂、川、鲁、苏、沪、浙、赣、闽、台)

蓝小蜻属 *Diplacodes* Kirby,1889

斑蓝小蜻 *Diplacodes nebulosa*(Fabricius,1793)(桂、赣、闽、港、琼)

纹蓝小蜻 *Diplacodes trivialis*(Rambur,1842)(鄂、湘、藏、滇、桂、浙、赣、闽、粤、港、台、琼)

脉蜻属 *Neurothemis* Brauer,1867

网脉蜻 *Neurothemis fulvia*(Drury,1773)(苏、滇、桂、赣、闽、琼、港、台)

截斑脉蜻 *Neurothemis tullia tullia*(Drury,1773)(藏、滇、桂、浙、赣、闽、粤、港、琼、台)

斜斑脉蜻 *Neurothemis feralis*(Burmeister,1839)(滇)

英特脉蜻 *Neurothemis intermedia*(Rambur,1842)(琼)

佛路脉蜻 *Neurothemis fluctuans*(Fabricius,1793)(黑、吉、辽)

台湾脉蜻 *Neurothemis ramburii* Brauer,1866(台)

玫蜻属 *Rhodothemis* Ris,1911

红玫蜻 *Rhodothemis rufa*(Rambur,1842)(粤、港)

赤蜻属 *Sympetrum* Newman,1833

眉斑赤蜻 *Sympetrum eroticum eroticum*(Selys,1883)(晋、豫、滇、川、桂、黔、苏、湘、浙、赣、闽)

阿登赤蜻 *Sympetrum eroticum ardens*(McLachlan,1854)(京、吉、冀、陕、川、滇、黔、苏、鲁、鄂、浙、台)

异形赤蜻 *Sympetrum anomalum* Needham,1930(苏)

黑条赤蜻 *Sympetrum haematoneura* Fraser,1924(晋、藏)

血红赤蜻 *Sympetrum sanguineum*(Meller,1764)(新)

普通赤蜻 *Sympetrum vulgatum*(Linnaeus,1758)(京、新)

方氏赤蜻 *Sympetrum fonscolombei*(Selys,1883)(晋、新)

泥污赤蜻 *Sympetrum meridionale*(Selys,1841)(新)

李氏赤蜻 *Sympetrum risi risi* Bartenef,1914(川)

德纳赤蜻 *Sympetrum danae*(Sulzei,1776)(川)

细纹赤蜻 *Sympetrum striolatum striolatum* Charpentier,1840(冀、晋、新)

Sympetrum striolatum imitoides Bartenef,1919(川)

大赤蜻 *Sympetrum baccha baccha*(Selys,1884)(豫、鲁、川、滇、黔、浙、赣、闽、台)

Sympetrum baccha matutinum Ris,1911(吉)

肖氏赤蜻 *Sympetrum xiaoi* Han et Zhu,1997(晋)

半黄赤蜻 *Sympetrum croceolum*(Selys,1883)(晋、陕、豫、鲁、皖、川、桂、黔、藏、赣、闽)

夏赤蜻 *Sympetrum darwinianum*(Selys,1883)(吉、晋、豫、鲁、川、桂、黔、浙、赣、闽、台)

冀赤蜻 *Sympetrum fastigans* Needham,1930(冀)

秋赤蜻 *Sympetrum frequens*(Selys,1883)(京、冀、吉、晋、豫、闽)

旭光赤蜻 *Sympetrum hypomelas*(Selys,1884)(京、冀、豫、桂、黔、藏、赣)

黄腿赤蜻 *Sympetrum imitans* Selys,1886(京、豫)

褐顶赤蜻 *Sympetrum infuscatum*(Selys,1883)(吉、豫、陕、川、湘、浙、赣、闽)

小黄赤蜻 *Sympetrum kunckeli*(Selys,1884)(京、吉、冀、晋、陕、豫、鲁、苏、鄂、湘、沪、浙、赣、闽、台)

东方赤蜻 *Sympetrum orientale*(Selys,1883)(中国)

小赤蜻 *Sympetrum parvulum*(Bartenef,1913)(东北、晋、豫、川)

褐带赤蜻 *Sympetrum pedemontanum*(Allioni,1776)(黑、辽、吉、内蒙古、晋)

双横赤蜻 *Sympetrum ruptum* Needham,1930(晋、川、浙、赣、闽)

大黄赤蜻 *Sympetrum uniforme*(Selys,1883)(京、吉、冀、豫、晋、陕)

台湾赤蜻 *Sympetrum speciosum taiwanum* Asahina,1951(台)

大理赤蜻 *Sympetrum daliensis* Zhu,1999(滇)

Sympetrum depressiusculum(Selys,1841)(东北)

Sympetrum ignotum Needham,1930(东北、浙)

Sympetrum commixtum(Selys,1884)(藏)

褐蜻亚科 Trithemistinae

玉带蜻属 *Pseudothemis* Kirby,1889

玉带蜻 *Pseudothemis zonata*(Burmeister,1839)(京、冀、陕、豫、鲁、苏、川、桂、黔、鄂、湘、浙、赣、闽、港、台、琼)

褐蜻属 *Trithemis* Brauer,1868

晓褐蜻 *Trithemis aurora*(Burmeister,1839)(豫、桂、滇、黔、川、浙、闽、港、台、琼)

庆褐蜻 *Trithemis festiva*(Rambur,1842)(桂、滇、藏、浙、粤、台、港、琼)

灰脉褐蜻 *Trithemis pallidinerevis*(Kirby,1889)(藏、台)

Trithemis trivialis(Rambur,1842)(琼)

峨蜻亚科 Onychothemistinae

峨蜻属 *Onychiothemis* Brauer,1868

琥珀峨蜻*Onychothemis tonkinensis tonkinensis* Martin,1904(台)

Onychothemis testaceum tonkinensis Martin,1904(粤、港、琼)

曲缘蜻亚科 Palpopleurinae

曲缘蜻属 *Palpopleura* Rambur,1842

六斑曲缘蜻 *Palpopleura sexmaculata sexmaculata*(Fabricius,1787)(豫、川、藏、黔、滇、桂、浙、赣、闽、粤、港、琼)

斜痣蜻亚科 Trameinae

丽翅蜻属 *Rhyothemis* Hagen,1867

黑丽翅蜻 *Rhyothemis fuliginosa* Selys,1883(京、津、冀、豫、陕、川、苏、鲁、鄂、湘、浙、赣、闽)

斑丽翅蜻 *Rhyothemis variegate variegate*(Linnaeus et Johansson,1763)(鲁、桂、滇、浙、赣、闽、粤)

将军丽翅蜻 *Rhyothemis variegate imperatrix* Selys,1887(闽)

彩裳丽翅蜻 *Rhyothemis variegata aria*(Drury,1773)(苏、粤、港、台、琼)

三角丽翅蜻 *Rhyothemis triangularis* Kirby,1889(粤、港、台)

赛琳丽翅蜻 *Rhyothemis severini* Ris,1913(台)

楔翅蜻属 *Hydrobasileus* Kirby,1889

臀斑楔翅蜻 *Hydrobasileas croceus*(Brauer,1867)(川、赣、闽、台、琼)

黄蜻属 *Pantala* Hegen,1861

黄蜻 *Pantala flavescens*(Fabricius,1798)(全国广布)

云斑蜻属 *Tholymis* Hagen,1867

云斑蜻 *Tholymis tillarga*(Fabricius,1798)(藏、滇、桂、港、粤、台、琼)

斜痣蜻属 *Tramea* Hagen,1861

中华斜痣蜻 *Tramea chinensis*(Geer,1773)(京、苏、川、桂、滇、湘、浙、赣、闽)

大华斜痣蜻 *Tramea virginia*(Rambur,1842)(港、台、琼)

阔翅斜痣蜻 *Tramea transmarine euryals*(Selys,1878)(港)

海霸斜痣蜻 *Tramea transmarina proprinqua* Lieftinck,1942(台)

Tramea basilaris Palisot et Beauvois,1817

开臀蜻属 *Zyxomma* Rambur,1842

纤腰开臀蜻 *Zyxomma petiolatum* Rambur,1842(闽、港、台)

曲钩脉蜻亚科 Urothemistinae

巨蜻属 *Macrodiplax* Brauer,1868

高翔巨蜻 *Macrodiplax cora*(Brauer,1867)(台)

曲钩脉蜻属 *Urothemis* Brauer,1868

赤斑曲钩脉蜻 *Urothemis signata signata*(Rambur,1842)(藏、桂、闽、粤、琼)

褐基曲钩脉蜻 *Urothemis signata yiei* Asahina,1972(港、台)

轭蜻亚科 Zygonychinae

轭蜻属 *Zygonyx* Hagen,1867

彩虹轭蜻 *Zygonyx iris* Selys,1869(琼)

勋章轭蜻 *Zygonyx iris insignis* Kirby,1900(港)

台湾轭蜻 *Zygonyx takasago* Asahina,1966(粤、琼、台)

主要参考文献

[1] 赵修复．中国 *Philoganga* 属豆娘厘订[J]. 昆虫学报,1952,3(2):137－143.

[2] 赵修复．中国棍腹蜻蜓分类的研究 Ⅰ－Ⅴ[J]. 昆虫学报,1953—1955,3(4):375－434;4(1):23－82;4(3):213－275;4(4):400－426;5(1):71－103.

[3] 赵修复．Navas 氏中国蜻蜓模式标本的研究[J]. 昆虫学报,1962,11(增刊):25－31.

[4] 赵修复．中国大蜓属研究及一新种记述(蜻蜓目:综蟌科)[J]. 动物分类学报,1962,2(3):187－169.

[5] 赵修复．中国箭蜓的分类研究Ⅵ[J]. 昆虫分类学报,1982,4(4):287－298.

[6] 赵修复．福建省昆虫名录[M]. 福州:福建科学技术出版社,1981:21－31.

[7] 赵修复．中国春蜓分类[M]. 福州:福建科学技术出版社,1990.

[8] 赵修复．中国春蜓新种及珍稀种记述Ⅰ[J]. 武夷科学,1995,12:1－47.

[9] 赵修复．中国春蜓新种及珍稀种记述Ⅱ(蜻蜓目:春蜓科)[J]. 武夷科学,1999,15:11－16.

[10] 赵修复．中国裂唇蜓科 Chlorogomphidae 记述附二新种及一已知种雄性首次记载(蜻蜓目:裂唇蜓科)[J]. 武夷科学,1999,15:1－11.

[11] 赵修复,朱慧倩. 中国广西春蜓属一新种(蜻蜓目:春蜓科)[J]. 武夷科学,1999,15:17－18.

[12] 赵修复,杨祖德．陕西戴春蜓属 *Davidius* Selys 一新种记述(蜻蜓目:春蜓科)[J]. 武夷科学,1999,12:48－50.

[13] 许建飞．1987 年闽北春蜓采集记述(蜻蜓目:春蜓科)[J]. 武夷科学,1987,7:22－24.

[14] 隋敬之,孙洪国．中国习见蜻蜓[M]. 北京:农业出版社,1986.

[15] 朱慧倩,吴金龙,段润生．蜻蜓目(昆虫纲)Ⅰ－Ⅲ[J]. 山西大学学报,1983—1987,83(4):75－85;84(2):76－86;87(1):90－92.

[16] 朱慧倩,韩风英．山西省大蜓属一新种(蜻蜓目:大蜓科)[J]. 昆虫分类学报,1992,14(1):18－21.

[17] 朱慧倩．中国云南环尾春蜓属一新种(蜻蜓目:春蜓科)[J]. 武夷科学,1999,15:36－37.

[18] 朱慧倩,毛本勇. 黄面赭丝蟌雄性及基凹长尾蜓雄虫的首次描述(蜻蜓目:丝蟌科、蜓

科)[J]. 武夷科学,1999,15:30 - 32.

[19] 朱慧倩,周文豹. 云南异翅溪蟌属一新种(蜻蜓目:溪蟌科)[J]. 武夷科学,1999,15:33 - 35.

[20] 朱慧倩,陈思. 中国北京地区弓蜻属一新种(蜻蜓目:伪蜻科)[J]. 昆虫分类学报,2005,27(3):161 - 164.

[21] 朱慧倩. 陕西南部戴箭蜓属一新种(蜻蜓目:箭蜓目)[J]. 昆虫分类学报,1991,13(3):175 - 177.

[22] 朱慧倩,杨国辉,吴弢. 中国云南省奇春蜓属一新种(蜻蜓目:春蜓科)[J]. 昆虫分类学报,2007,29(2):81 - 84.

[23] 王治国,王正用,李东升. 河南蜻蜓目昆虫调查[J]. 河南科学,1990,(3,4):78 - 94.

[24] 王治国. 中国长腹扇蟌属一新种(蜻蜓目:扇蟌科)[J]. 昆虫分类学报,1994,16(2):82 - 84.

[25] 王治国. 河南绿蟌属 *Mnais* 鉴定[J]. 河南科学,1996,14(2):168 - 174.

[26] 王治国. 中国蜻蜓名录(昆虫纲:蜻蜓目)[J]. 河南科学,2007,25(2):219 - 238.

[27] 王治国. 中国华扇属一新种(蜻蜓目:扇蟌科)[J]. 昆虫分类学报,2003,25(1):1 - 3.

[28] 杨祖德,李树森. 陕西蟌类的生境,分布及鉴定(蜻蜓目:蟌科)[J]. 汉中师范学院学报(自然科学版),1990,2:67 - 77.

[29] 杨祖德,李树森. 陕西蜻蜓一新种及一新亚种记述(蜻蜓目:大蜓科,丽蟌科)[J]. 昆虫学报,1994,37(4):458 - 162.

[30] 杨祖德,李树森. 川北缅春蜓属一新种(蜻蜓目:春蜓科)[J]. 昆虫学报,1994,37(1):84 - 86.

[31] 杨祖德,李树森. 大巴山多棘蜓属一新种记述(蜻蜓目:蜓科)[J]. 动物分类学报,1994,19(4):445 - 448.

[32] 杨祖德. 中国的大蜓[J]. 昆虫知识,1996,32(4):231 - 232.

[33] 杨祖德,李树森. 陕西原蟌属一新种记述(蜻蜓目:原蟌科)[J]. 动物分类学报,1995,20(3):339 - 341.

[34] 杨祖德. 陕西异翅溪蟌属一新种(蜻蜓目:溪蟌科)[J]. 汉中师范学院学报,1996,14(增刊):143 - 144.

[35] 杨祖德,朱慧倩. 陕西省环尾春蜓属一新种(蜻蜓目:春蜓科)[J]. 昆虫分类学报,2001,23(3):157 - 159.

[36] 刘祖尧. 异春蜓属两新种记述(蜻蜓目:春蜓科)[J]. 昆虫学研究集刊,1991,10:129 - 134.

[37] 刘祖尧. 武陵山地区扩腹春蜓属一新种(蜻蜓目:春蜓科)[J],昆虫学研究集刊,1991,10:135 - 137.

[38] 刘祖尧. 福建省环尾春蜓属一新种(蜻蜓目:春蜓科)[J]. 武夷科学,1993,10:21 - 23.

[39] 杨晓燕,郑哲民. 陕西省蜻蜓目的初步调查[J]. 陕西师范大学学报,1988,16(1):60 - 68.

[40] 马志敏,杨志忠,毛本勇. 中国阿鼻蟌属一新记录种[J]. 昆虫分类学报,2002,24(3):170.
[41] 李鹏,于昕,周长发. 中文蜻蜓常用名称考[J]. 昆虫知识,2005,42(4):475－478.
[42] 史树森,伊伯仁,路红,等. 吉林省蜻蜓名录(Ⅰ)[J]. 吉林农业大学学报,1995,17(4):20－23.
[43] 曹珍珍,杨茂发. 贵州蜻蜓目昆虫区系分析[J]. 贵州农业科学,2005,33(2):7－10.
[44] 曹勇,郑哲民. 中国台箭蜓一新种(蜻蜓目:箭蜓科)[J]. 昆虫学报,1988,31(4):407－409.
[45] 黄人鑫. 新疆蜻蜓调查初报[J]. 新疆大学学报(自然科学版),1984,4:67－70.
[46] 江尧桦. 褐斑异翅蟌雌成虫多型及区别[J]. 昆虫知识,1994,31(6):368－369.
[47] 江尧桦,徐延强,王波. 山东蜻蜓目昆虫概述[J]. 山东林业科技,1996,6:28－29.
[48] 江尧桦. 六种蜻蜓及豆娘稚虫雌雄特征区别的研究[J]. 昆虫知识,1996,33(1):45－47.
[49] 韩佑新. 曲阜蜻蜓的初步调查[J]. 曲阜师范大学学报,1996,16(3):75－76.
[50] 周文豹,韦金来. 浙江普莱蜓属新种记述[J]. 昆虫分类学报,1980,2(3):227－228.
[51] 周文豹. 中国凯原蟌属一新种记述(蜻蜓目:原蟌科)[J]. 昆虫学报,1981,24(1):61－62.
[52] 周文豹. 浙江异翅溪蟌属一新种[J]. 昆虫分类学报,1982,4(1,2):65－66.
[53] 周文豹. 包氏扇蟌雌性记述[J]. 昆虫分类学报,1986,8(3):208.
[54] 周文豹. 老挝河蟌 *Calopteryx laosica* Fraser 中国新记录[J]. 昆虫分类学报,1987,9(3):248.
[55] 周文豹. 中国箭蜓科新记录[J]. 昆虫分类学报,1987,9(2):128.
[56] 周文豹. 中国蜻蜓目四新记录种和亚种[J]. 昆虫分类学报,1988,10(3,4):274.
[57] 周文豹. 中国蜻科三新记录种[J]. 昆虫分类学报,1988,10(3,4):190.
[58] 周文豹,杨祖德,李树森. 中国圆臀大蜓和角臀大蜓属的研究(蜻蜓目:大蜓科)[J]. 汉中师范学院学报(自然科学版),1988,2:60－62.
[59] 周文豹. 中国伪蜻科新记录[J]. 昆虫分类学报,1989,11(3):180.
[60] 周文豹,娄良水,徐忠德. 中国绿色蟌属 *Mnais* 的研究[J]. 浙江林学院学报,1991,8(1):67－70.
[61] 周文豹,罗华元,胡永旭,等. 中国弓蜻属研究(蜻蜓目:伪蜻科、大蜻亚科)[J]. 云南农业大学学报,1993,8(2):111－113.
[62] 周文豹,赵丽君,徐一忠. 蜻蜓目——华东百山祖昆虫[M]. 北京:中国林业出版社,1995:44－51.
[63] 周文豹. 蜻蜓目——茂兰景观昆虫[M]. 贵阳:贵州科学技术出版社,2002:95－101.
[64] 杨国辉,毛本勇,张大治. 云南亚春蜓属一新种(蜻蜓目:春蜓科)[J]. 动物分类学报,2006,31(4):811－812.
[65] 周文豹. 云南显春蜓属一新种(蜻蜓目:春蜓科)[J]. 武夷科学,1999,15:40－41.
[66] 郭冬生,刘阳,高新宇. 北京蜻蜓二新记录种[J]. 四川动物,2003,22(2):84.

[67] 周昕,周文豹,卢盛贤.云南钩尾春蜓亚科二新种(蜻蜓目:春蜓科)[J].昆虫分类学报,2005,27(1):1-4.

[68] 周昕,周文豹.中国隼蟌科二新种(蜻蜓目:隼蟌科)[J].昆虫分类学报,2006,28(1):13-16.

[69] 周昕,周文豹.中国原蟌科一新种和蟌科一新种(蜻蜓目)[J].昆虫分类学报,2007,29(1):1-5.

[70] 徐奇涵.福建头蜓属一新种(蜻蜓目:蜓科)[J].昆虫分类学报,2006,28(2):94-96.

[71] 张永强.广西昆虫名录[M].南宁:广西科学技术出版社,1994:2-7.

[72] 王保海,袁维红,王成明,等.西藏昆虫区系及其演化[M].郑州:河南科学技术出版社,1992:17-18.

[73] CHAO H F. On the Systematic Positikn, Nymphal Charelers and New Species of the Genera *Meaglestes* and *Sinolestes* (Odonata)[J]. Biol. Depart. Fukien Christ. Univ., 1974, 6: 15-25.

[74] FRASER F C. The Fauna of British India. Odonata[M]. London: Taylor and Francis, 1934: Ⅰ-Ⅲ.

[75] NEEDHAM J G. A Manual of the Dragonflies of China[J]. Zool. Sin., 1930, 11(1): 1-285.

[76] NEEDHAM J G. Corrections and Additions to the Manual of the Dragonflies of China[J]. Peking Nal. Hist. Bull., 1932, 6(3): 1-3.

[77] NEEDHAM J G. Additions and Corrections to the Manual of the Dragonflies of China[J]. Peking Nal. Hist. Bull., 1931, 5(4): 1-3.

[78] WU C F. Catalogue of Chiness Insects(Catalogus Insectorum Sinensium)[J]. Peiping the fan memorial institute of biology, 1935: 255-298.

[79] ASAHINA S. Odonata from Shanxi Province (North China)[J]. Mushi, 1949, 20(2): 27-36.

[80] ASAHINA S. Notes of Chinese Odonata[J]. Kontyu, 1966—1979, 34(2): 131-135; 37(2): 192-201; 38(3): 198-204; 41(4): 446-460; 44(1): 1-2; 45(4): 479-494; 46(2): 234-252; 47(3): 238-334; Tombo, 22(1-4): 2-11.

[81] ASAHINA S. A Revisional Study of the Genus *Mnais*[J]. Kontyu, 1974—1975, 42(4): 365-374; 43(1): 1-12; 43(2): 119-137; 43(3): 255-262; 43(4): 401-411.

[82] ASAHINA S. Studies on the Chinese Dragonflies of the Genus *Cephalaeschna* and its Allies in the Collection of the Leiden Museum[J]. Tonba, 1982, 25(1-4): 7-15.

[83] ASAHINA S. A Revision of Chinese Dragonflies of the Genus *Cephalaeschna* and its Allies [J]. Tomba. 1981, 24(1-4): 2-12.

[84] DAVIES D A L, TOBIN P. A Systematic List of the Extant Species of Odonata[M]. Utuecht: Soc. Inter. Odonatal. Rapid(Comm.)1984, 3; 1985, 5.

[85] WILSON K. Hong Kong Dragonflies[M]. Hong Kong: Urban Coueil Publication, 1995.

[86] WILSON K. ZHOU W P. *Sinocnemis yanbingigen* sp. nov. and *Sinocnemis dumonti* sp. nov. ,new Platycnemidids from South-West China(Odonata:Plactynemididae)[J]. International Journal of Odonatology,2000,3(2):173 – 177.

[87] WILSON K. Notes on Chlorogomphidae From Southern China, With Descriptions of Two New Species(Anisoptera) [J]. Odonatologica. 2002,31(1):65 – 72.

[88] WILSON K. REELS G T. Odonata of Hainan, China[J]. Odonatologica, 2001, 30(2): 145 – 208.

[89] JIANG Y H. Verication and Distribution of Fenu *Aeschnophlebia* Selys(Odonata:Aeschnidae) in China[J]. Chinese J. Entomol. ,2000,20:63 – 67.

[90] YEH W C. Three Dragonflies(Odonata) Newly Recorded in Taiwan[J]. Formosan Entomol.,2006,6:187 – 195.

[91] LIEFTINCK M A, LIEN J C, MAA T C. Catalogus of Taiwanese Dragonflies(Insect:Odonata)[M]. Taiwan:Asian Ecol. Soc. ,81.

[92] ZHOU W B. Notes on Chinese *Macromia* and *Idionyx*, With Descriptions of *M. kiaulai* sp. n. ,and *I. yunnanensis* sp. n. (Anisoptera:Corduliidae)[J]. Odonatologica, 1994, 23(2): 149 – 157.

[93] CARLE F L. Evolution, Taxonomy and Biogeography of Ancient Gondwanian Libellulidae, with Comments on Anisopteroid Evolution and Phylogenetic Systematics (Anisoptera: Libellulidae) [J]. Odonatologica, 1995, 24(4):383 – 424.

[94] HAN F Y, ZHU H Q. *Sympetrum ciaoi* Spec. Nov. A New Dragonfly From Shanxi, China (Anisoptera:Libellulidae) [J]. Odonatologica, 1997, 26(3):343 – 345.

[95] ZHU H Q, LIANG G Q. *Phaenandrogomphus chaoi* Spec. Nov. A New Dragonfly From Guangdong people's Republic of China(Anisoptera:Gomphidae)[J]. Adv. Odonatol. , 1994,6:113 – 116.

[96] ZHU H Q, YAN J O. *Coenagrion bifurcatum* Spec. Nov. A New Dragonfly From Heilongjiang, China(Zygoptera:Coenagrionidae)[J]. Odonatologica, 2000, 29(4):365 – 368.

[97] ZHU H Q, YANG Z D. *Rhipidolestes bastiaani* Spec. Nov. A New Dragonfly From Shanxi, China(Zygoptera:Megapodagriidae)[J]. Odonatologica, 1998, 27(1):121 – 123.

[98] ZHU L S, ZHANG D Z, ZHENG Z M. The Genus *Gomphidia* Selys in China(Odonata, Gomphidae) [J]. Acta Zootaxonomica Sinica, 2005, 30(4):812 – 814.

[99] ISHIDA K. New of the Genus *Chlorogomphus* From Hainan Island, China(Odonata, Cordulegasteridae) [J]. Jpn. J. Syst. Ent. ,1996,2(1):51 – 54.

中文名索引

十二画

十三画

十四画

十五画以上

拉丁学名索引

XIAO XUE BAN

新课标 作文分类精典 小学版

策划编辑：张 伟
责任编辑：张 伟
责任校对：庞爱梅 马俊晓
整体设计：左清敏

ISBN 978-7-80683-591-3
9 787806 835913 >
定价：36.00元